Christopher Hart

Anatomie zeichnen leichtgemacht

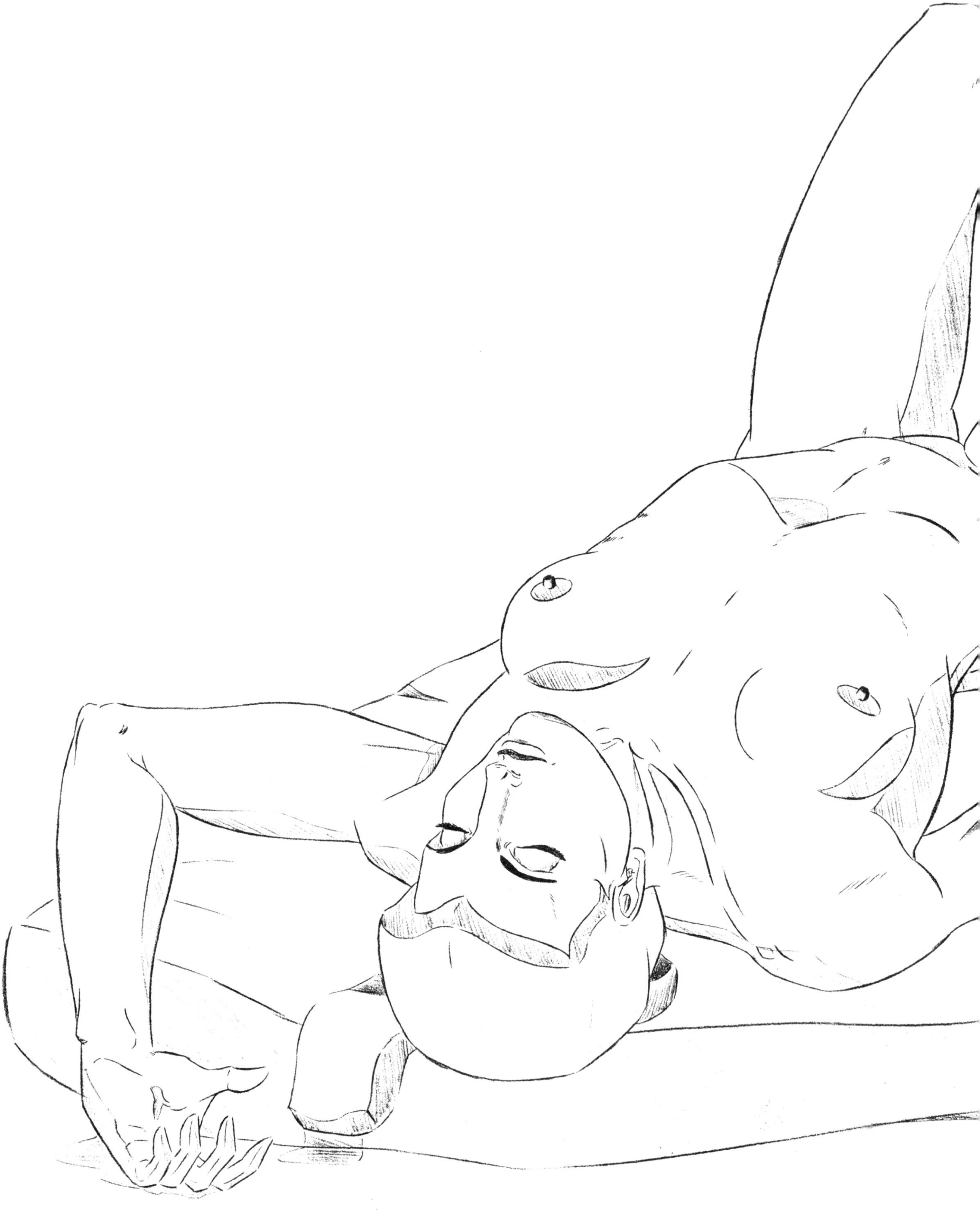

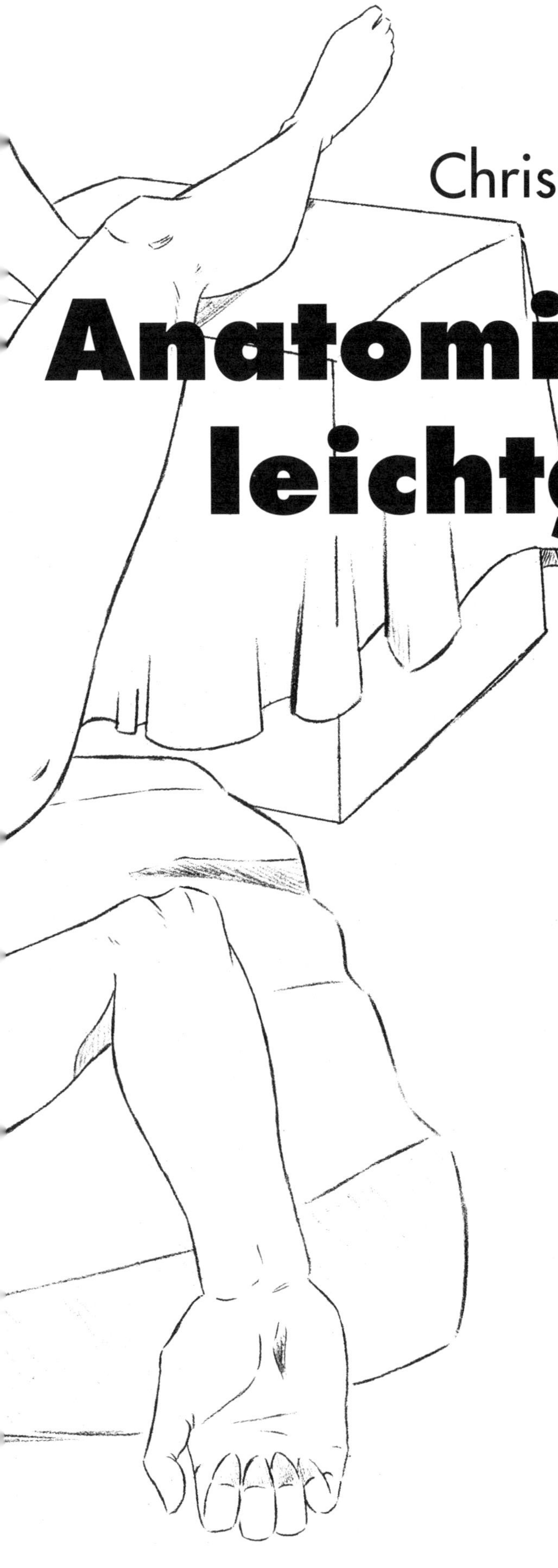

Christopher Hart

Anatomie zeichnen leichtgemacht

evergreen

Für Maria

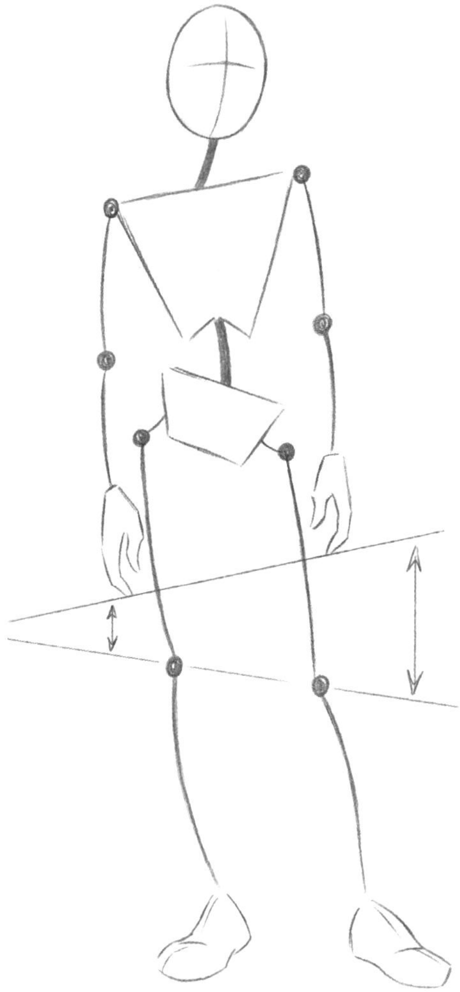

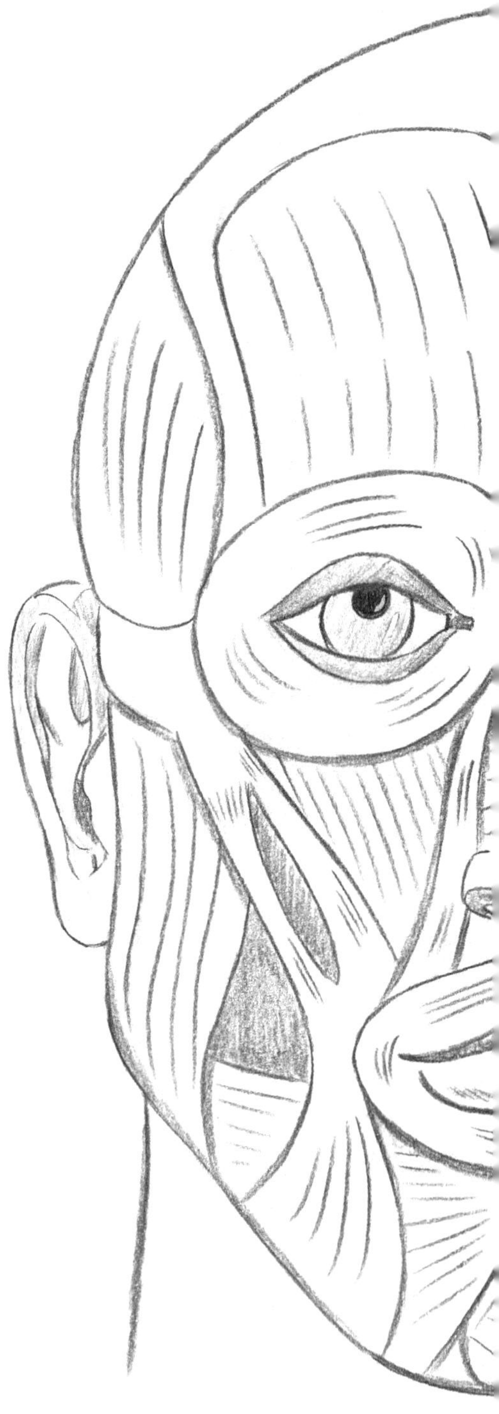

EVERGREEN is an imprint of
TASCHEN GmbH
www.taschen.com

Hohenzollernring 53, D–50672 Köln

Originaltitel: Human Anatomy Made Amazingly Easy
Originally published in the United States of America in 2000
by Watson-Guptill Publications, a division of BPI Communications, Inc.,
770 Broadway, New York, NY 10003, United States of America
www.watsonguptill.com
Deutsche Übersetzung: Heike Brühl für content publishing Braun & Eckhard, München
Redaktion und Produktion: content publishing Braun & Eckhard, München
Koordination: Katrin Becker, Köln

Printed in Spain
ISBN 3-8228-1585-3

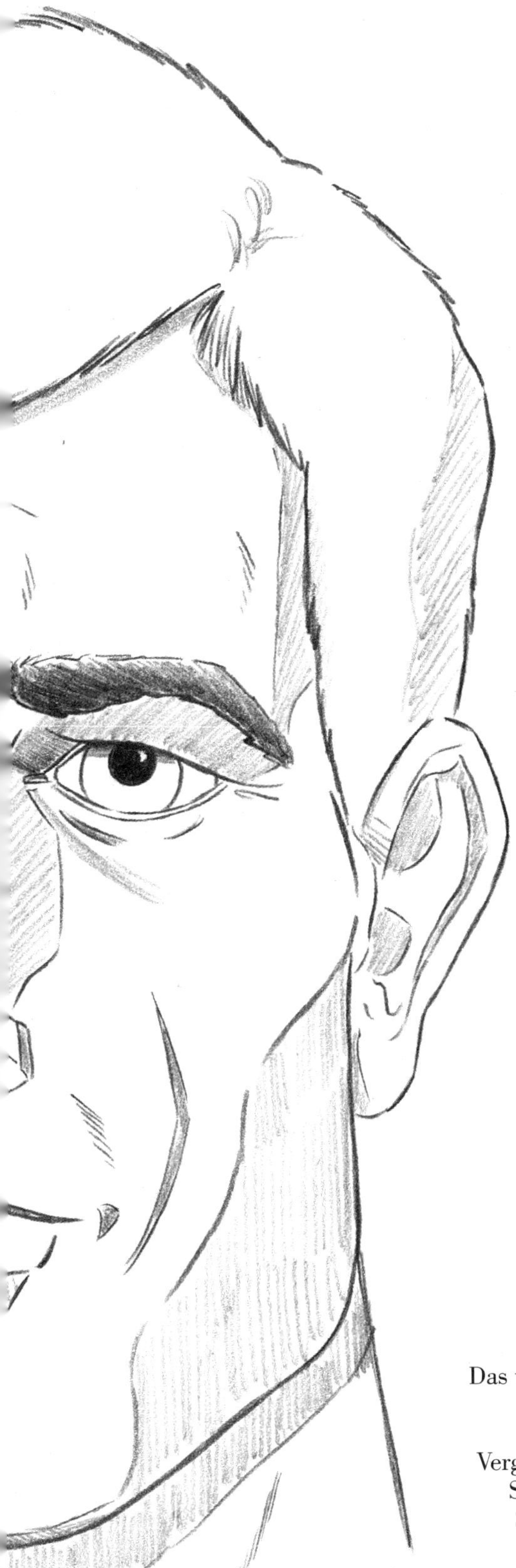

INHALT

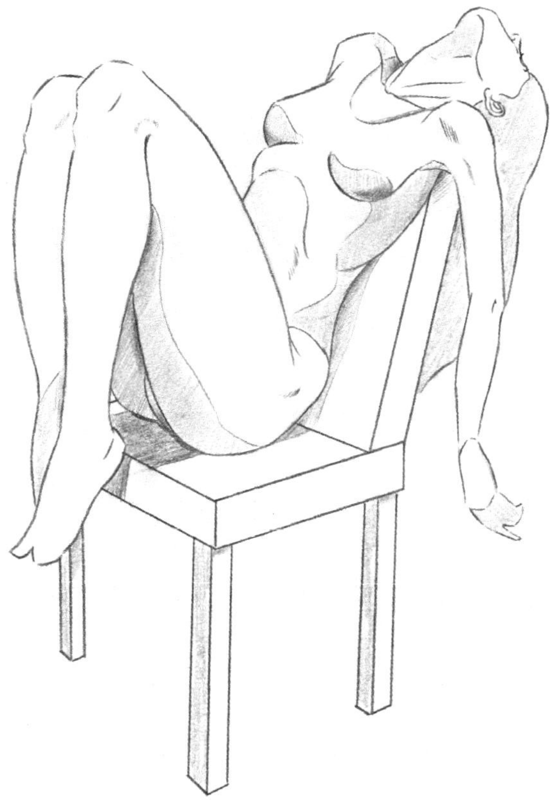

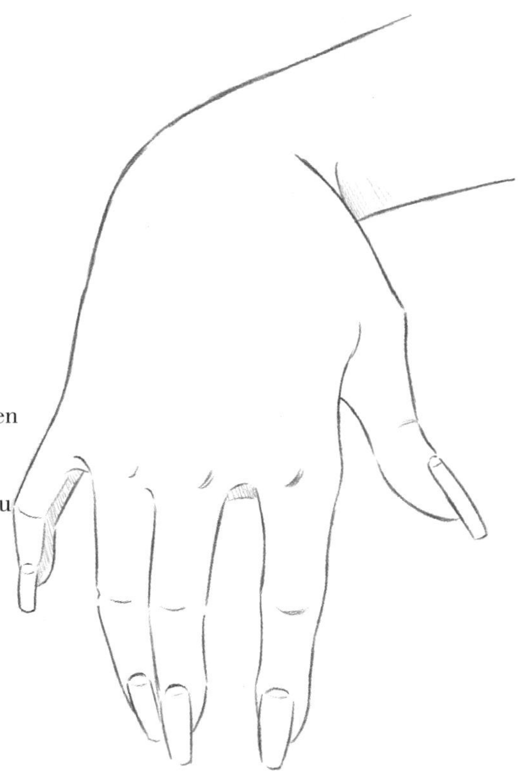

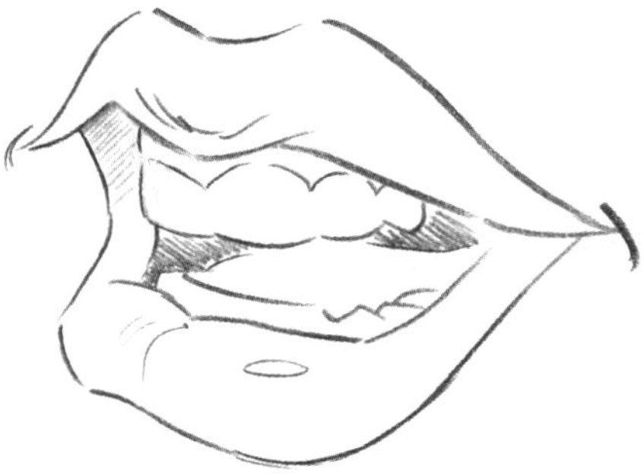

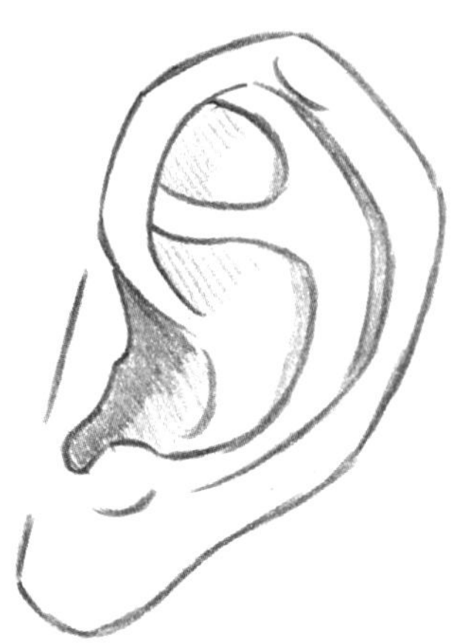

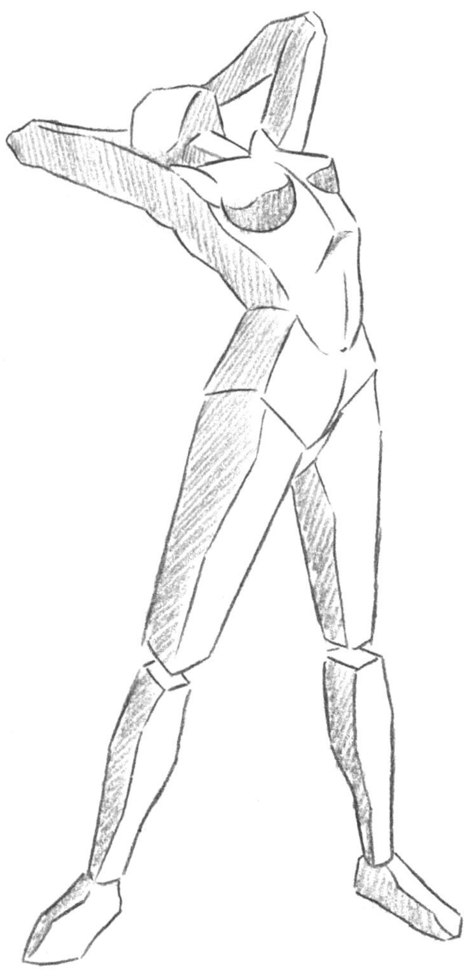

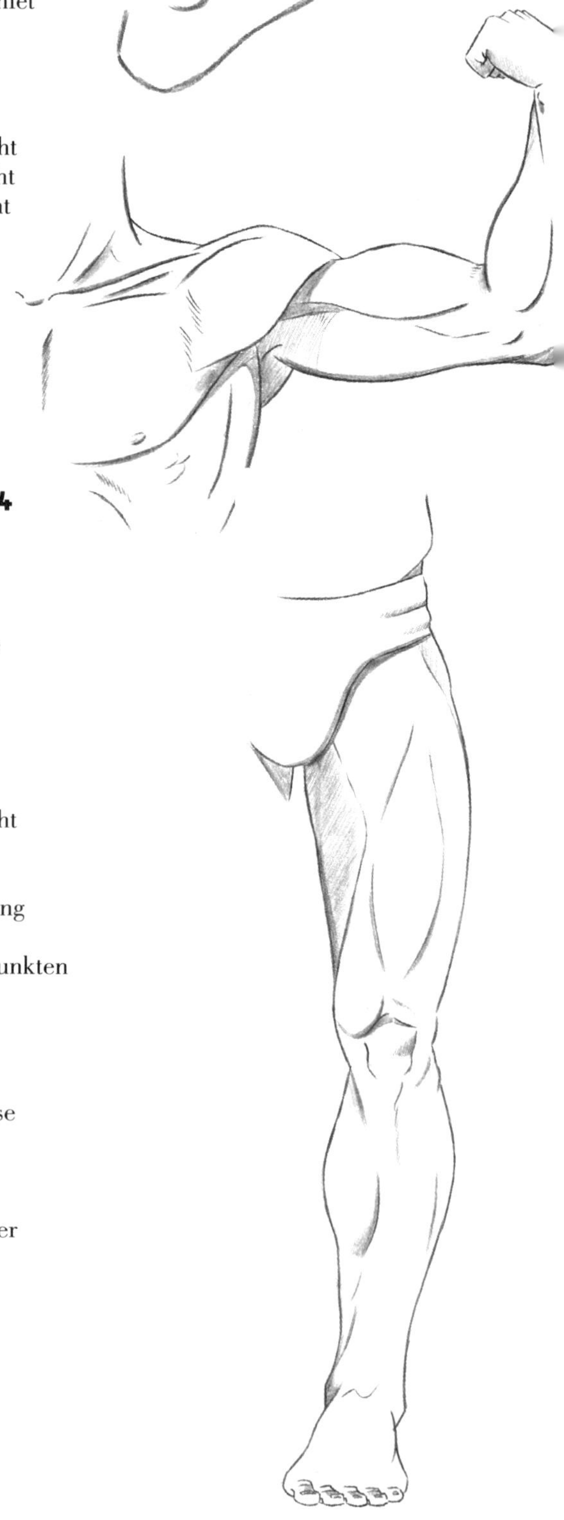

EINFÜHRUNG

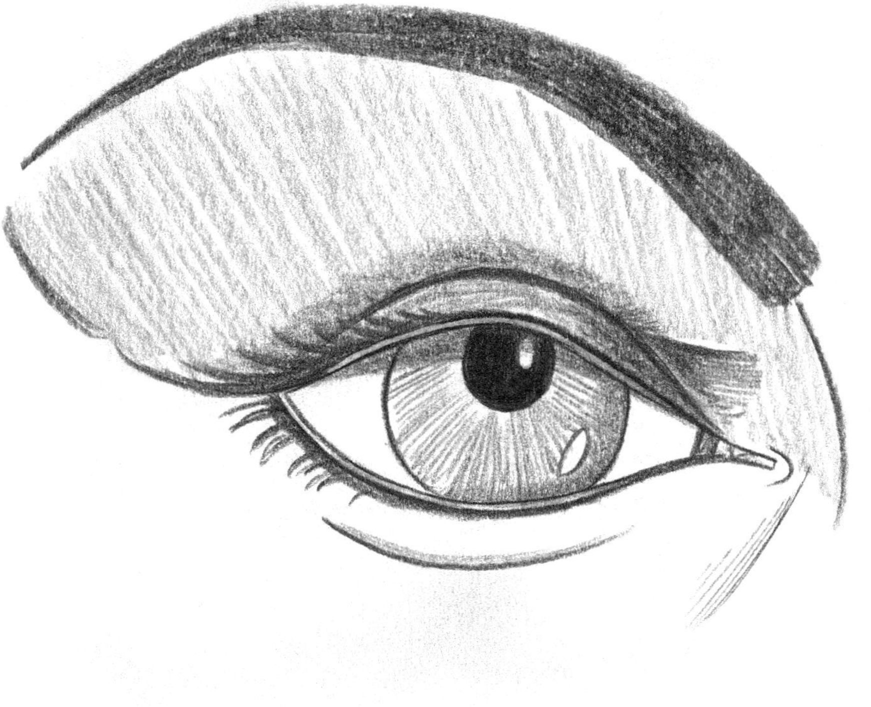

Warum müssen Bücher über Anatomiezeichnen eigentlich so schwer verständlich, kompliziert, technisch und trocken sein? Kunststudenten benötigen exakte Kenntnisse über Proportionen, Muskulatur und Skelettaufbau, um den menschlichen Körper sicher, kompetent und mit leichter Hand zeichnen zu können – ganz gleich, ob sie an „wahrer" oder kommerzieller Kunst interessiert sind.

Die meisten Bücher über Anatomiezeichnen muten an wie aus der Gerichtsmedizin. Alle Muskeln und Knochen sind dargestellt, nicht nur die sichtbaren, sondern auch jene, die tief unter der Oberflächenmuskulatur versteckt liegen und das Äußere, wenn überhaupt, nur geringfügig beeinflussen.

Indem diese Bücher den optisch unbedeutenden Muskeln ebenso viel Aufmerksamkeit widmen wie den sichtbaren, machen sie ein relativ einfaches Thema unnötig kompliziert. Der menschliche Körper besitzt 520 Muskeln. Warum aber sollte man alle Muskeln gleichberechtigt behandeln?

Dieses Buch konzentriert sich auf die für Kunststudenten wichtigen Bereiche und behandelt diese umso ausführlicher. Es bietet anschaulich illustrierte Informationen über das Zeichnen von Augen, Nase, Ohren, Händen, Füßen und der größeren Körperpartien, wie z. B. Arm- und Beinmuskeln, Bauch, Brust und Becken. Man erfährt alles Wissenswerte über die Schatten, die die Konturen des Gesichts und des Körpers werfen, über Perspektive, die Geheimnisse der Verkürzung, der Verkleinerung und vieles andere mehr.

Anatomiezeichenbücher konzentrieren sich gemeinhin auf einzelne Muskelgruppen und versäumen, diese miteinander in Beziehung zu setzen. Dies ist jedoch unerlässlich, wenn die Zeichnungen einen eleganten, fließenden Ausdruck erhalten sollen. Das vorliegende Buch zeigt, wie man einen Menschen in Bewegung, im Sitzen, Gehen und Liegen zeichnet und den Gestus zeichnerisch umsetzt. Außerdem wird dargestellt, wie sich eine Figur schnell zeichnen lässt, indem man mit ein paar einfachen Formen beginnt und nicht mit einer Unmenge komplizierter Schritte.

Ein Modell steht nicht immer zur Verfügung. Als Künstler sollte man in der Lage sein, einen Menschen aus dem Gedächtnis zu zeichnen. Dafür reichen Anatomiekenntnisse allein nicht aus. Man muss sich zuverlässige Methoden aneignen, um die Proportionen des Kopfes und des Körpers selbst beurteilen zu können – nur dann ist man in der Lage, eine Zeichnung entsprechend zu korrigieren. Diese Methoden zur Selbstkontrolle sind anschaulich illustriert und verständlich beschrieben.

Das Zeichnen des menschlichen Körpers gilt als Grundlage der bildenden Kunst. Ich finde, dass diese Grundlage Spaß machen sollte, leicht von der Hand gehen muss und vor allem von Erfolg gekrönt sein sollte.

DER KOPF

Das Zeichnen des Kopfes ist nur dann schwierig, wenn man die einzelnen Schritte nicht kennt. Wenn man schrittweise vorgeht, stellt man fest, dass das, was so kompliziert erscheint, in Wirklichkeit ein ganz logischer Ablauf ist. Bisher ging es dir vermutlich mehr um die Ästhetik bzw. die Darstellung des menschlichen Kopfes. Wir konzentrieren uns stattdessen auf die räumlichen Beziehungen der Gesichtsmerkmale zueinander.

1

Zeichne die Grundform des Kopfes. Beachte die Hilfslinien, sie sind besonders hilfreich. Die horizontale Hilfslinie verläuft genau in der Mitte des Kopfes. Die vertikale Linie verläuft ebenfalls in der Mitte. Dadurch erhält das Gesicht seine Symmetrie.

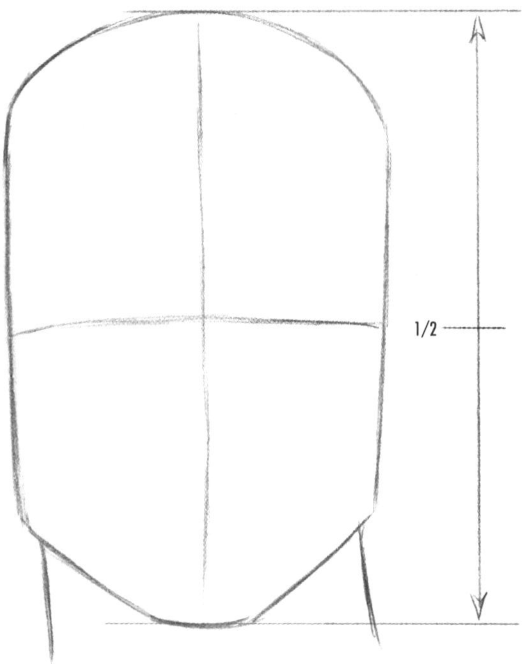

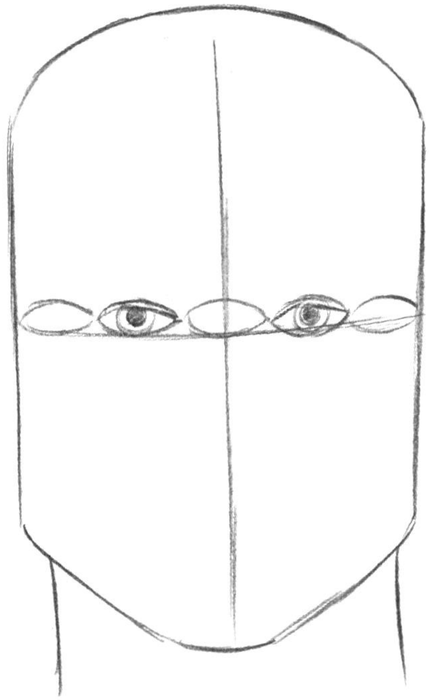

2

Die Augen liegen auf der horizontalen Hilfslinie, d.h. in der Mitte des Kopfes und nicht weiter oben, wie gemeinhin angenommen wird. Die Breite des Kopfes beträgt, wie hier angedeutet, fünf „Augenlängen“.

3

Beim Zeichnen der Nase solltest du darauf achten, dass die Breite der Nasenflügel dem Abstand zwischen den Augen entspricht.

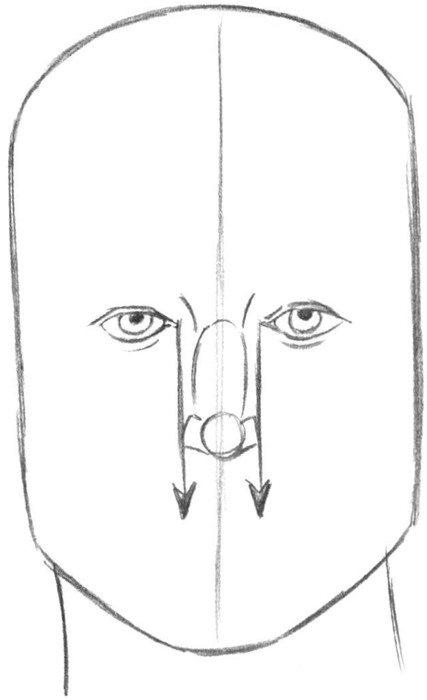

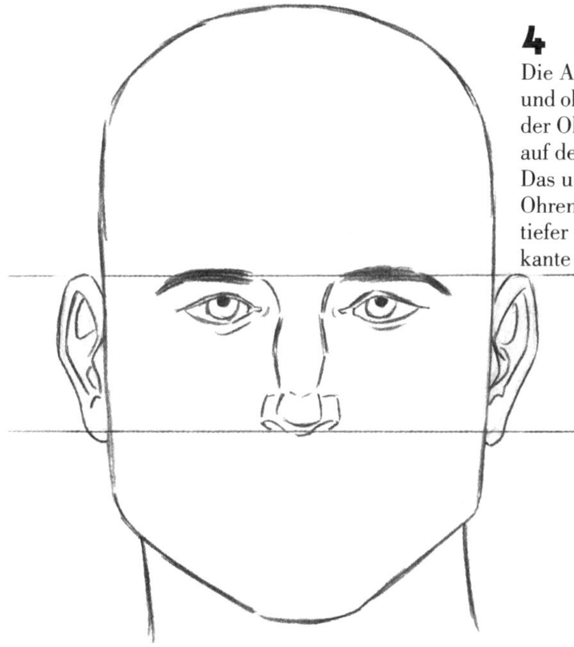

4

Die Augenbrauen und oberen Enden der Ohren liegen auf derselben Höhe. Das untere Ende der Ohren liegt etwas tiefer als die Unterkante der Nase.

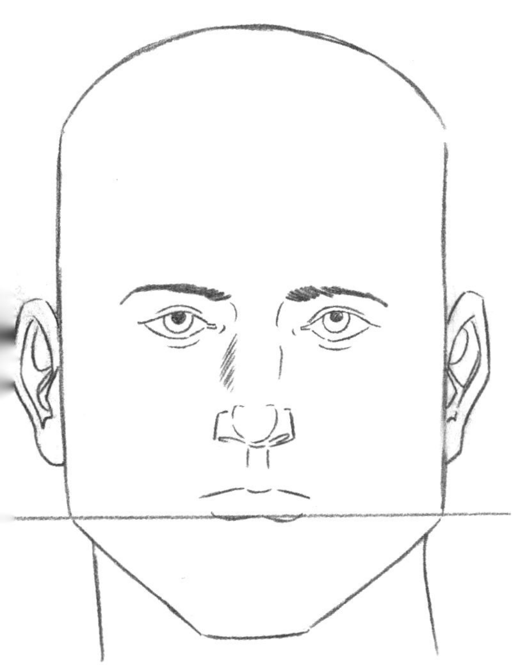

5

Die Unterkante der Lippen befindet sich auf derselben Höhe wie der Kieferwinkel.

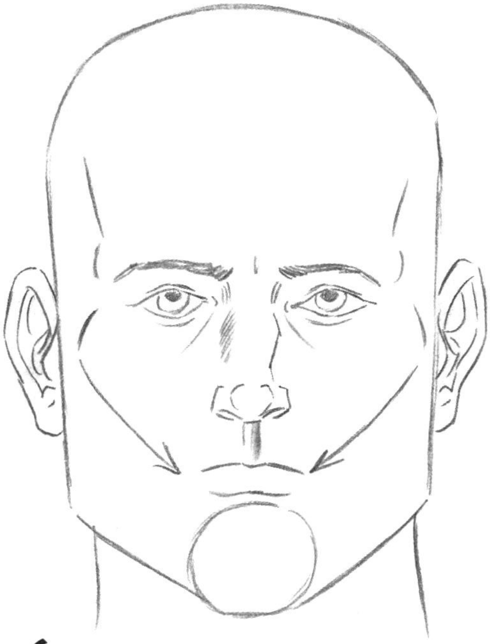

6

Beachte, dass die höchste Erhebung der Wangen ungefähr auf gleicher Höhe wie die Mitte der Ohren liegt und die Kontur der Wangenknochen nach unten zu den Mundwinkeln verläuft.

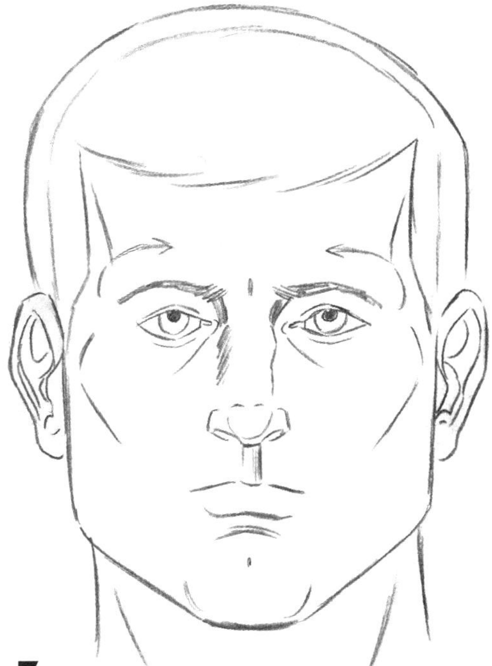

7

Zeichne den Kopf an den Seiten etwas breiter und gestalte die Frisur. Achte auf die Konturen der Knochen um die Augen herum, die durch die kleinen Pfeile angedeutet sind.

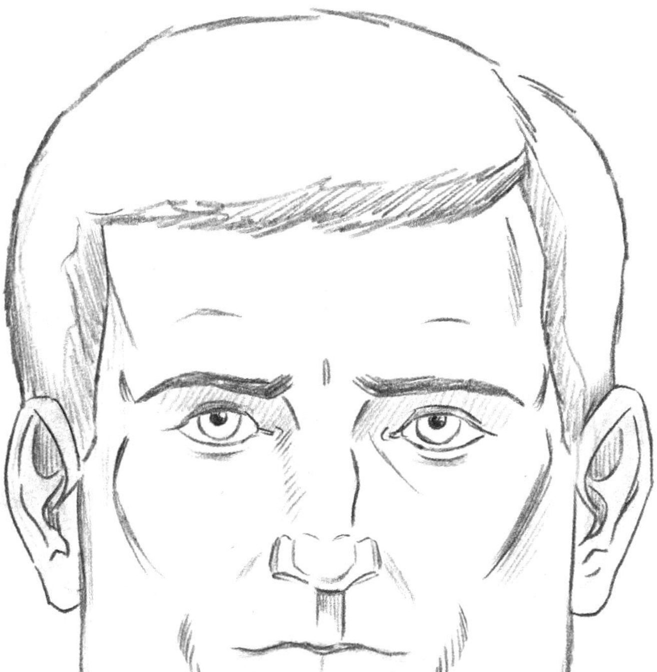

8

Füge jetzt Details hinzu, z. B. die angedeuteten Gesichtsmuskeln, die in diesem Kapitel noch ausführlich erklärt werden.

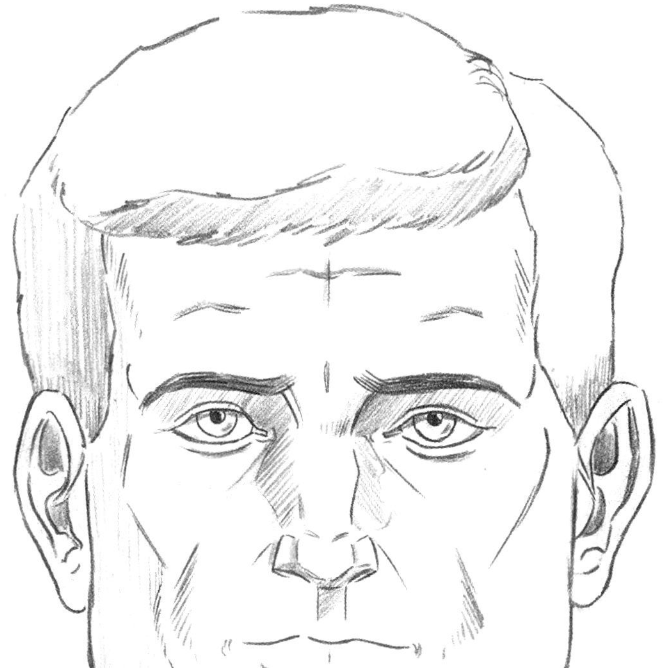

9

Zum Schluss werden die Bereiche um die Augen schattiert.

DAS PROFIL

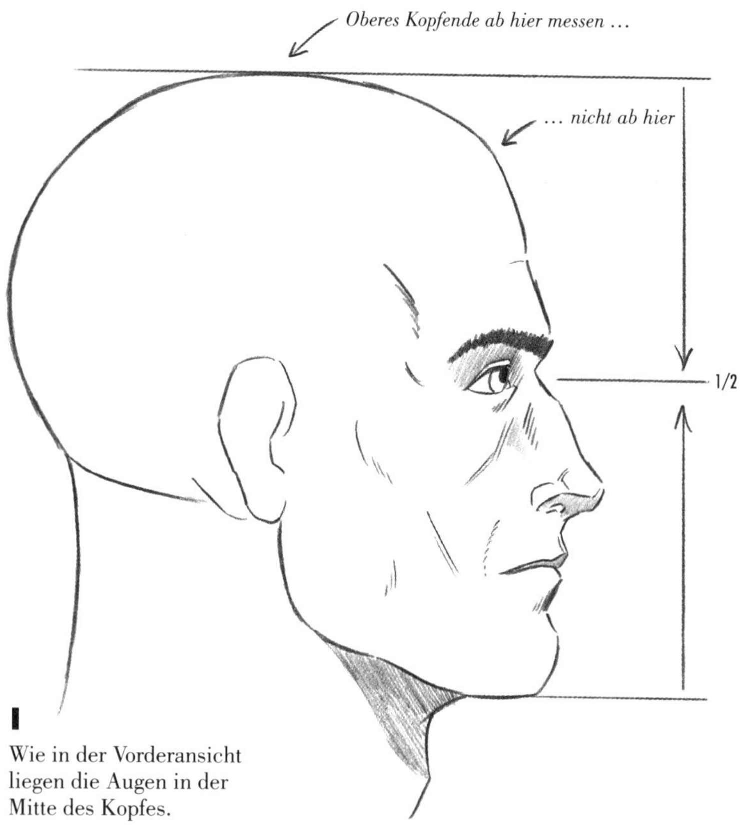

1

Wie in der Vorderansicht liegen die Augen in der Mitte des Kopfes.

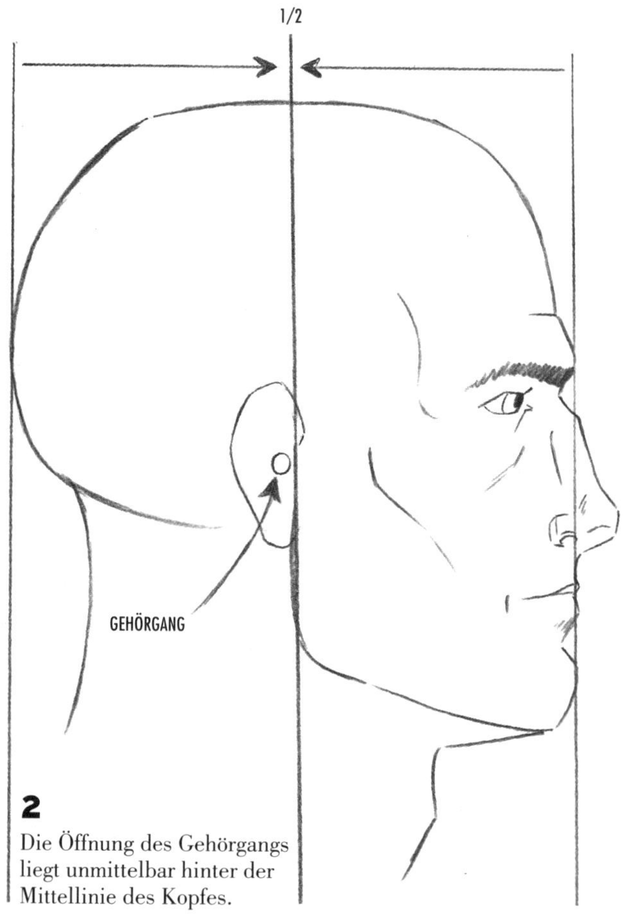

2

Die Öffnung des Gehörgangs liegt unmittelbar hinter der Mittellinie des Kopfes.

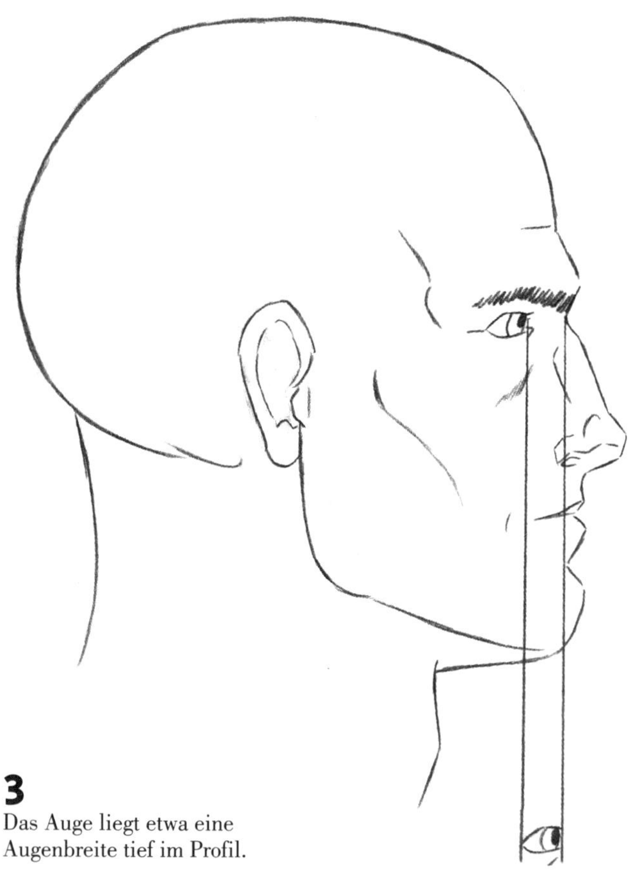

3

Das Auge liegt etwa eine Augenbreite tief im Profil.

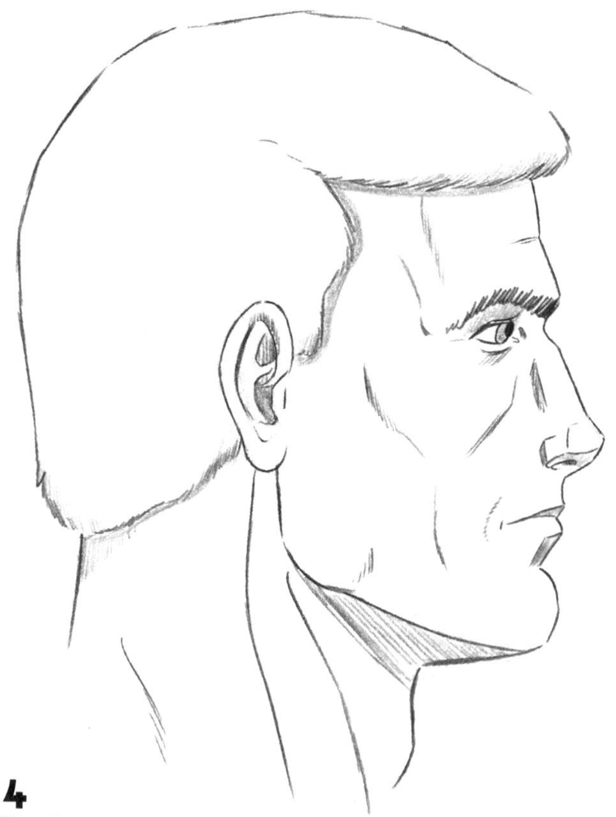

4

Füge Konturen hinzu. Weiter hinten in diesem Kapitel erfährst du, warum die Gesichtskonturen ausgerechnet an diesen Stellen liegen.

DIE KONTUREN DES GESICHTS

Hierunter versteht man alle Strukturen, die durch die Gesichtsknochen und -muskeln entstehen. Ob sie schwach oder stark ausgeprägt sind, hängt davon ab, wie viel Fett der Körper der Person eingelagert hat.

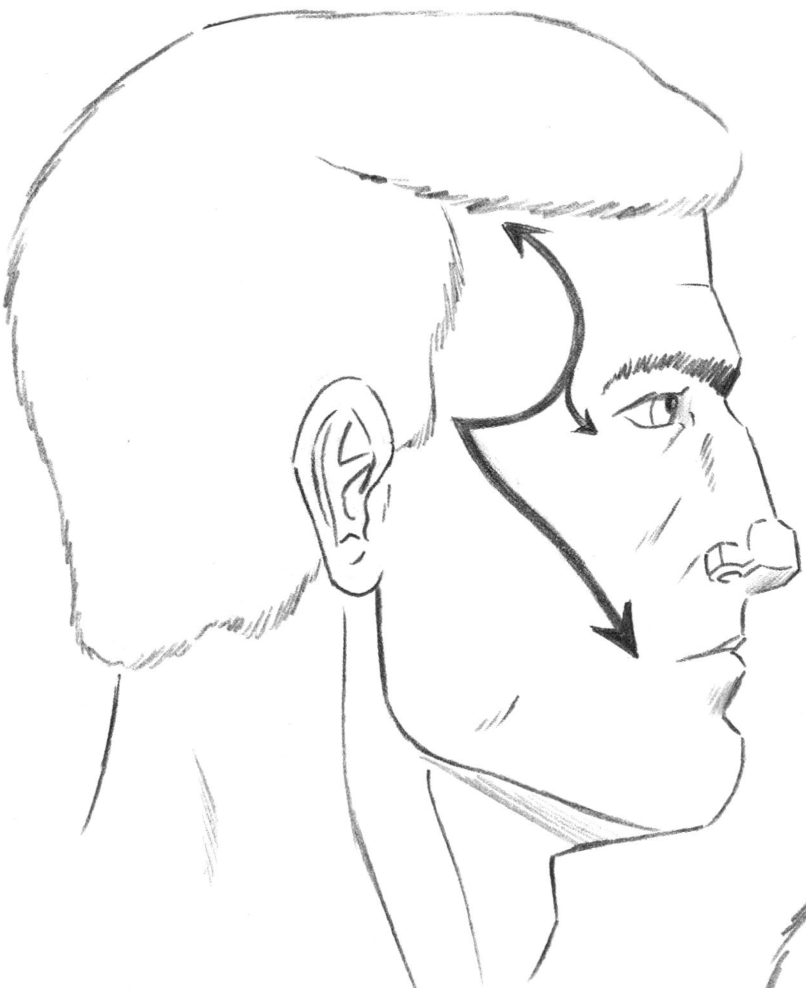

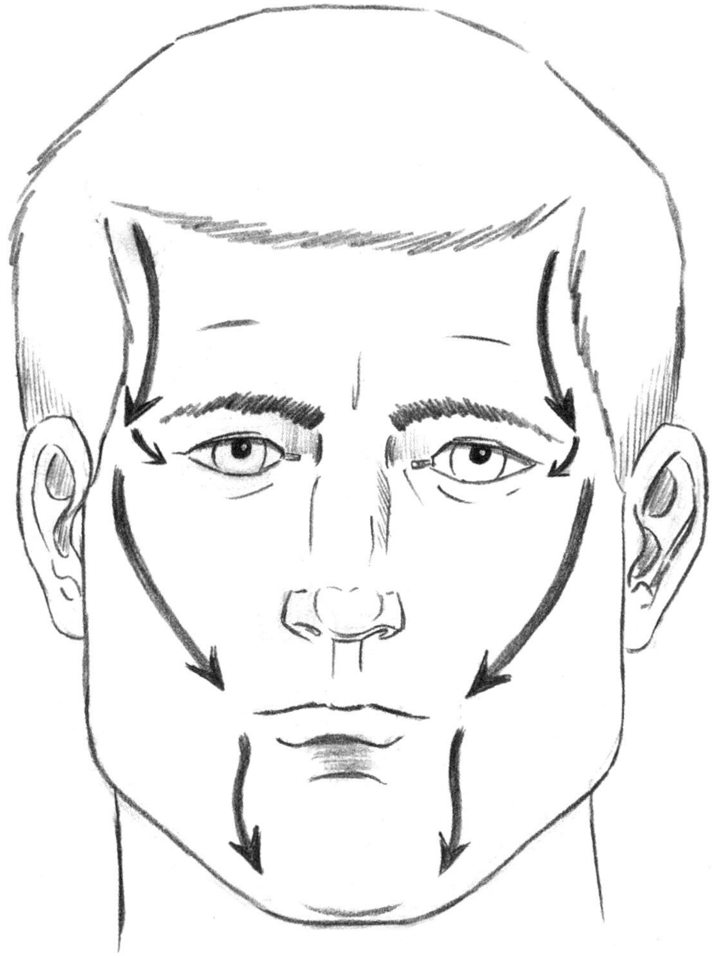

DER SCHÄDEL

Der Schädel ist der architektonische Entwurf des Kopfes. Er bestimmt die Gesamtform des Gesichts. Der Kopf besteht im Wesentlichen aus zwei Teilen: dem Cranium, das vom oberen Ende des Schädels bis zu den Zähnen des Oberkiefers reicht, und der Mandibula, die aus dem Unterkiefer und den Unterkieferzähnen, d. h. dem beweglichen Teil des Schädels besteht. Die Augen treten zurück und sinken in den Augenhöhlen ein. Die Wangen sind wegen der Hohlräume zwischen Ober- und Unterkiefer leicht eingefallen. Wangenknochen und Kinn stehen immer hervor.

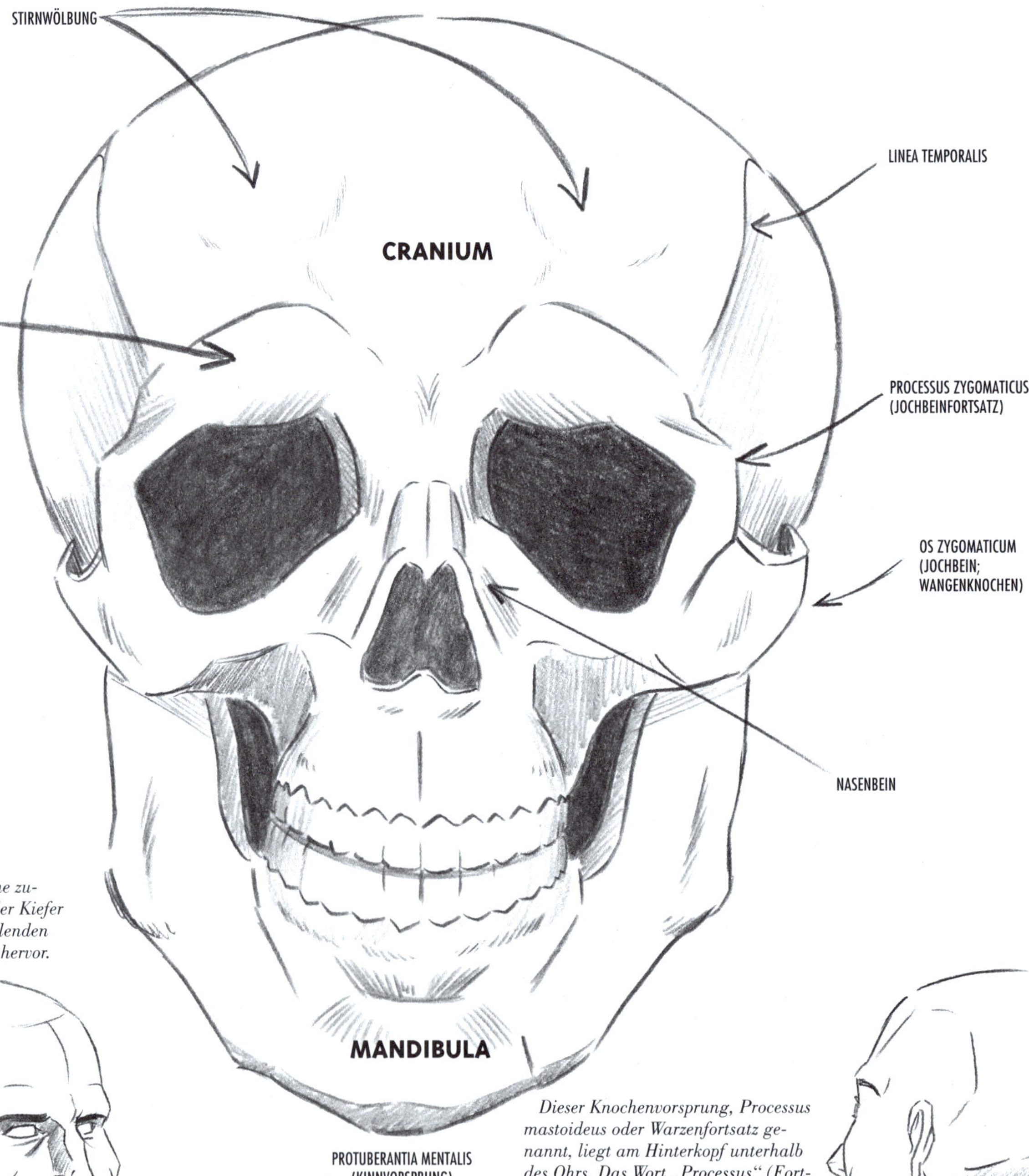

Wenn man die Zähne zusammenbeißt, tritt der Kiefer wegen des anschwellenden Kaumuskels stärker hervor.

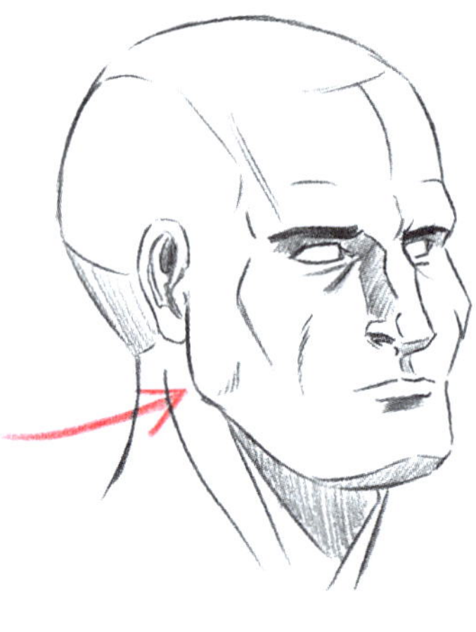

Dieser Knochenvorsprung, Processus mastoideus oder Warzenfortsatz genannt, liegt am Hinterkopf unterhalb des Ohrs. Das Wort „Processus" (Fortsatz) bezieht sich auf den vorstehenden Teil eines Knochens. Der Warzenfortsatz verbindet den größten Halsmuskel, den Kopfwendemuskel oder Kopfnicker, mit dem Schädel. Der Kopfnicker verläuft zur Vorderseite des Halses und setzt am inneren Ende des Schlüsselbeins an.

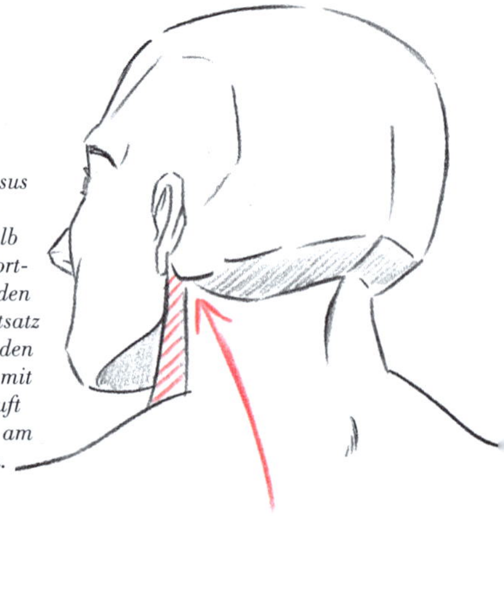

SICHTBARE GESICHTSKNOCHEN

Wenn man sich ein Gesicht anschaut, sieht man, dass sich viele Schädelknochen teilweise durch die Haut abzeichnen. Der Schädel beeinflusst die Form und Schattierung der Gesichtskonturen. Man sollte jedoch nicht akribisch jeden Knochen nachzeichnen. Eine kleine Andeutung hier und da reicht aus. Bei fülligen Menschen sind nur sehr wenige Knochen sichtbar.

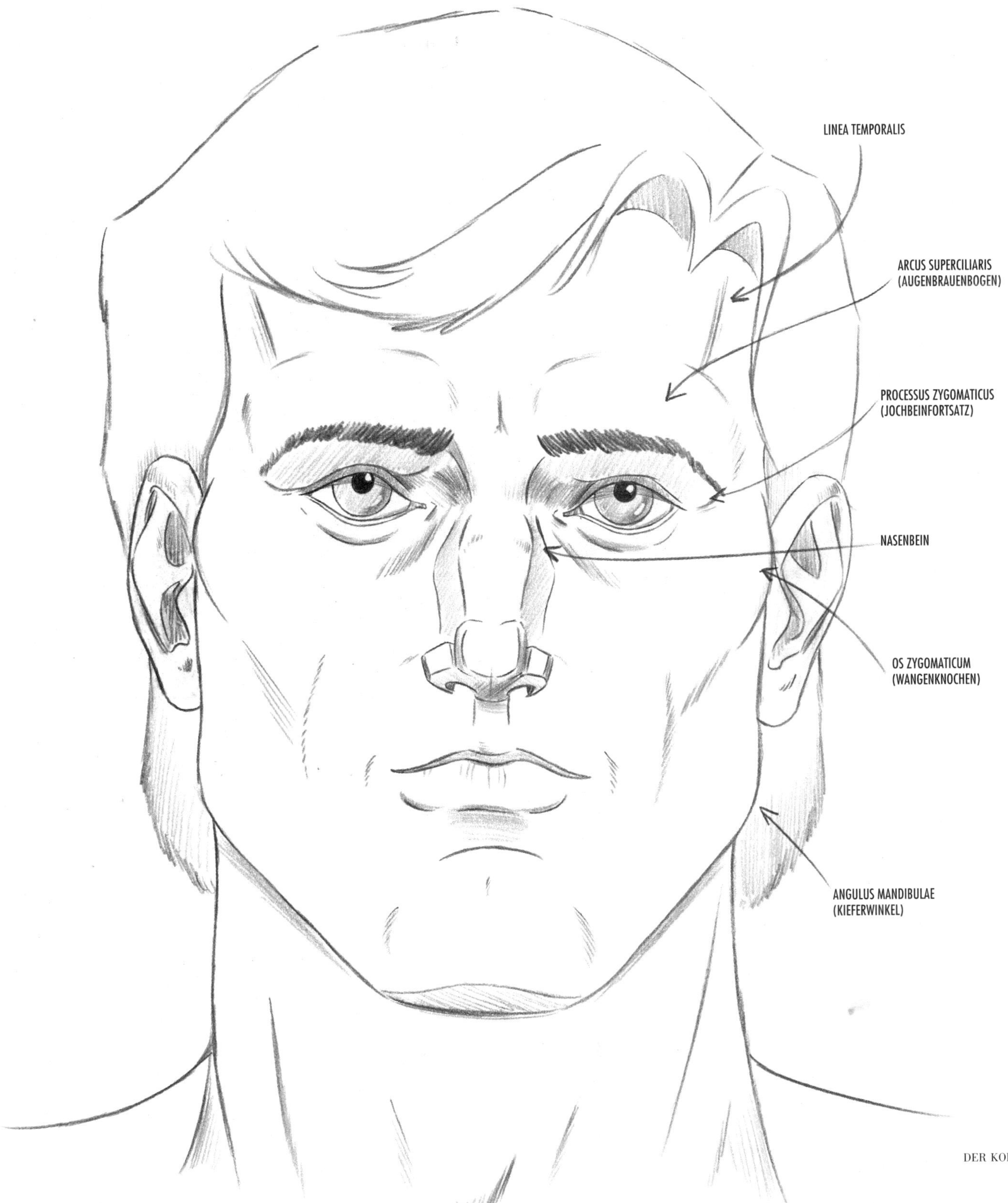

DER SCHÄDEL: Profil

Beachte, dass die Nase hauptsächlich aus Knorpel besteht und nicht zum Skelett gehört. Dies ist einer der Gründe, warum manche Menschen Schwierigkeiten beim Zeichnen der Nase haben. Sie glauben entweder, die Nase bestehe vollständig aus Knochen, oder aber, sie sei ganz weich. Tatsächlich ist sie jedoch eine Mischung aus beidem. Um die Nase exakt zu zeichnen, sollte man wissen, wo der Knochen aufhört und der Knorpel beginnt. Im nächsten Kapitel befassen wir uns ausführlich mit der Nase.

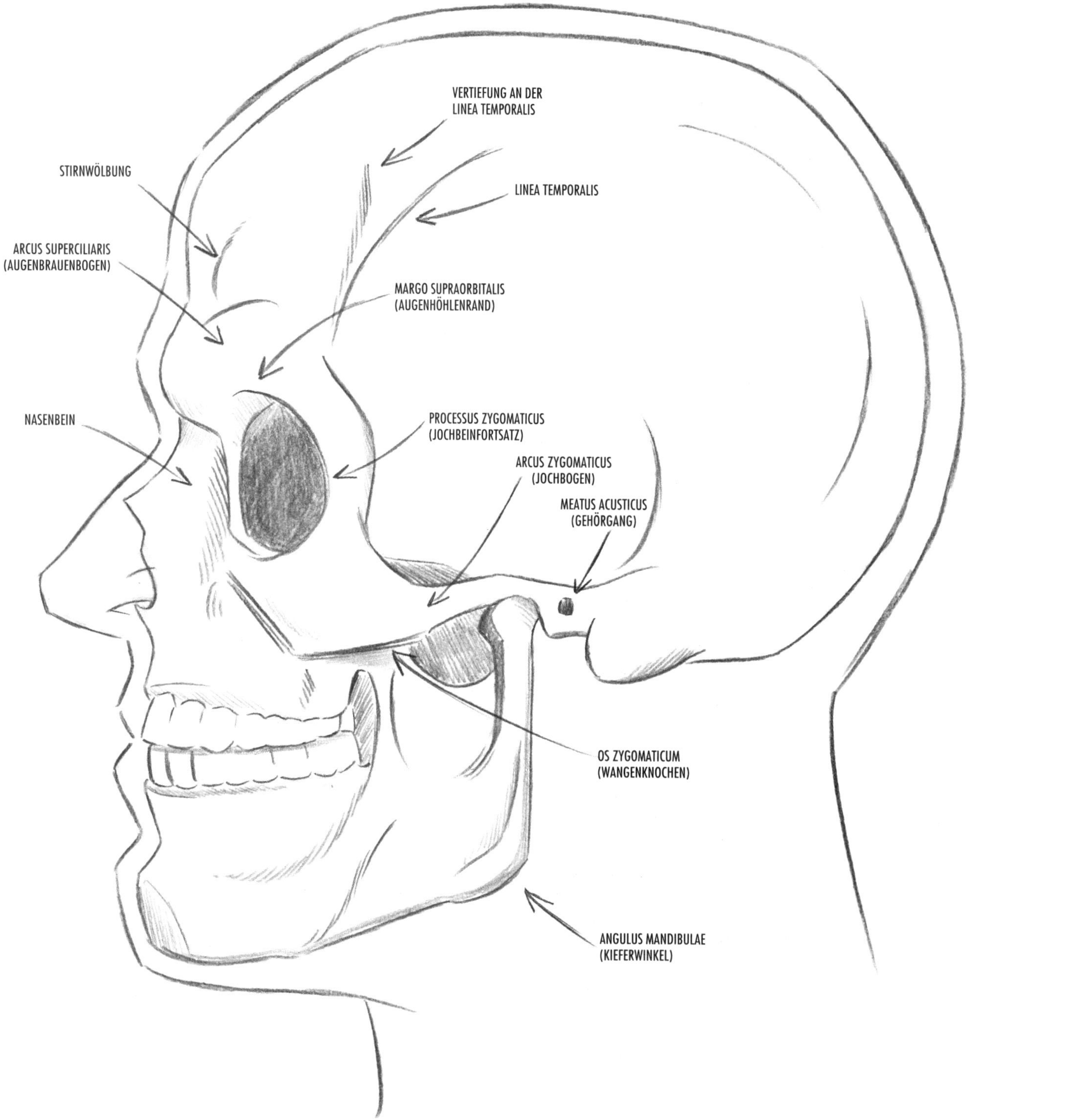

SICHTBARE GESICHTSKNOCHEN: Profil

Arbeite mit dezenten Strichen, aber deute ein paar Knochen an – das vermittelt Ausdruckskraft und Realitätsnähe. Alle entscheidenden Merkmale eines Gesichts sind nun vorhanden, und der Betrachter spricht unbewusst auf dessen Authentizität an.

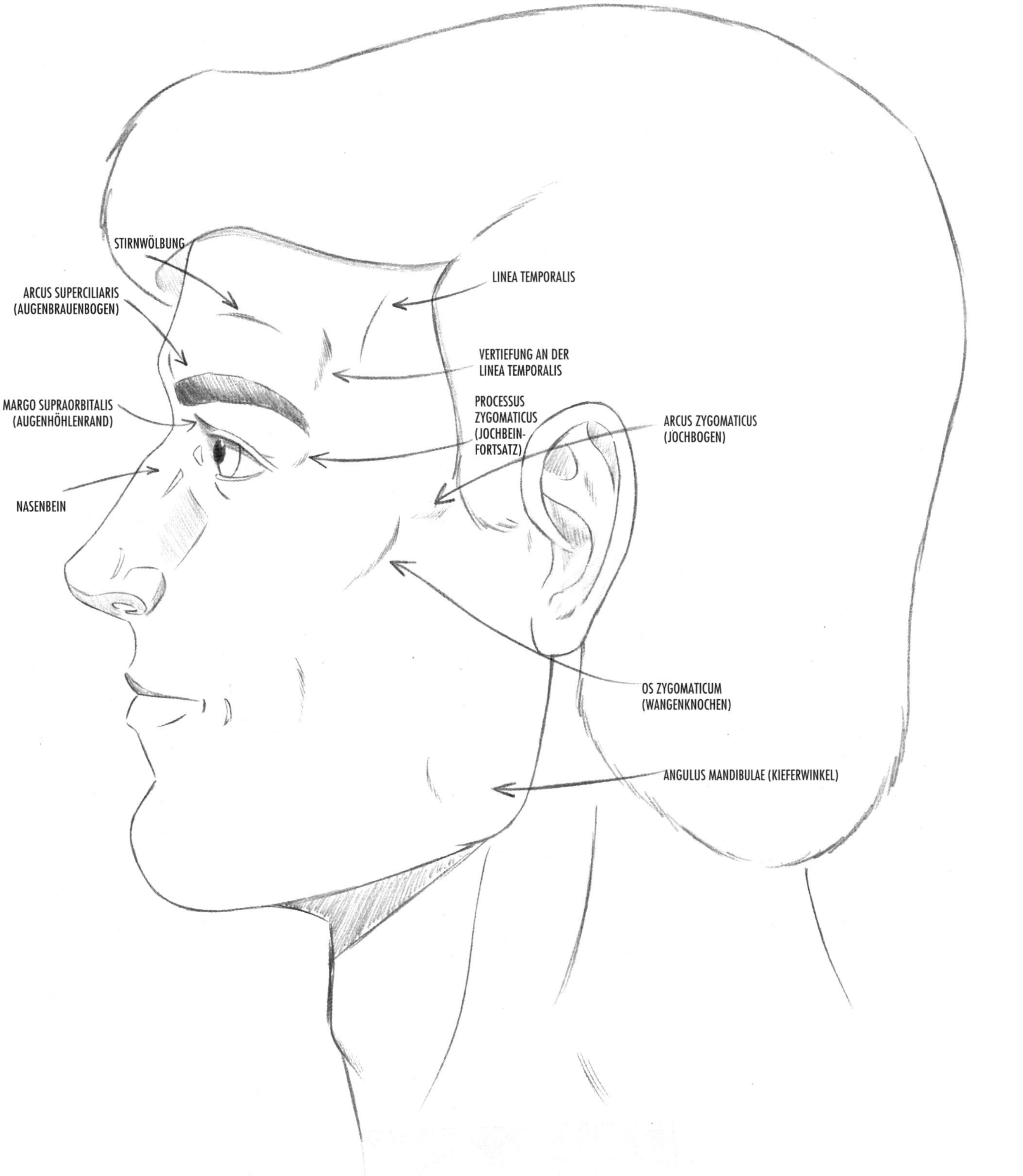

DIE GESICHTSMUSKELN

Es ist erstaunlich, wie viele Muskeln im Gesicht zusammenspielen. Gemeinhin stellen wir uns vor, das Gesicht bestünde nur aus Haut und Knochen. Und doch ermöglichen es uns erst die Muskeln, die Augenbrauen hochzuziehen, die Nase zu rümpfen, uns auf die Lippe zu beißen oder einen bestimmten Gesichtsausdruck zu zeigen. Ohne die Muskeln wären wir ein lebloses Skelett mit Blutkreislauf.

Man muss nicht alle Muskeln auswendig wissen, aber auf einige kommt es durchaus an. Beachtung verdienen beispielsweise die kreisförmigen Muskeln um die Augen und die ovalen Muskeln um die Lippen. Achte außerdem auf die Stellen, an denen sich keine Muskeln befinden – z. B. die Vertiefungen, in die die Wangen einsinken.

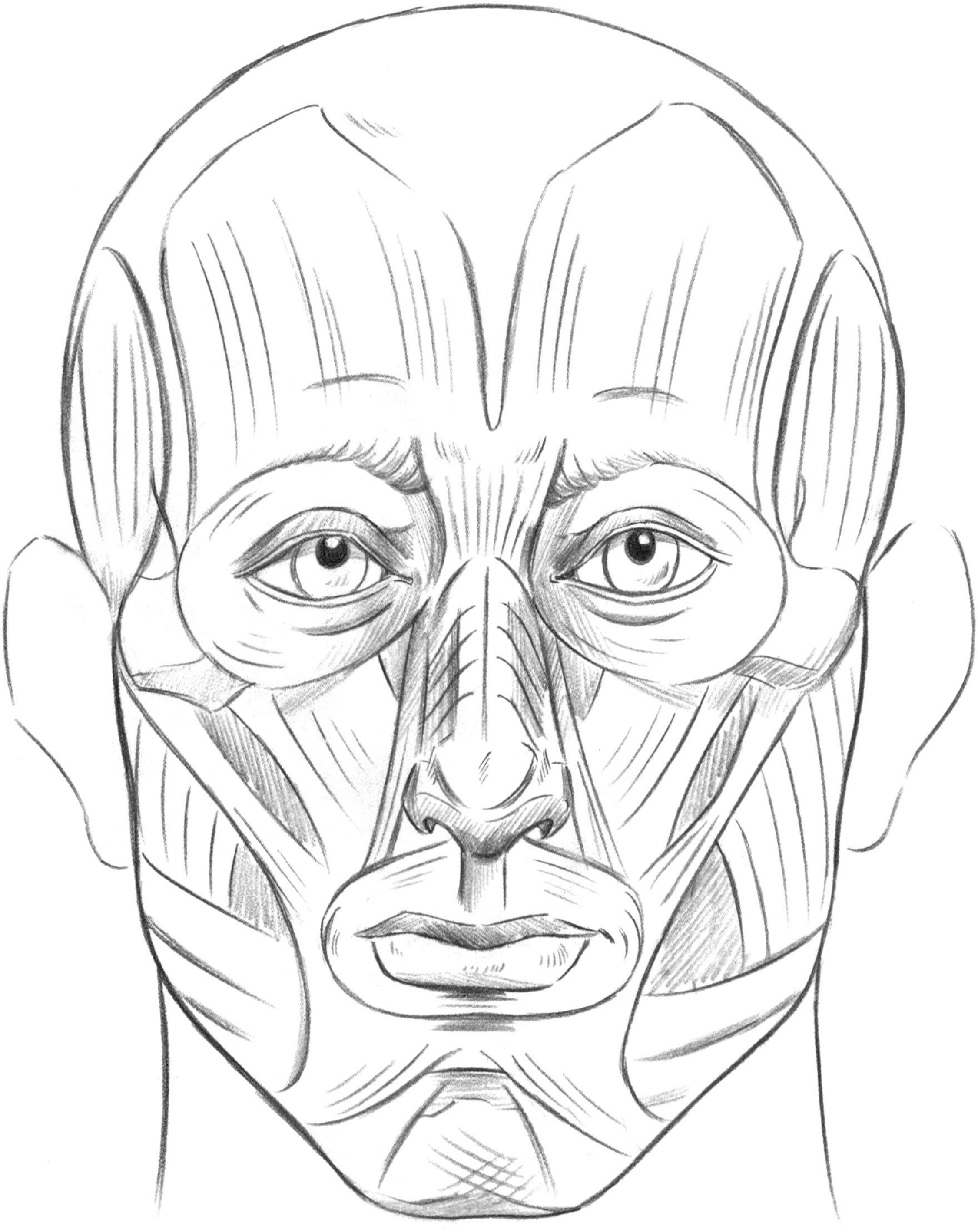

DIE GESICHTSEBENEN

Das Gesicht ist keine glatte Oberfläche, sondern besteht aus „Hügeln und Tälern". Das Licht, das meist von oben auf das Gesicht fällt, trifft auf die Hügel und wirft Schatten auf die Täler. Jeder Hügel und jedes Tal schafft neue Gesichtsebenen.

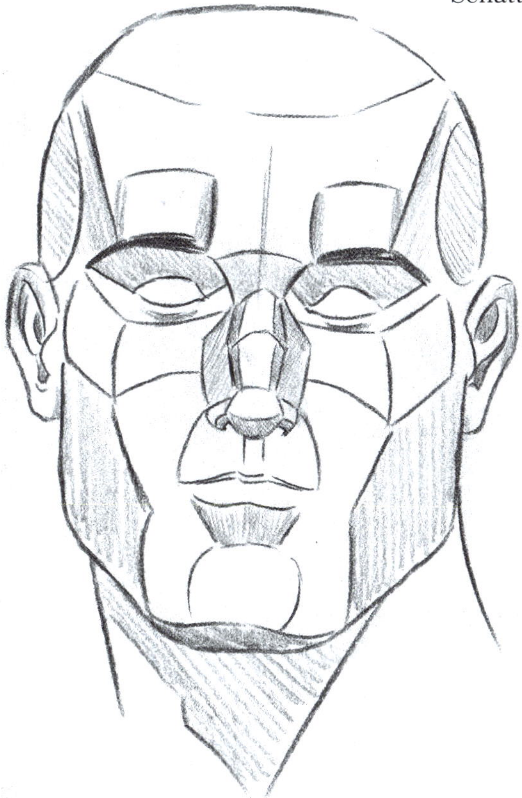

Die halbkreisförmige Linie direkt über dem Ohr kennzeichnet die Linea temporalis, die vom Schläfenbein gebildet wird.

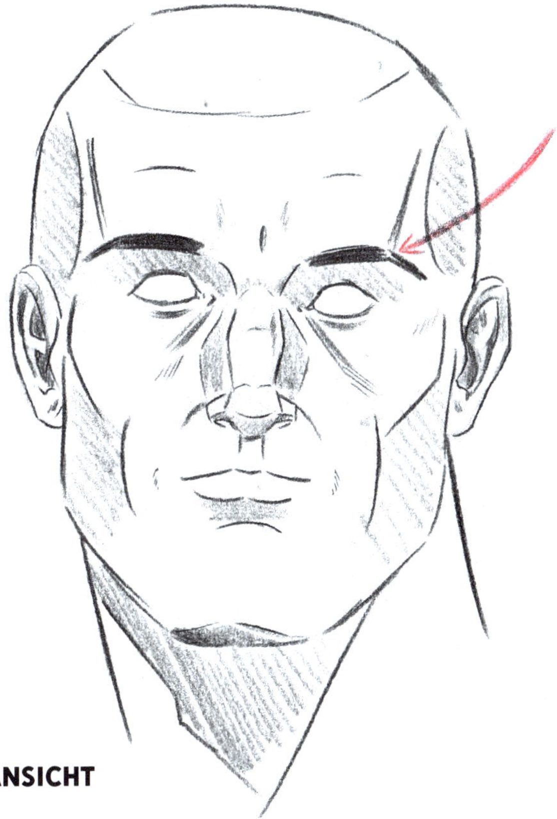

Dieser Winkel auf der Stirn ist die Stelle, an der die Wölbung der Stirn zum Ohr hin beginnt.

VORDERANSICHT

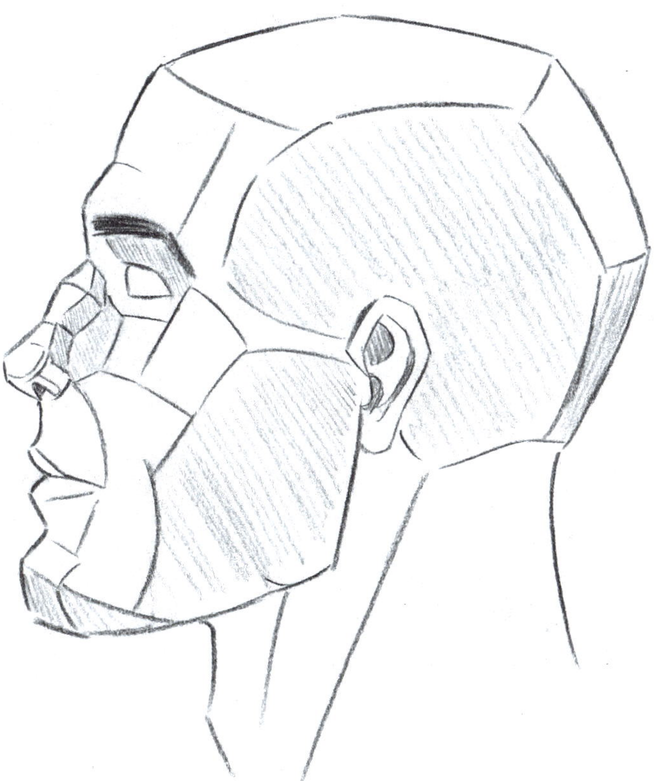

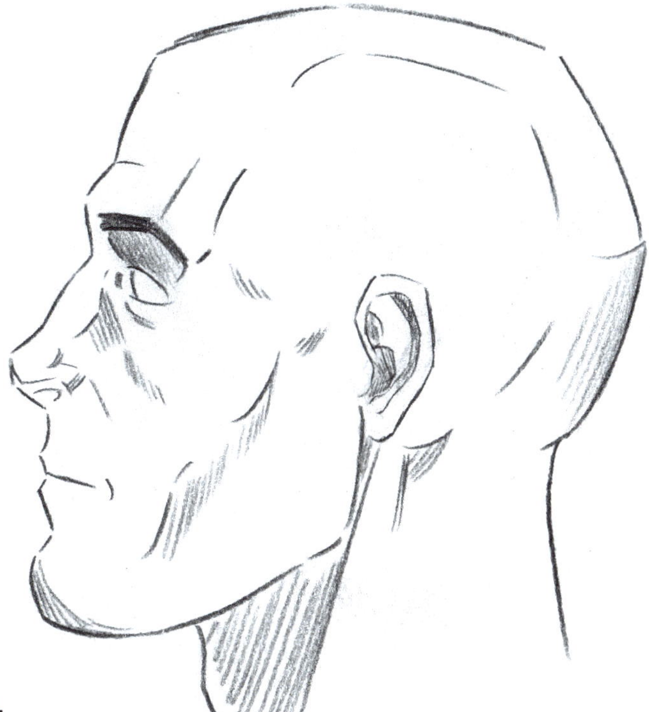

PROFIL

DIE HÜGEL DES GESICHTS

Normalerweise treten die Gesichtsebenen nicht so markant hervor– außer bei sehr grellem Licht oder einer beabsichtigten dramatischen Wirkung der Zeichnung. Durch sanfte und geschickte Gestaltung der Ebenen kann man das Gesicht überzeugender zeichnen und fast unmerklich von einer Gesichtsebene zur nächsten übergehen. Das Ergebnis sind die Erhebungen des Gesichts.

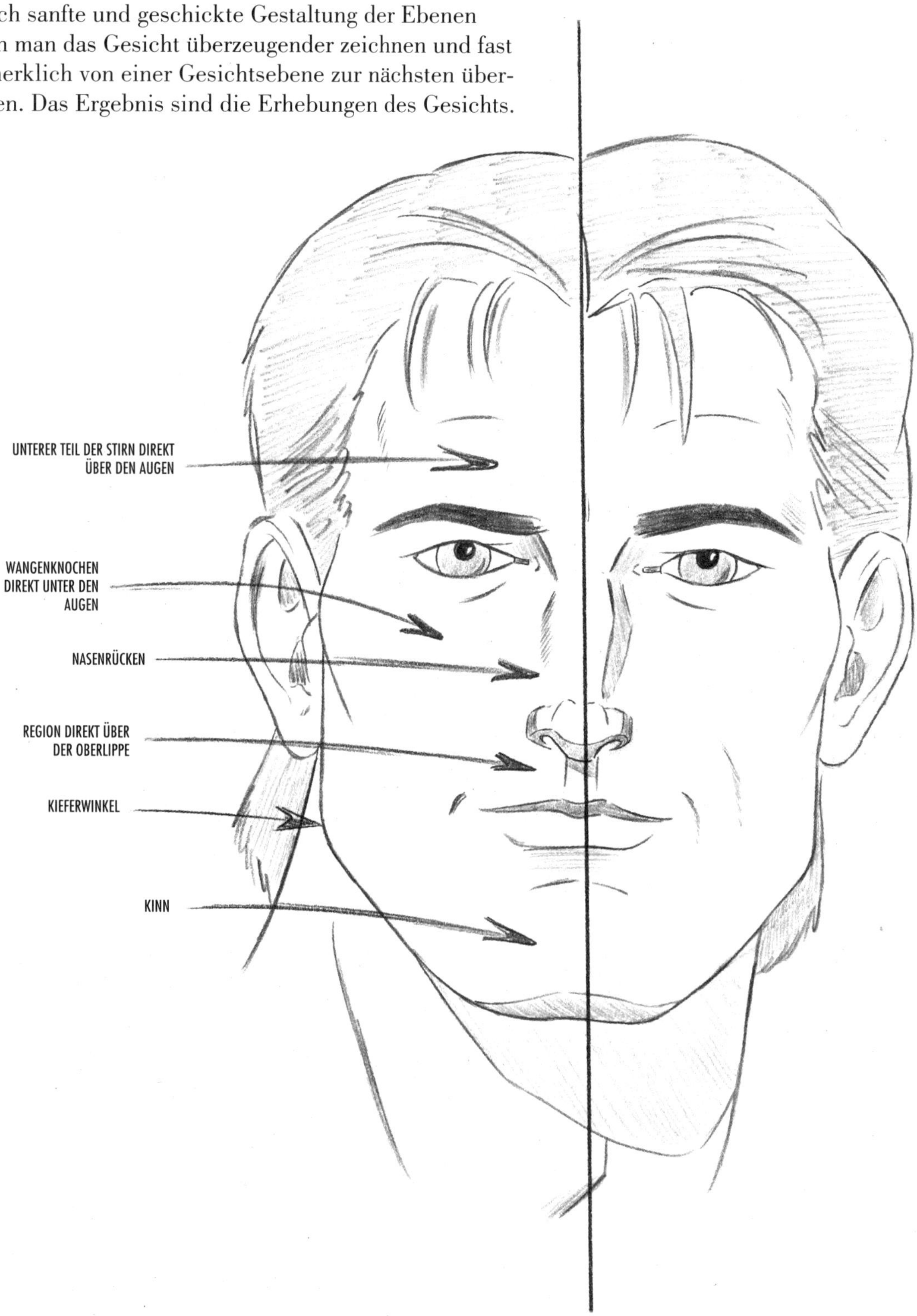

DIE TÄLER DES GESICHTS

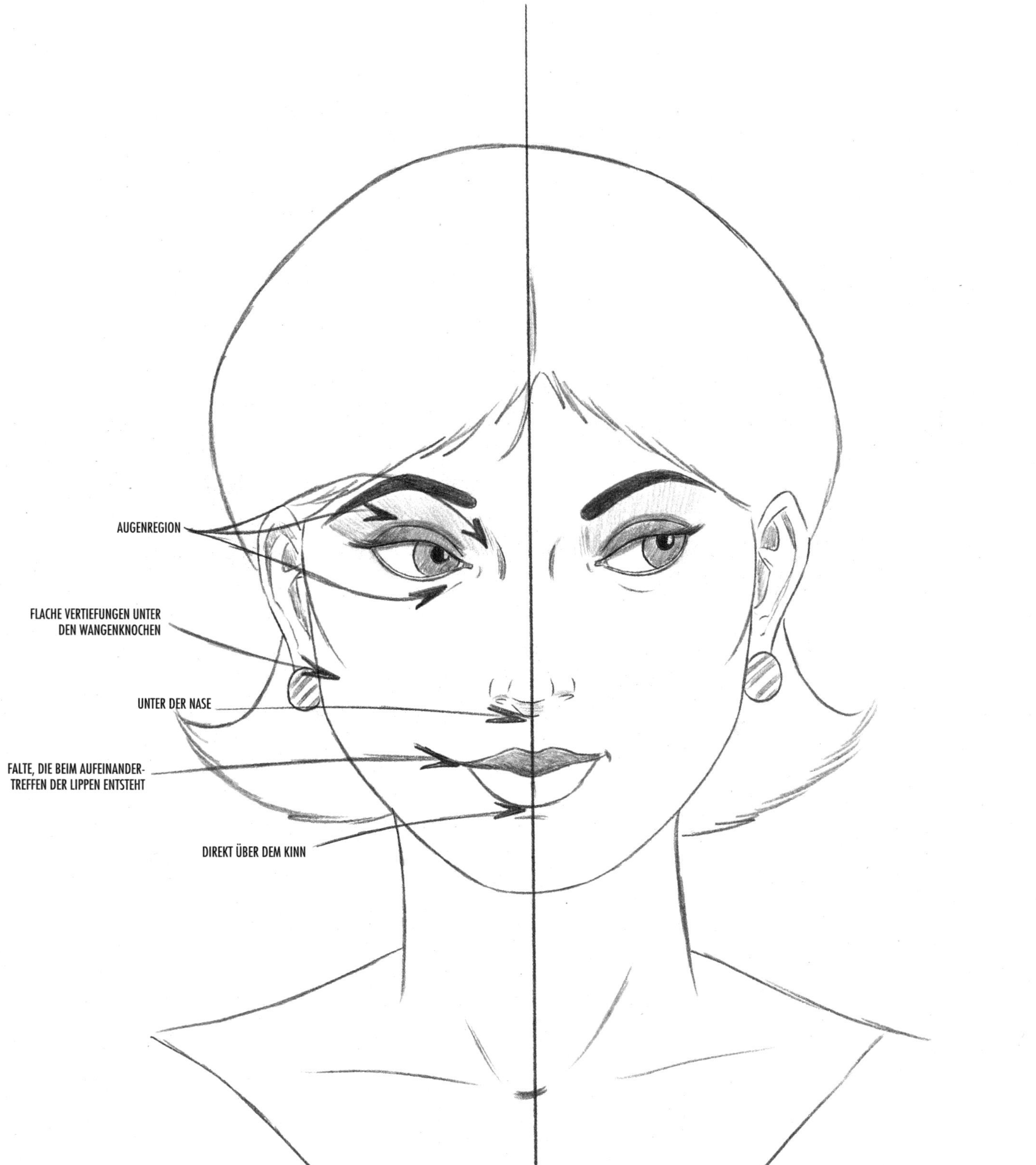

DIE SCHATTEN DES GESICHTS

Es ist schwierig, einem Gesicht Schatten hinzuzufügen, wenn man die verschiedenen Gesichtsebenen nicht kennt, da diese durch die Schatten herausgearbeitet werden. Schatten sind nicht nur in den Tälern zu sehen, sondern auch in den tieferen Gesichtsfalten. Außerdem gehen oft mehrere Schatten ineinander über. Beachte, dass z. B. die Linie des Wangenknochens mithilfe eines Schattens in die Linie einer Lachfalte übergeht, die sich wiederum mit der Kinnlinie zu einem langen Schatten an der Seite des Gesichts verbindet. Am Hals ist direkt unter dem Kiefer immer ein Schatten zu sehen, es sei denn, das Gesicht wird von unten beleuchtet.

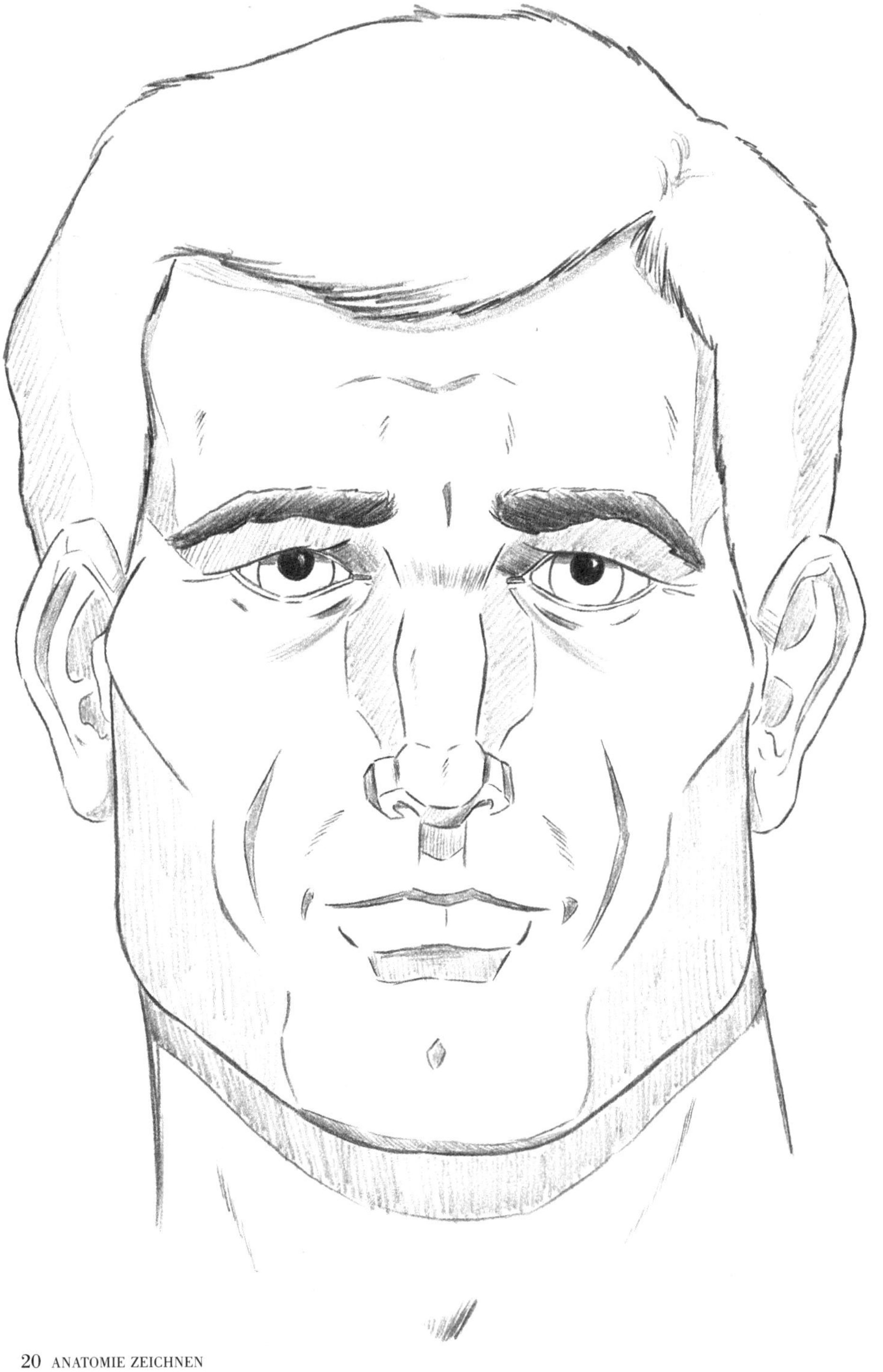

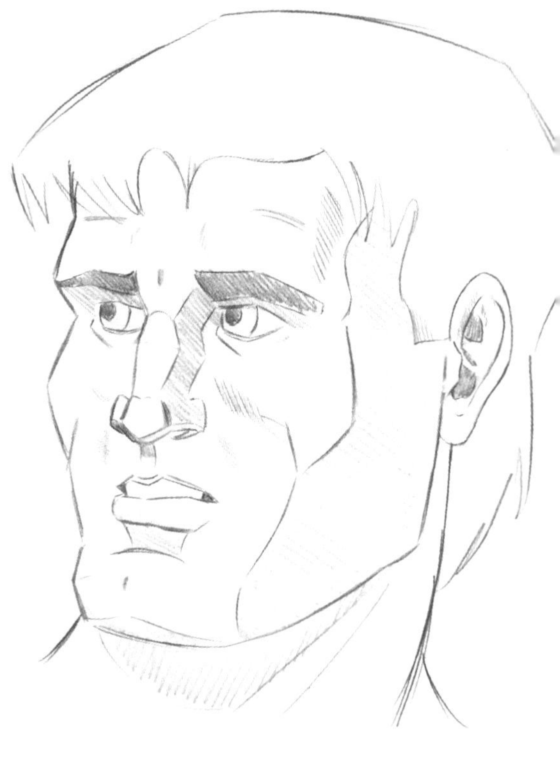

TIPPS ZUM ZEICHNEN DES KOPFES

DREIVIERTELANSICHT DES GESICHTS

Die Dreiviertelansicht wird zwar oft als Herausforderung empfunden, ist aber vielleicht die einfachste Zeichenpose, wenn man erst etwas Übung darin hat. Während das Gesicht in der Vorderansicht oft zu flach wirkt (was durch Hervorhebung der Hügel und Täler ausgeglichen werden muss) und im Profil einfach neutral ist, hat die Dreiviertelansicht die Eigenschaft, dramatisch zu wirken. Das Gesicht wirkt immer perspektivisch, da die eine Seite näher am Betrachter liegt als die andere. Darüber hinaus sind die Gesichtskonturen in der Dreiviertelansicht klar und kantig.

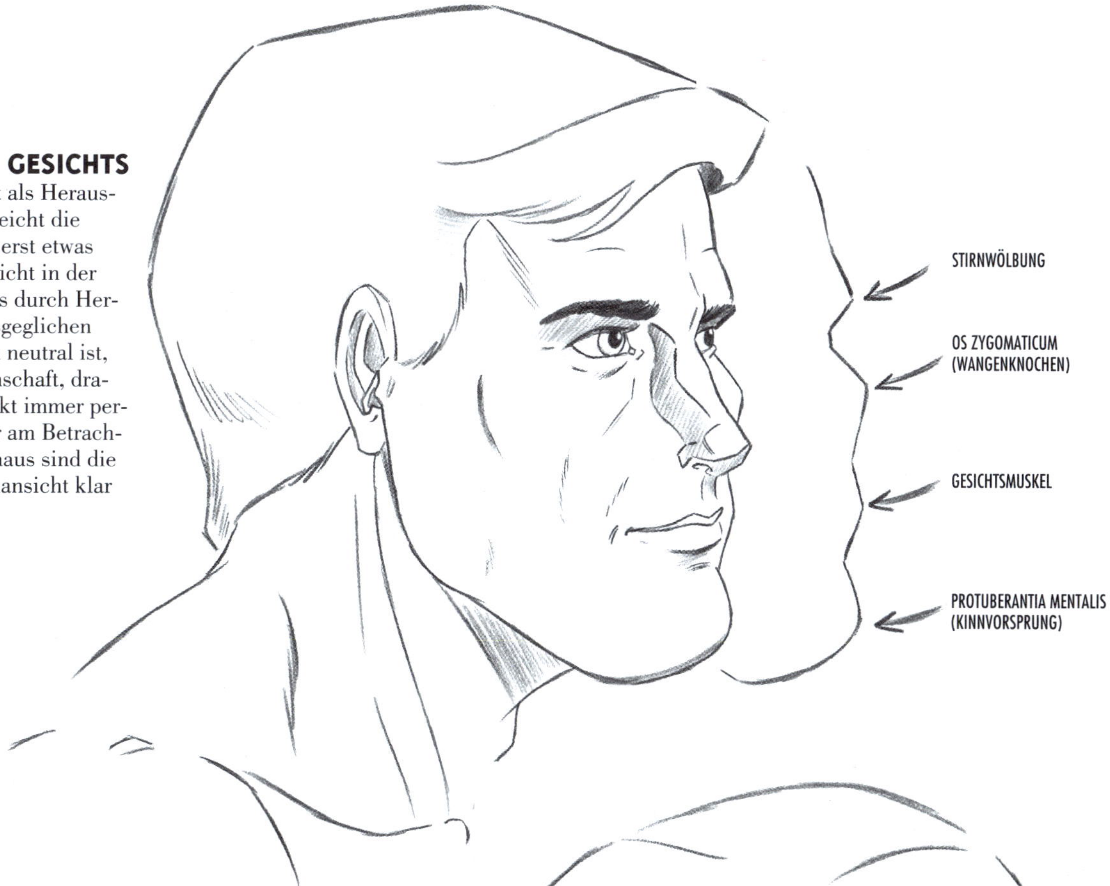

Die Stirn besteht aus einer einzigen, geschwungenen Linie.

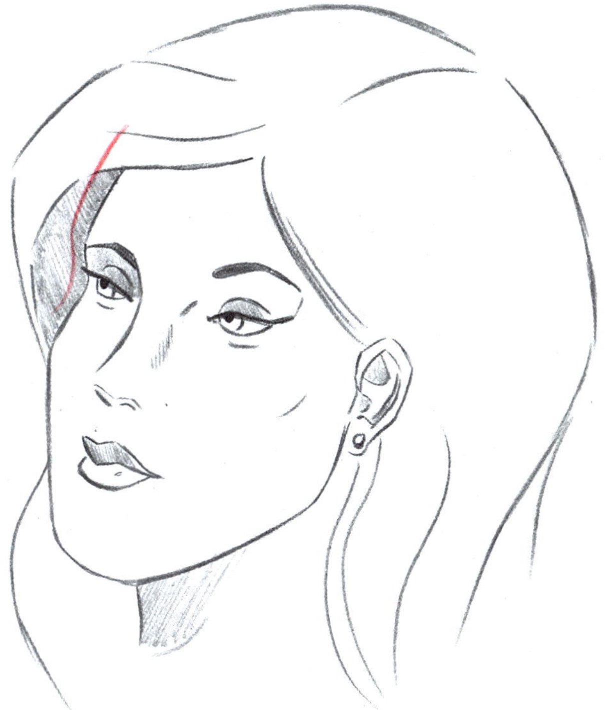

Die Stirn besteht aus einer Linie mit einer Einkerbung in der Mitte.

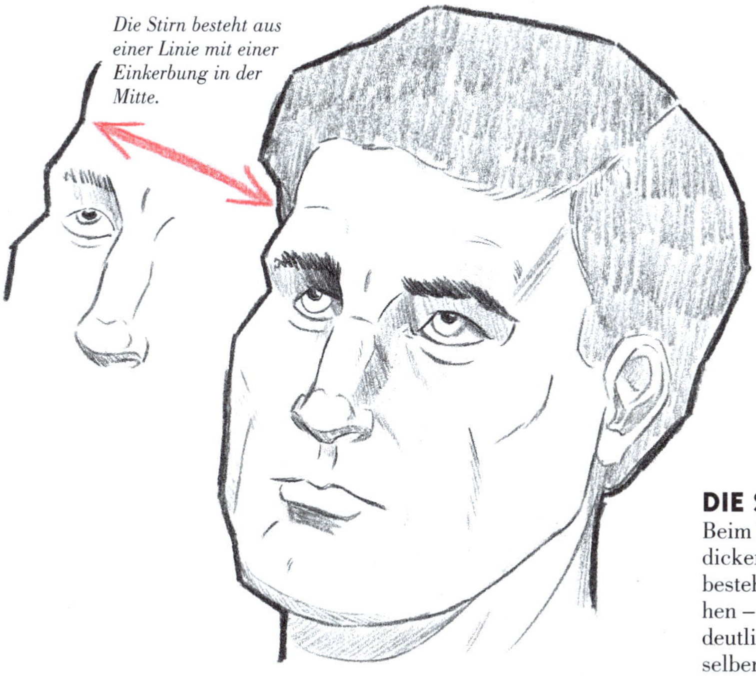

DIE STIRN BEI MANN UND FRAU

Beim Mann sind alle Gelenke und Knochen, auch der Schädel, etwas dicker und größer als bei einer Frau. Der vielleicht größte Unterschied besteht jedoch – von der schmaleren, zarteren Nase der Frau abgesehen – bei der Stirn. Sie weist beim Mann in der Dreiviertelansicht eine deutliche Einkerbung auf, die jedoch bei der weiblichen Stirn in derselben Ansicht vermieden werden sollte (siehe oben).

DREHUNGEN DES KOPFES

Wenn es eine Aufgabe gibt, bei der sich die Stärken und Schwächen eines Kunststudenten offenbaren, so ist es die Darstellung von Kopfdrehungen. Aus diesem Grund eignet sie sich als hervorragende Übung. Mach dir keine Gedanken über den Gesichtsausdruck – zeichne einfach einen Kopf in verschiedenen Haltungen. Mithilfe der horizontalen Linien kannst du überprüfen, ob die Proportionen des jeweiligen Kopfes noch stimmen.

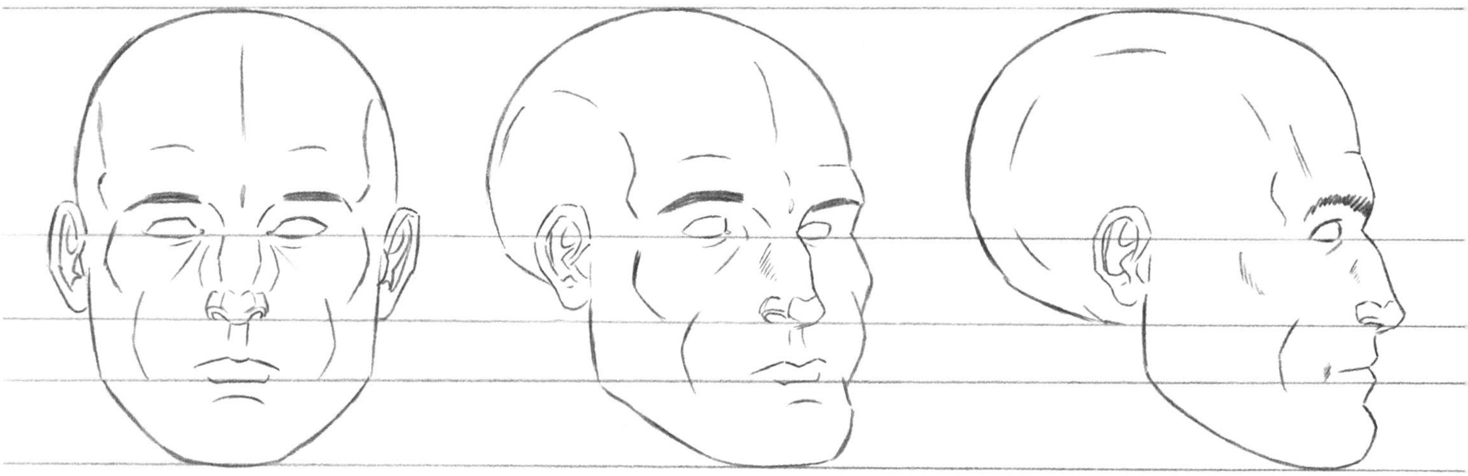

VORDERANSICHT **DREIVIERTELANSICHT** **PROFIL**

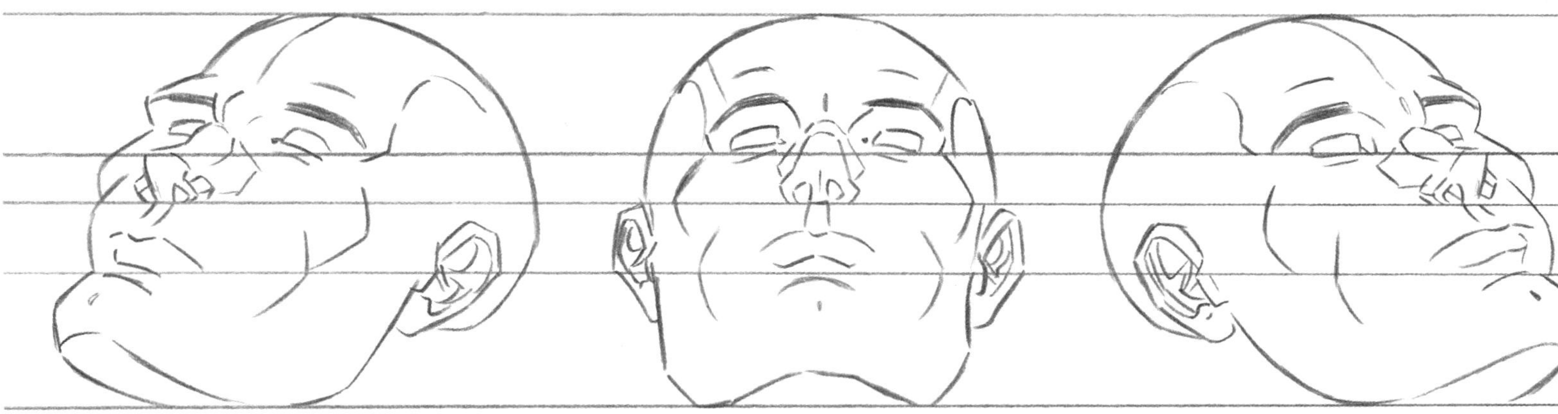

DREIVIERTELANSICHT LINKS, NACH OBEN GENEIGT **VORDERANSICHT, NACH OBEN GENEIGT** **DREIVIERTELANSICHT RECHTS, NACH OBEN GENEIGT**

VERKÜRZUNG UND DER KOPF

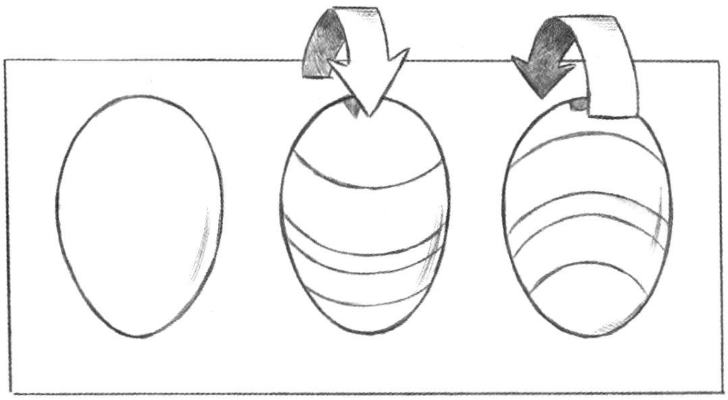

Die Hilfslinien sind nach oben gebogen.

Die Hilfslinien sind nach unten gebogen.

Wenn der Kopf nach oben oder unten geneigt ist, wirken die Länge des Kopfes und die Gesichtszüge komprimiert. Diese Wirkung wird zunächst durch gebogene Hilfslinien auf dem Gesicht erzielt (siehe das nebenstehende Bild mit den Eiern). Der Kopf ist im Großen und Ganzen eiförmig. Schau dir die beiden Eier mit den eingezeichneten Hilfslinien an. Das linke Ei sieht aus, als sei es nach unten geneigt, während sich das rechte Ei nach hinten zu neigen scheint. Dabei sind beide Eier identisch! Nur die Hilfslinien unterscheiden sich. Die Hilfslinien auf dem Ei, das sich nach unten zu neigen scheint, sind nach oben gebogen, die Hilfslinien auf dem Ei, das sich nach hinten zu neigen scheint, sind nach unten gebogen. Wendet man dieses Prinzip auf den Kopf an, entsteht der Eindruck, der Kopf sei nach unten bzw. hinten geneigt.

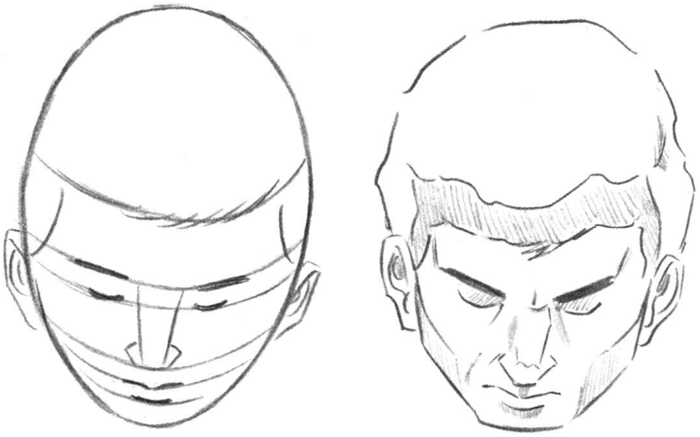

GRUNDSCHEMA: NACH UNTEN SEHEN

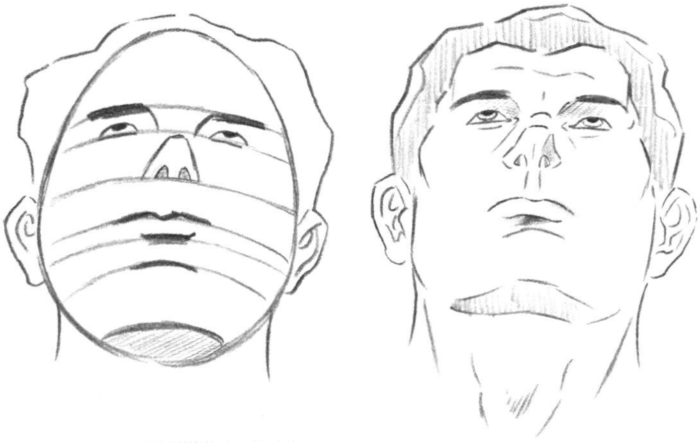

GRUNDSCHEMA: NACH OBEN SEHEN

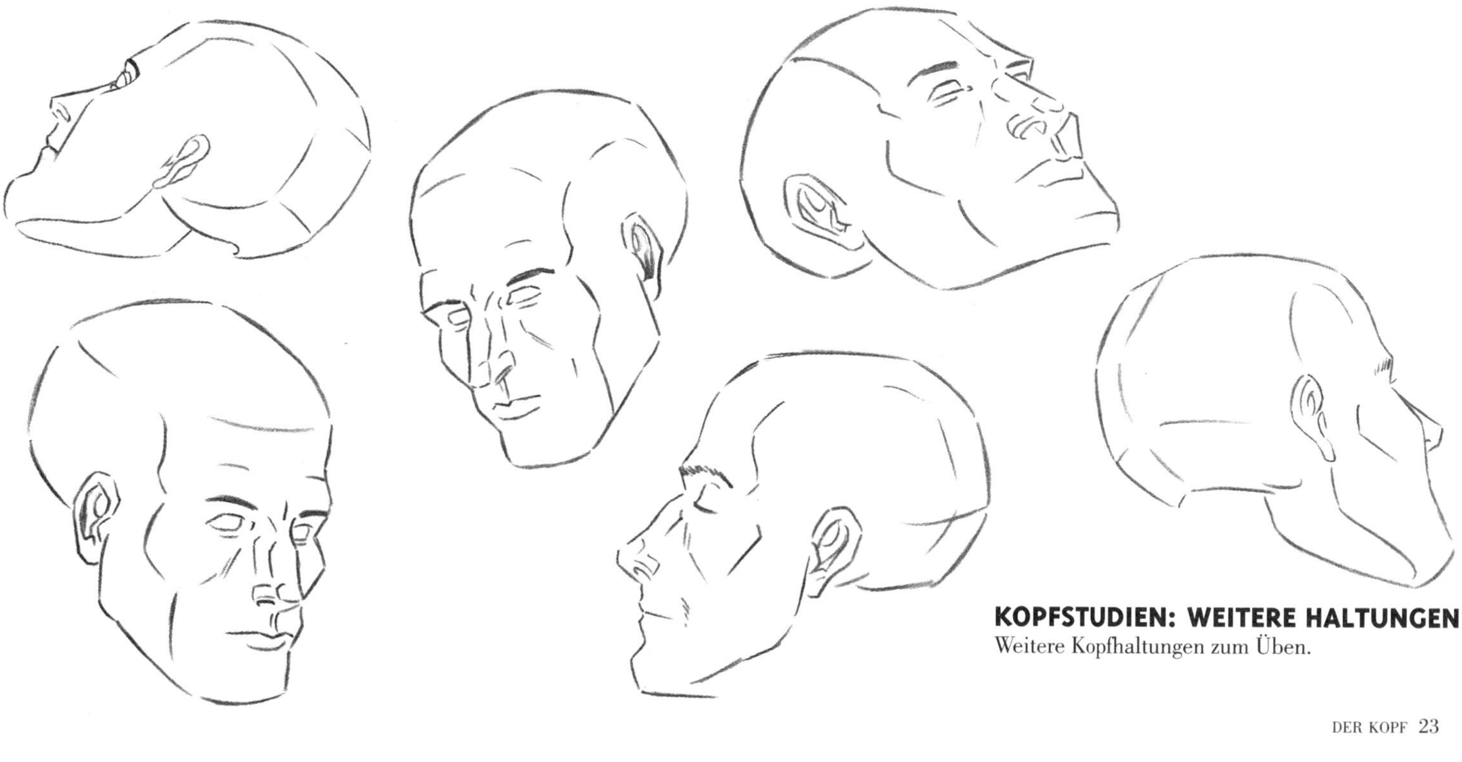

KOPFSTUDIEN: WEITERE HALTUNGEN

Weitere Kopfhaltungen zum Üben.

DIE MERKMALE DES GESICHTS

Im letzten Kapitel haben wir viel über den Aufbau des Kopfes und des Gesichts gelernt – wie Architekten, die einen ausgesprochen guten Grundriss gezeichnet haben. Jetzt steht an, das Haus mit Leben zu füllen. Mit dieser Metapher sind natürlich die Gesichtsmerkmale gemeint. Diese Merkmale sind einzigartig und von Mensch zu Mensch verschieden. Hier müssen wir diesen Aspekt natürlich etwas allgemeiner abhandeln, um dich mit einigen grundlegenden Anleitungen auszustatten, die du dann deinem eigenen Zeichenstil anpassen kannst.

AUGEN UND AUGENBRAUEN

Ein Auge zu zeichnen kann recht schwierig sein, wenn man nicht weiß, wie sich Ober- und Unterlid um das geöffnete Auge herum wölben.

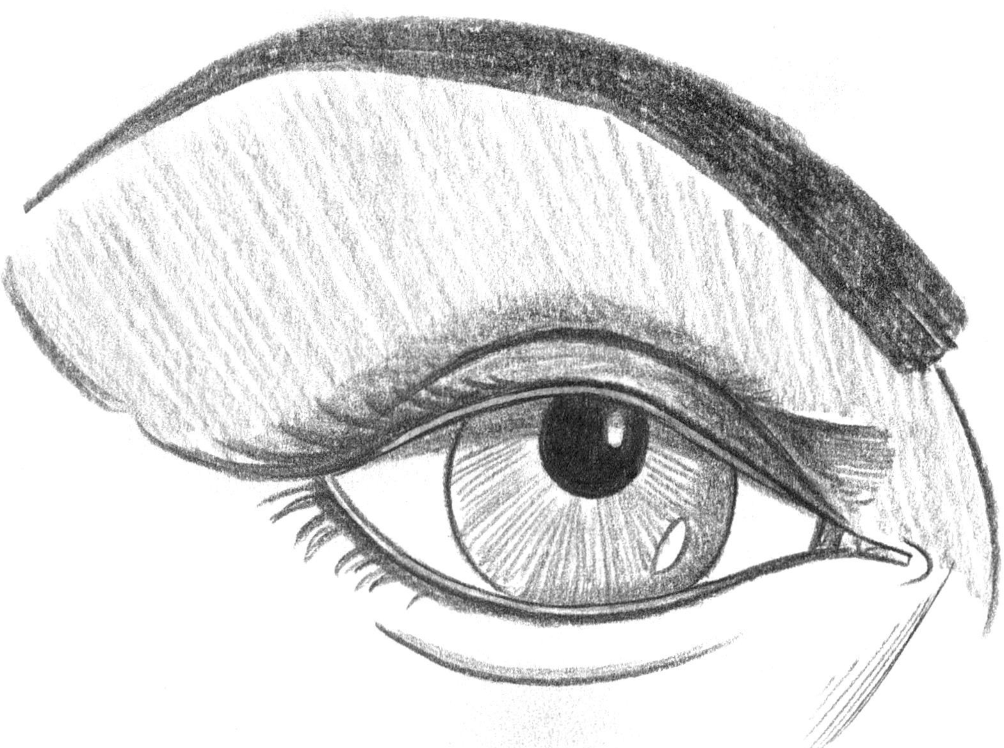

DAS EFFEKTVOLLE AUGE
Eine geschickte Strichführung, Gespür für Details und ein paar Schattierungen verleihen dem Auge ein perfektes Finish.

DIE TEILE DES AUGES

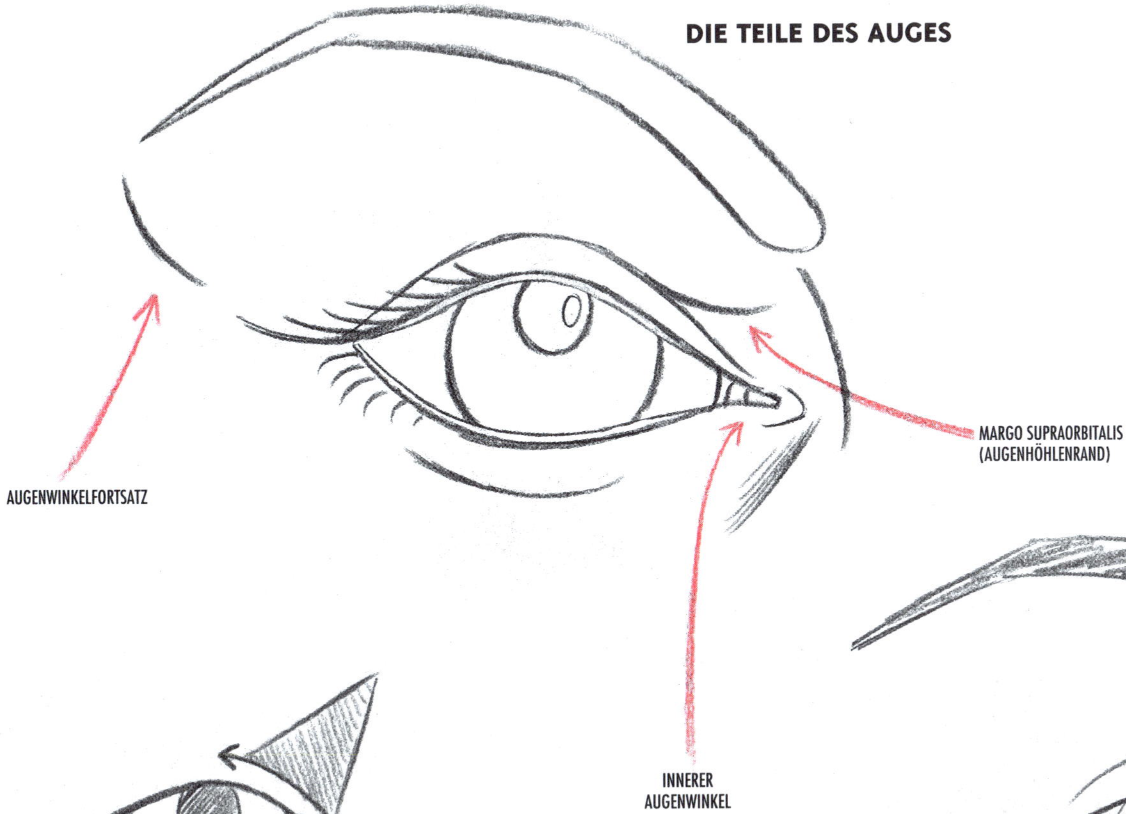

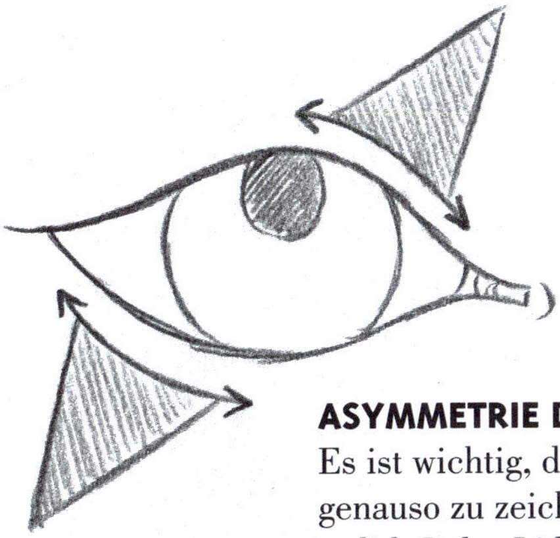

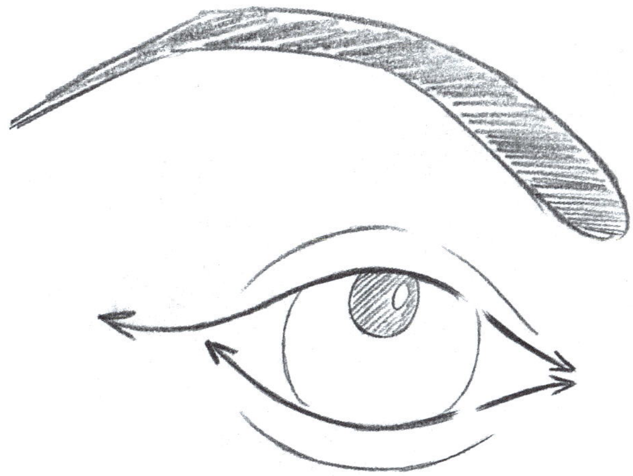

ASYMMETRIE DES AUGES

Es ist wichtig, das Oberlid nicht genauso zu zeichnen wie das Unterlid. Jedes Lid hat seine höchste Erhebung an einer anderen Stelle. Achte auf die beiden Wölbungen der Augenlider.

DIE LINIEN DES AUGES

Beachte, dass die Linien zum inneren Augenwinkel hin kurz und stärker gebogen sind. Vom inneren Augenwinkel weg (Richtung Ohr) sind die Linien länger und verlaufen in einem sanfteren Bogen. Achte ebenfalls darauf, dass das Oberlid auf seinem Weg zum Ohr über das Unterlid ragt.

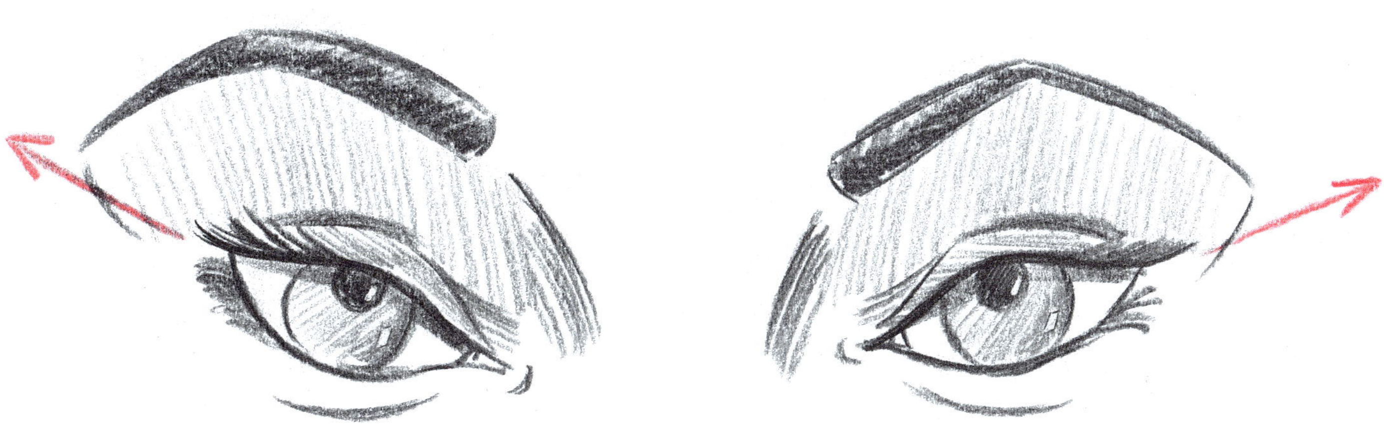

SCHRÄGSTELLUNG DER AUGEN

Bei Frauen wirkt es attraktiv, die Augenwinkel etwas anzuheben, sodass die Augen nach innen zur Nase hin schräg gestellt erscheinen.

PERSPEKTIVISCHES ZEICHNEN DES AUGES

Wenn der Kopf eine bestimmte Neigung hat, wie etwa beim Kopf dieser Frau, muss die Form des Augapfels entsprechend verändert werden. Am besten deutest du eine Hilfslinie unter den Augen an, um sicherzugehen, dass diese auf derselben Höhe liegen. In dieser Haltung ist das Auge nicht rund, sondern eher oval.

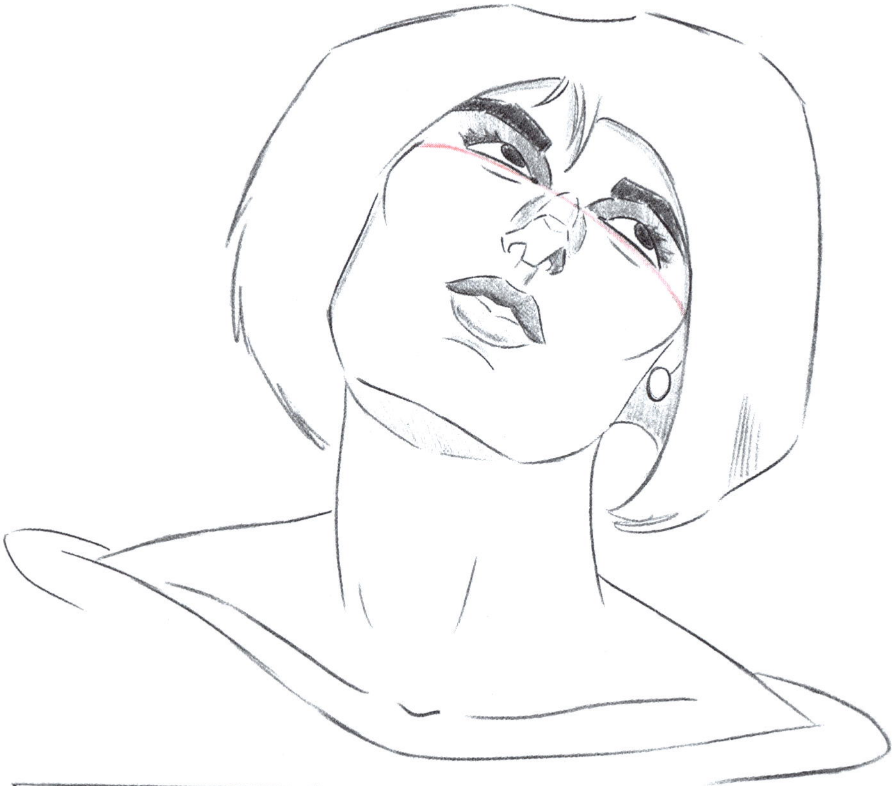

Wenn das Auge nach hinten geneigt ist, wird es eher elliptisch als kreisförmig.

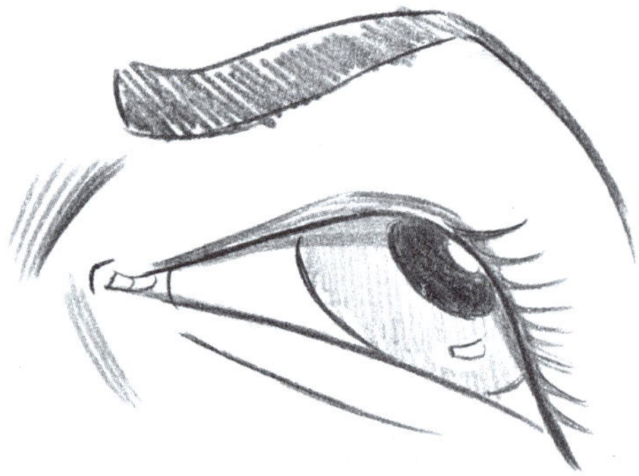

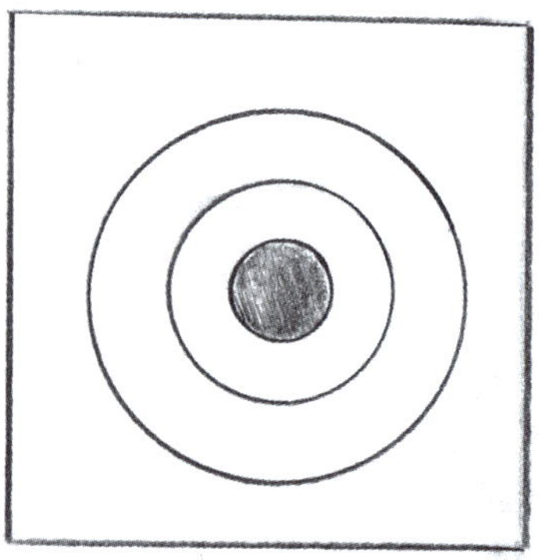

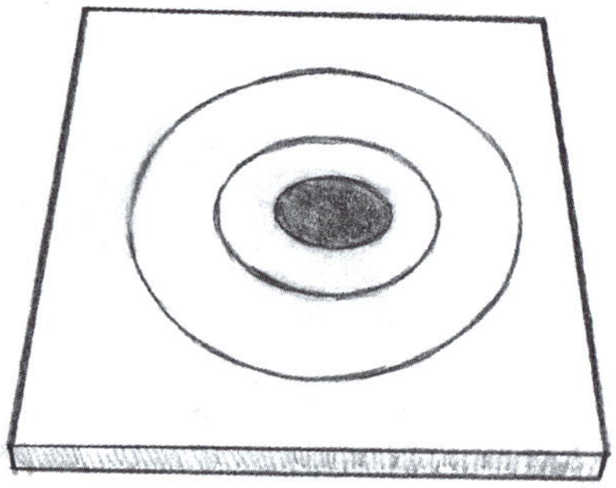

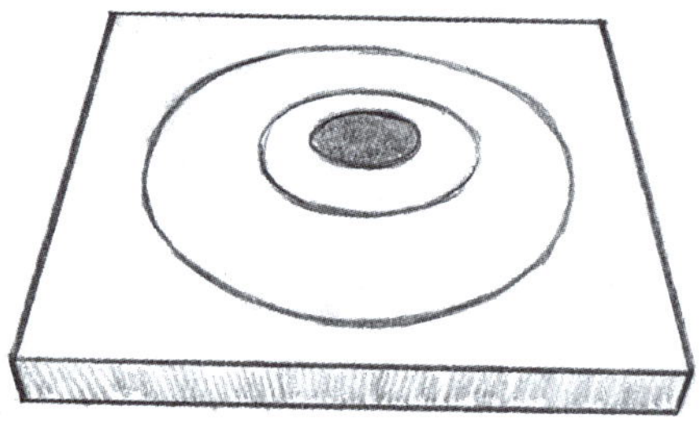

Die Pupille ragt aus dem Augapfel hervor, was in Profilzeichnungen deutlich zu sehen ist (siehe Beispiele).

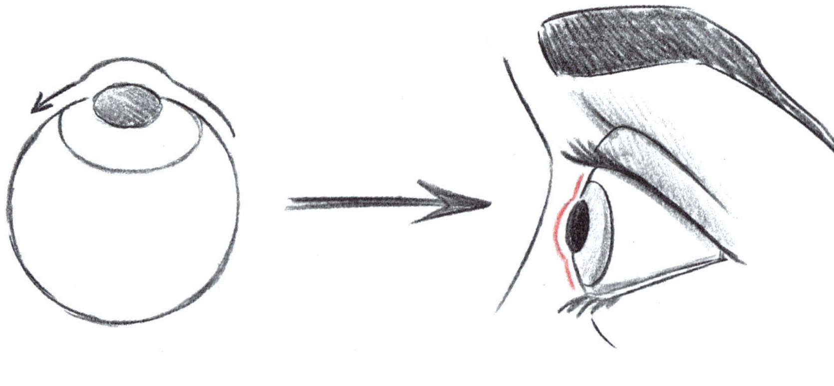

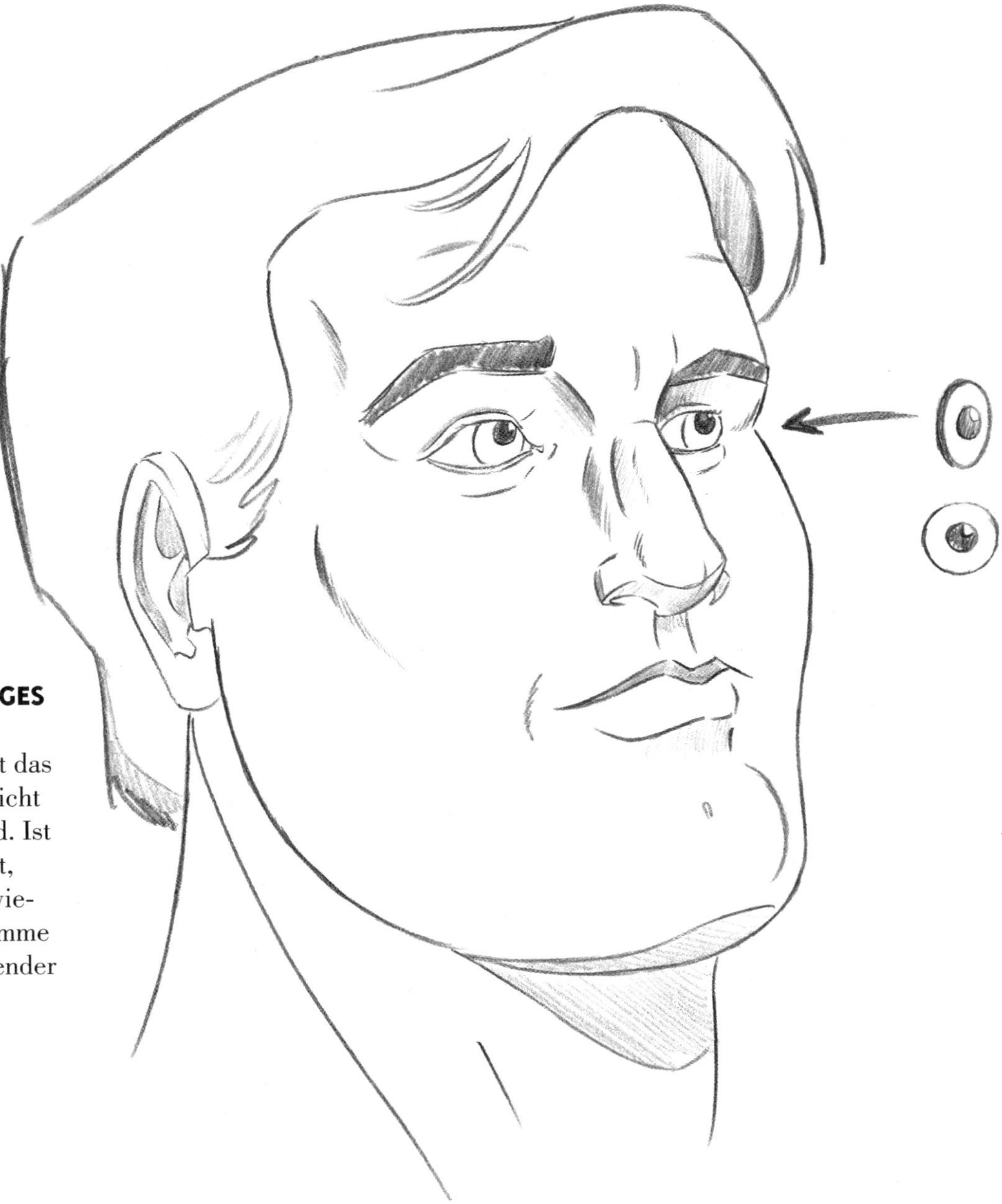

DIE ELLIPTISCHE FORM DES AUGES IN DER PERSPEKTIVE

In der Dreiviertelansicht erscheint das Auge im Gegensatz zur Vorderansicht ebenfalls elliptisch und nicht rund. Ist das wichtig? An und für sich nicht, aber eine Zeichnung besteht aus vielen Details, und je exakter die Summe dieser Details ist, desto überzeugender gelingt die Zeichnung.

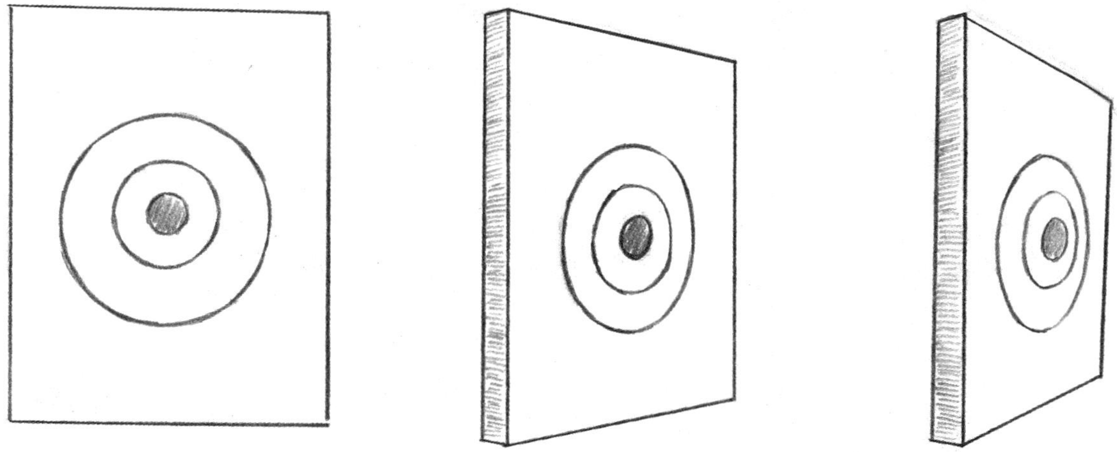

AUGENBRAUENTYPEN

Die Augenbrauen unterstreichen jeden Gesichtsausdruck. Durch Hochziehen der Brauen öffnen sich die Augen, durch Herunterdrücken der Brauen verengen sich die Augen. Ohne ausdrucksstarke Brauen verlieren die Augen oft an Wirkung. Hier siehst du einige geläufige Augenbrauentypen. Beachte, dass das Oberlid einen kleinen Schatten auf das Auge wirft. Dieses Detail verleiht dem Auge mehr Tiefe und macht es interessanter.

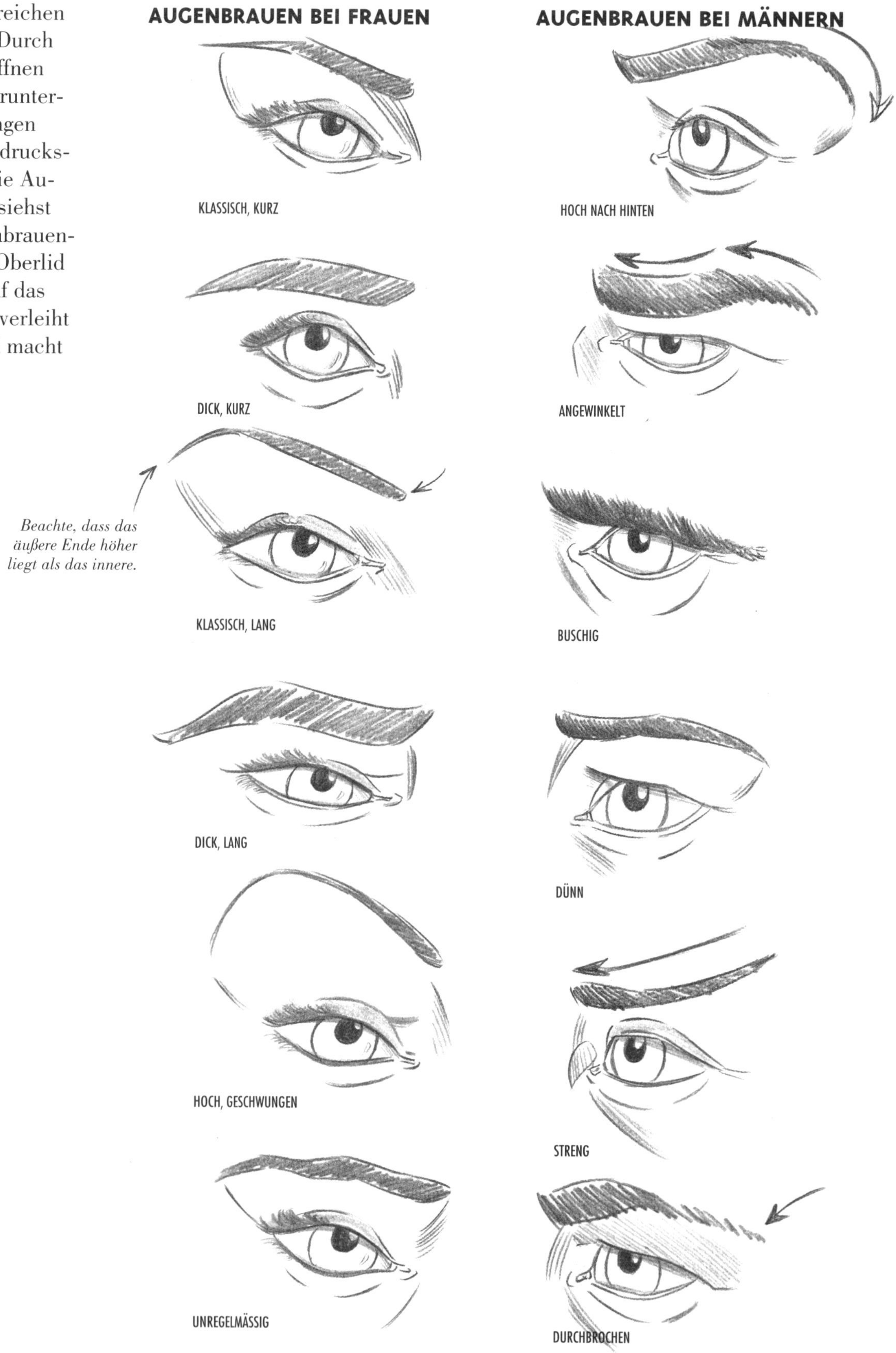

DIE NASE

Die Nase ist das einzige Gesichtsmerkmal, das aus dem flachen Gesicht herausragt und somit eine ganz eigenständige Struktur bildet. Daher zieht sie auch alle Aufmerksamkeit auf sich, wenn sie nicht korrekt gezeichnet ist. Die Nase besteht aus mehreren unebenen Abschnitten – nicht nur aus einer geraden Linie.

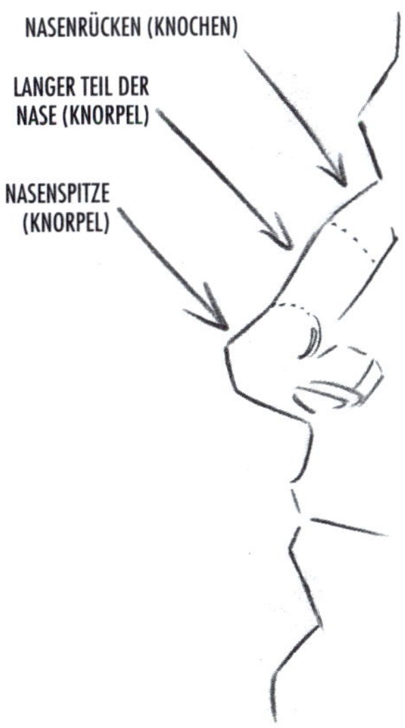

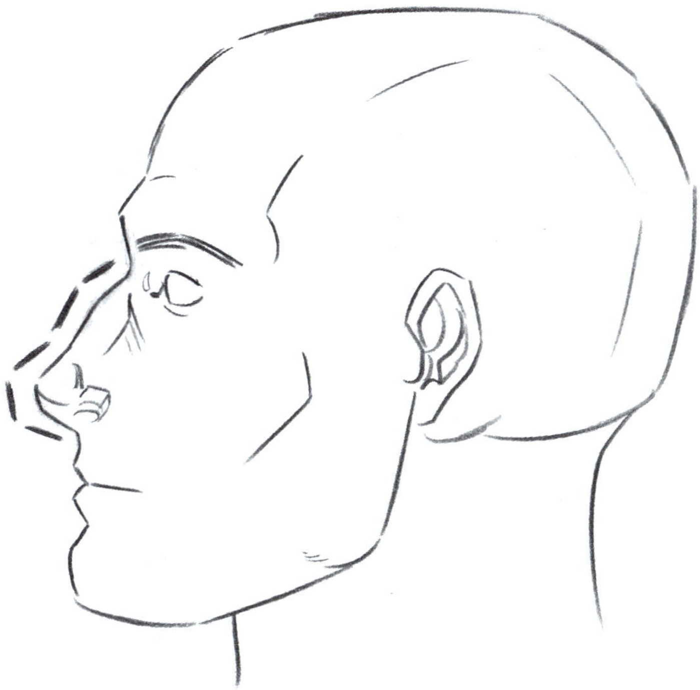

ABSCHNITTE DER NASE

Die Nase ist in drei Abschnitte unterteilt: Nasenrücken (der knöcherne Teil des Schädels), Knorpel sowie Nasenspitze, die, wie auf der nächsten Seite zu sehen, aus zwei miteinander verbundenen Knorpelstücken besteht.

DIE WINKEL DER NASE

Der Winkel der Nase ändert sich immer dort, wo ein Knochen- oder Knorpelstück mit einem anderen Knorpelstück verbunden ist.

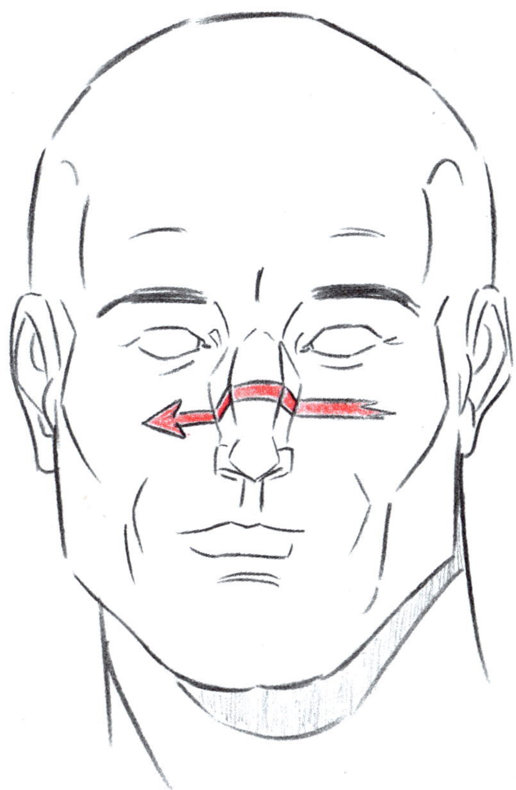

TIEFENWIRKUNG DER NASE

Die Tiefenwirkung spielt eine große Rolle, denn die Nase ist alles andere als flach. Daher muss sie so gezeichnet werden, als hätte sie Seiten – die sie ja auch tatsächlich hat.

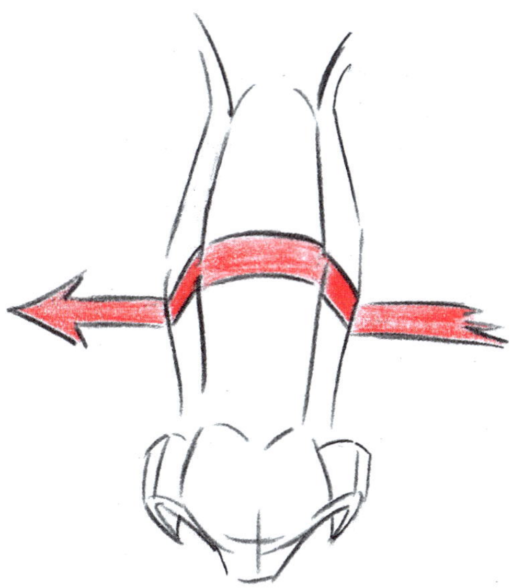

ZERLEGEN DER NASE

Jeder konzentriert sich auf die Augen – dabei ist die Nase viel komplizierter zu zeichnen. Sie kann jedoch vereinfacht dargestellt werden, indem man sie zunächst in ihre Einzelteile zerlegt.

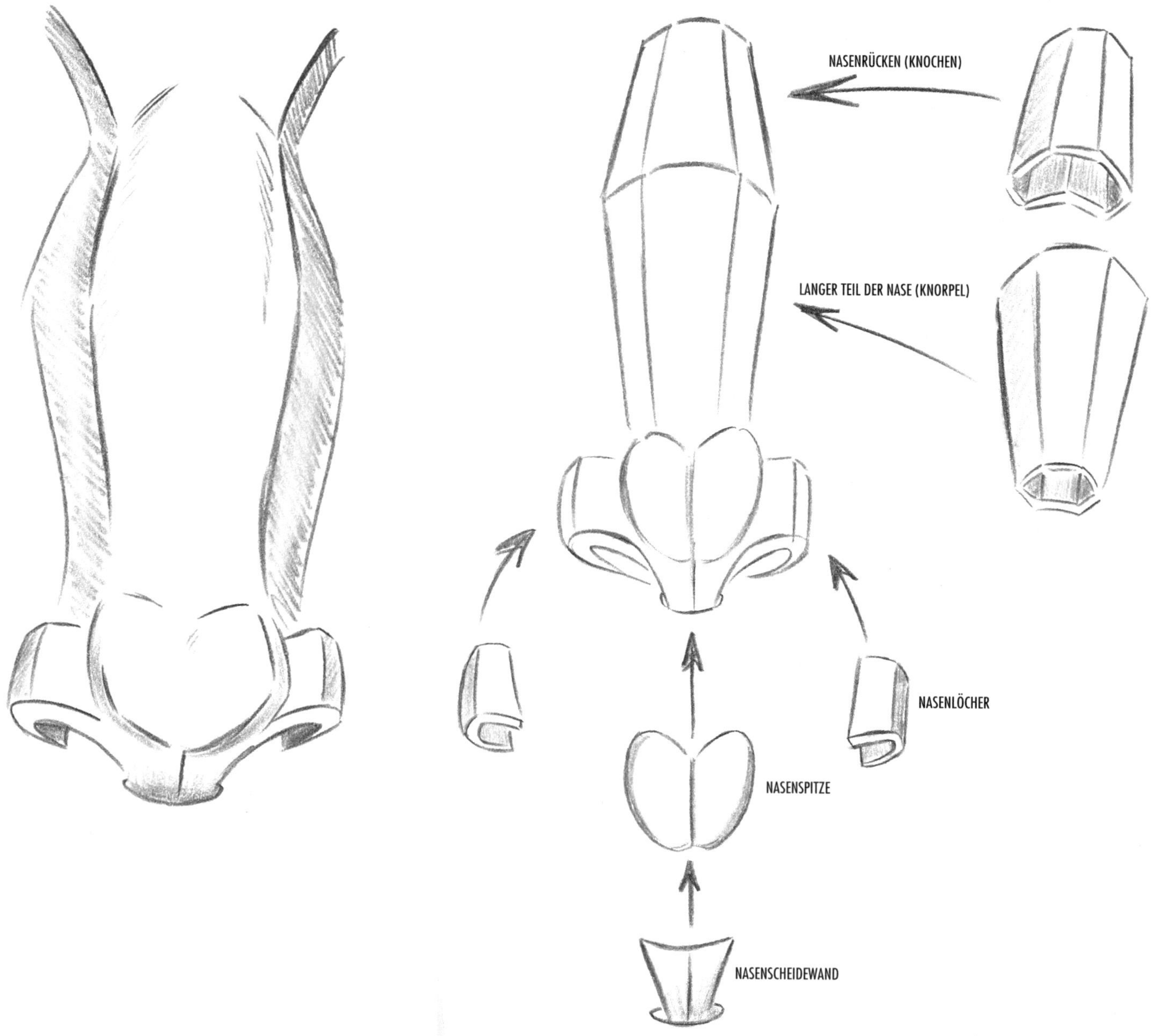

DIE NASE AUS VERSCHIEDENEN BLICKWINKELN

Kunststudenten müssen nicht nur den Kopf aus verschiedenen Blickwinkeln zeichnen können, sondern auch die Gesichtsmerkmale.

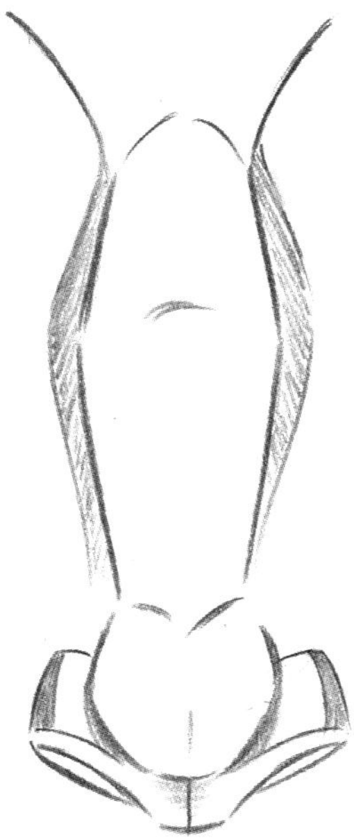

VON VORNE

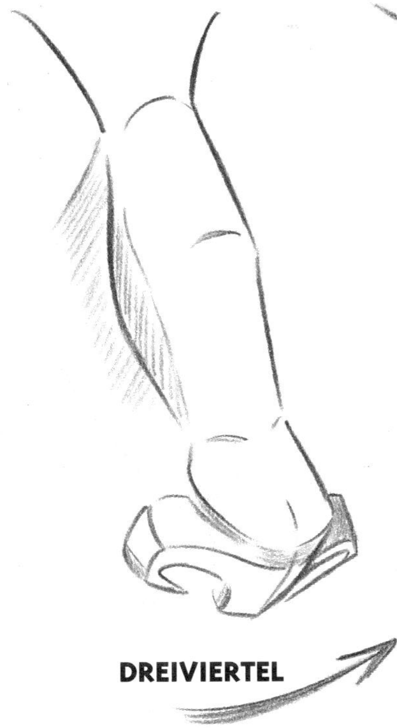

DREIVIERTEL

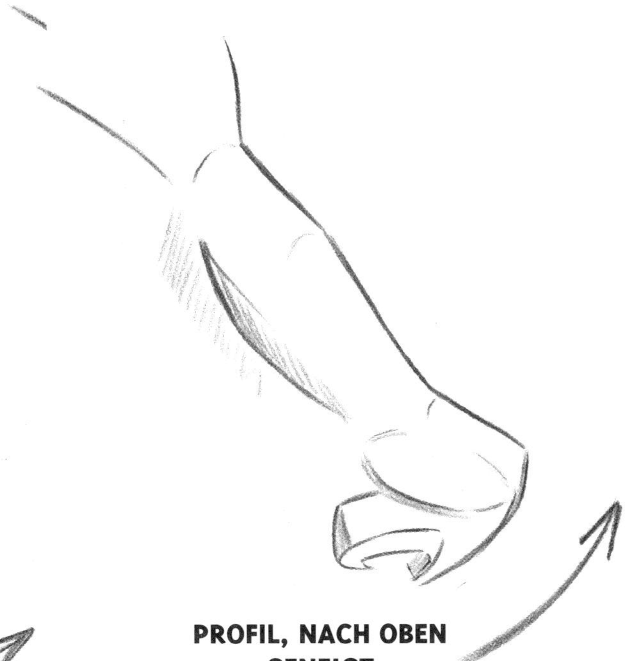

PROFIL, NACH OBEN GENEIGT

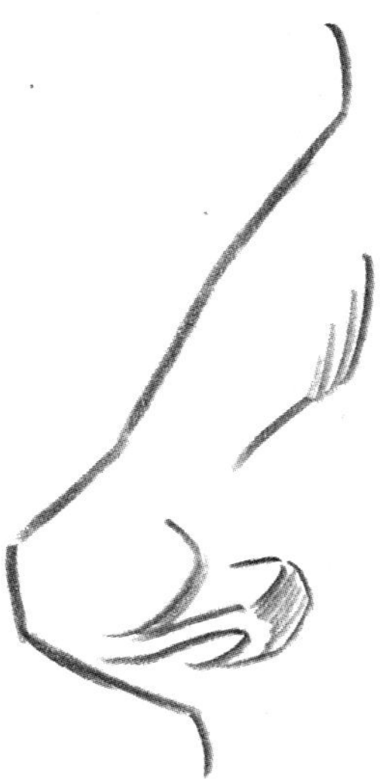

LINKES PROFIL

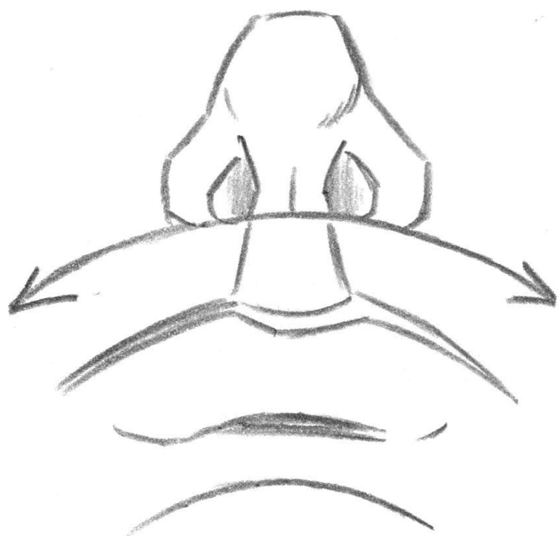

Die Unterkante der Nase folgt der Wölbung des Gesichts.

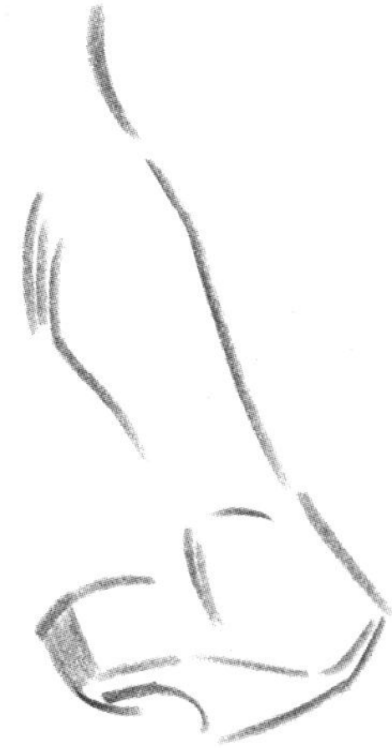

RECHTES PROFIL

BEISPIELE FÜR NASEN

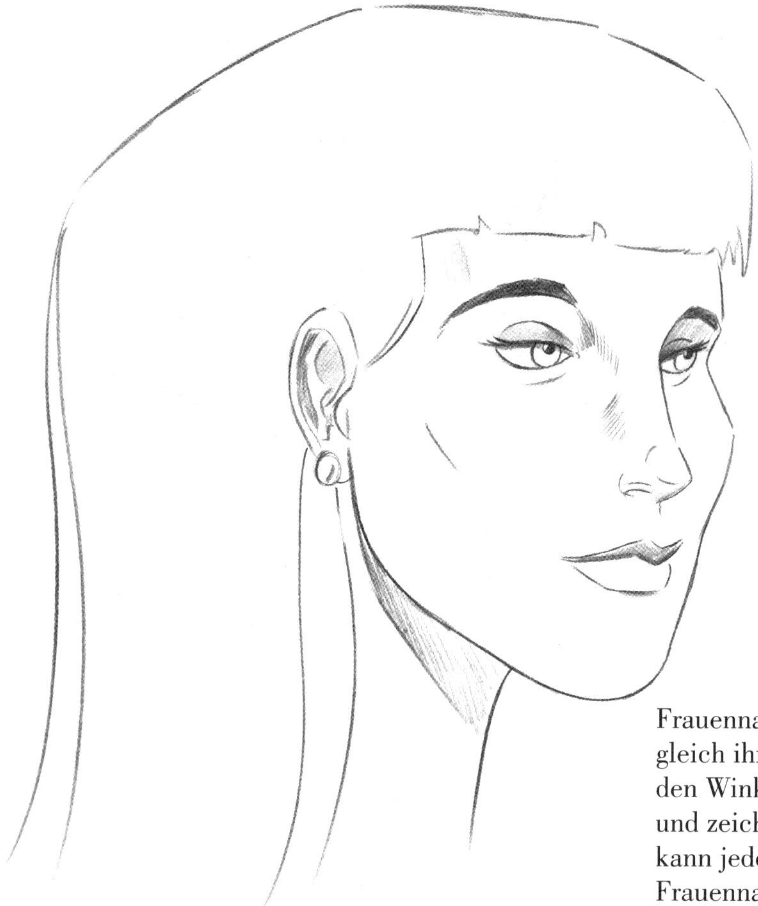

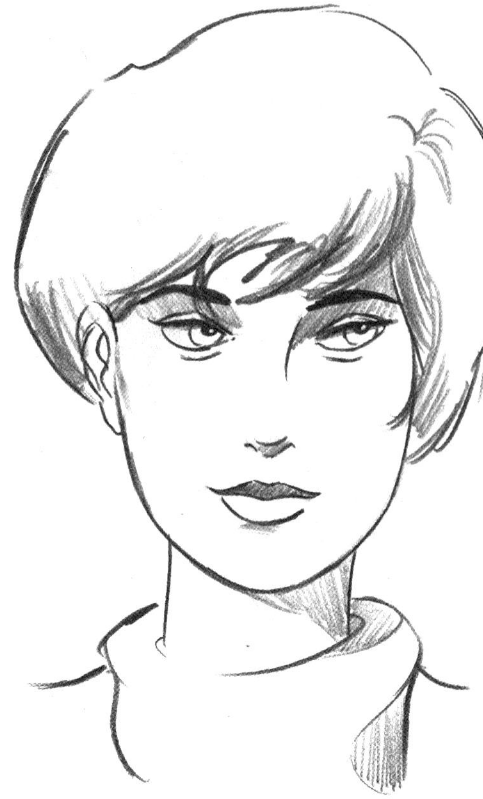

Frauennasen sind genauso aufgebaut wie Männernasen, wenngleich ihre Winkel nicht so spitz verlaufen. Am besten lässt du den Winkel am Übergang vom Nasenrücken zum Knorpel weg und zeichnest stattdessen eine gerade Linie. Die Nasenspitze kann jedoch betont werden. Im Grunde zeichnest du eine Frauennase, indem du einfach Details weglässt, um ihr ein weicheres Aussehen zu verleihen. Andere Nasen kannst du ebenfalls dem jeweiligen Aussehen anpassen.

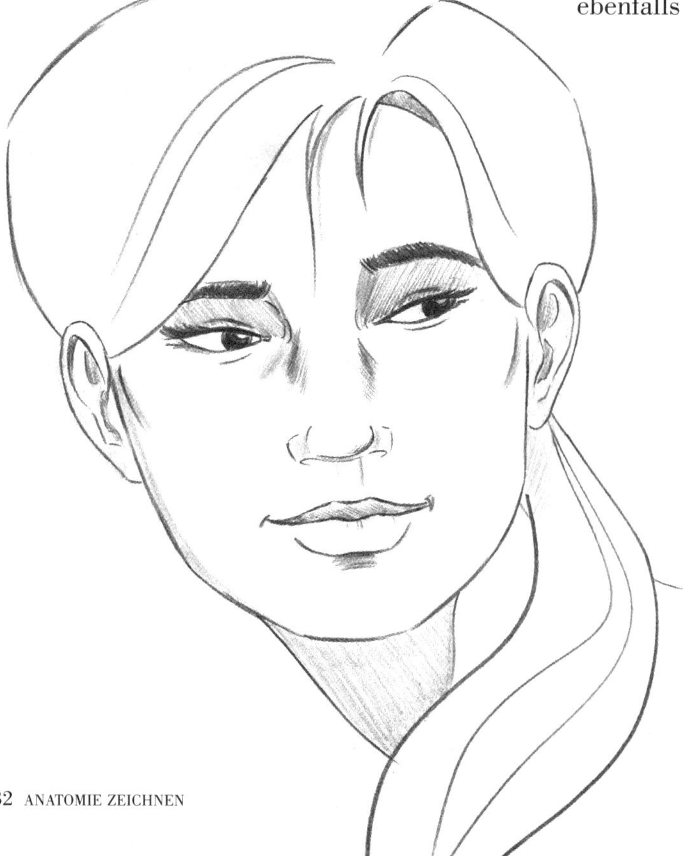

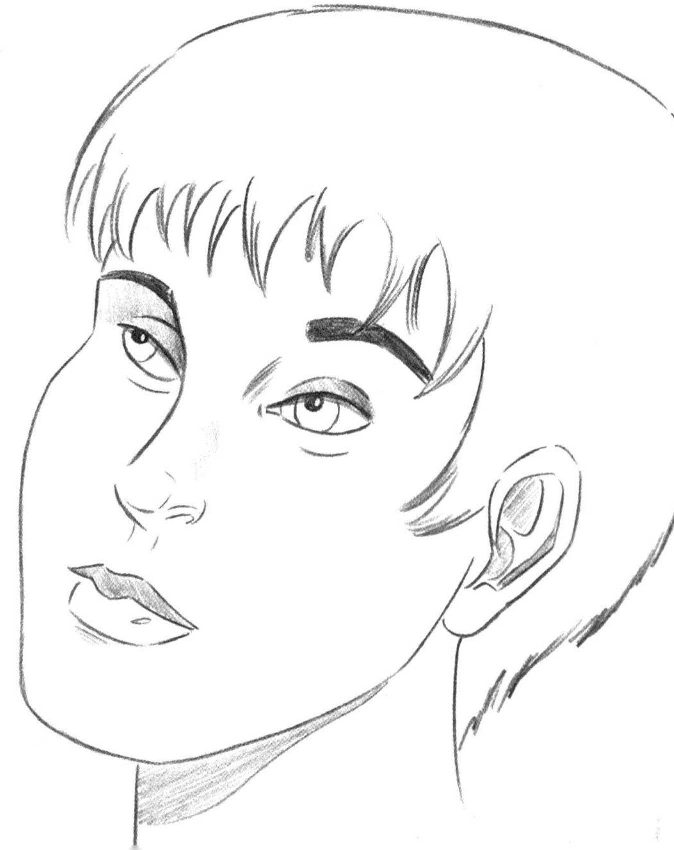

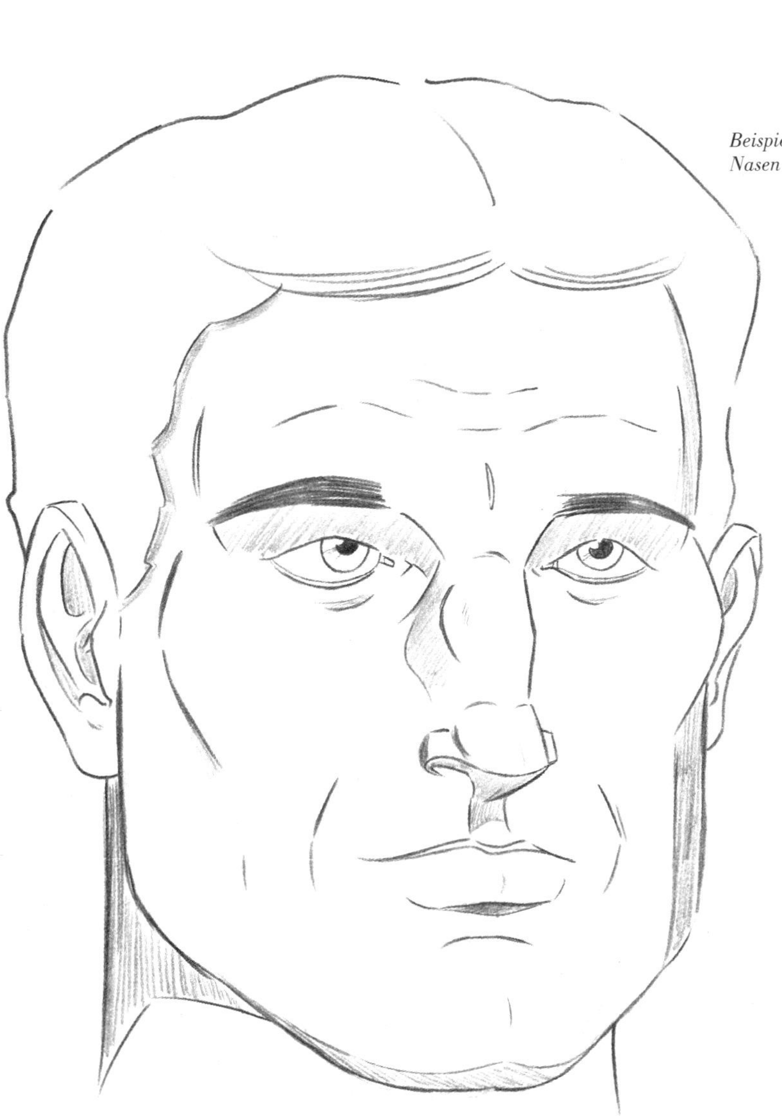

Beispiel für unterschiedlich geformte Nasen – kürzer und breiter.

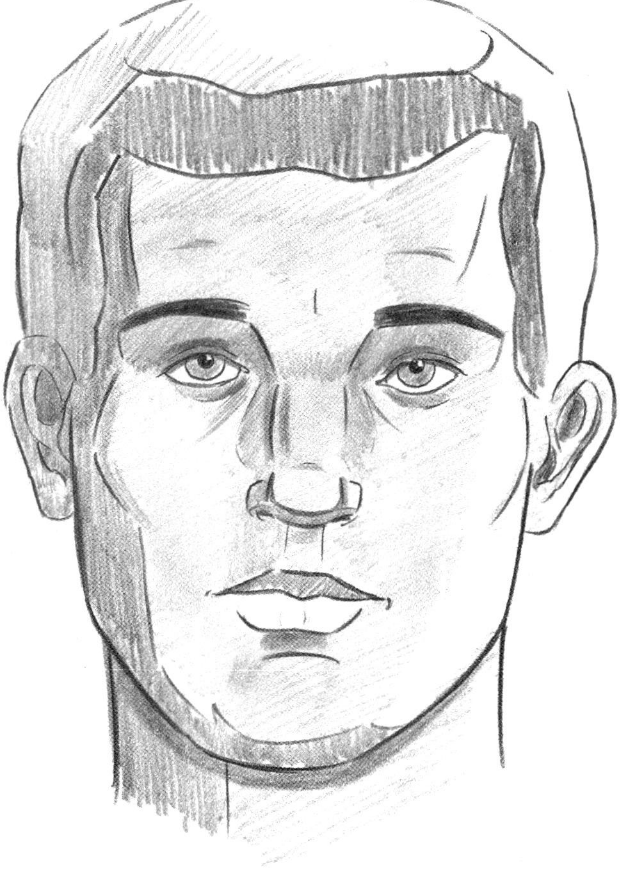

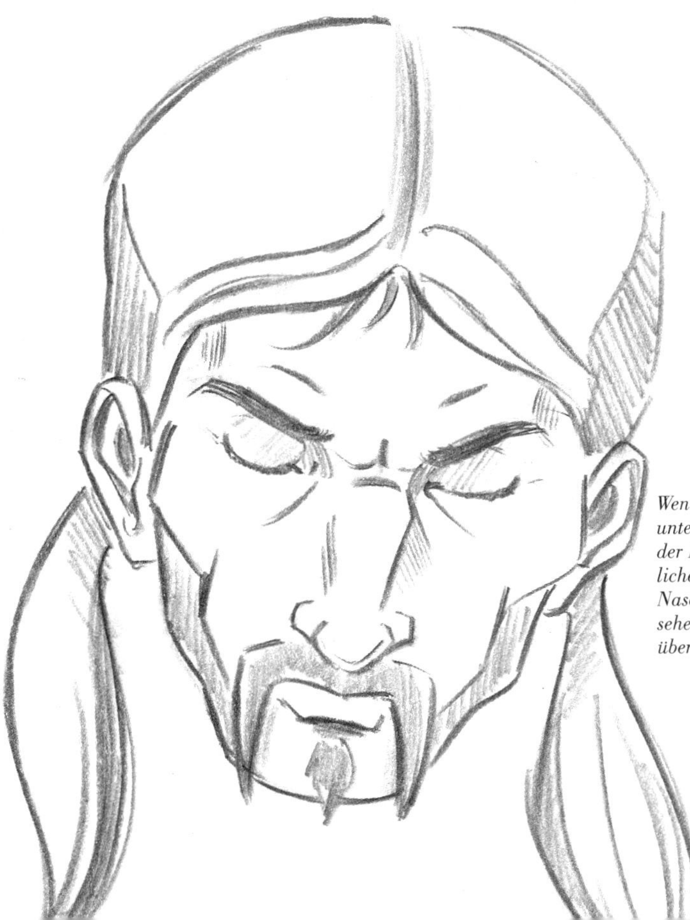

Wenn das Gesicht nach unten geneigt ist, tritt der Nasenrücken deutlicher hervor und die Nasenspitze kann aussehen, als würde sie über die Oberlippe ragen.

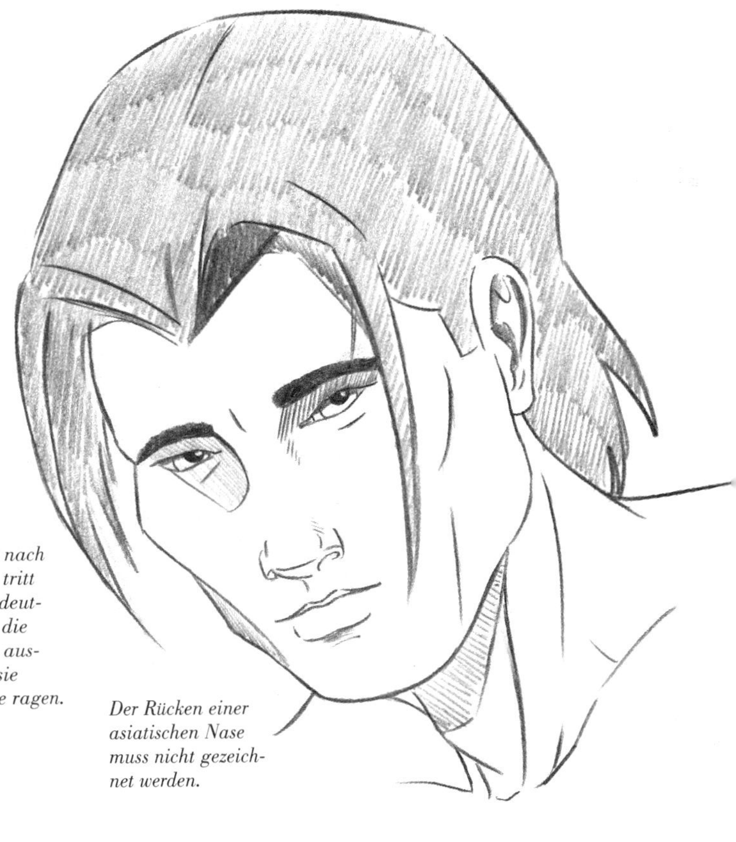

Der Rücken einer asiatischen Nase muss nicht gezeichnet werden.

DIE LIPPEN

Die Lippen besitzen eine recht einfache Form. Daher ist dieses Kapitel besonders lohnenswert, denn das Zeichnen der Lippen lässt sich leicht erlernen und trägt schnell Früchte. Die Lippen bestehen aus sanft geschwungenen Linien, die sehr ästhetisch wirken. Die Bögen sind sanft, die Strichführung sollte jedoch kräftig sein. Sehen wir uns den Aufbau genauer an.

Die Unterlippe ist in zwei Bereiche unterteilt, die Oberlippe hingegen kann in drei Abschnitte gegliedert werden.

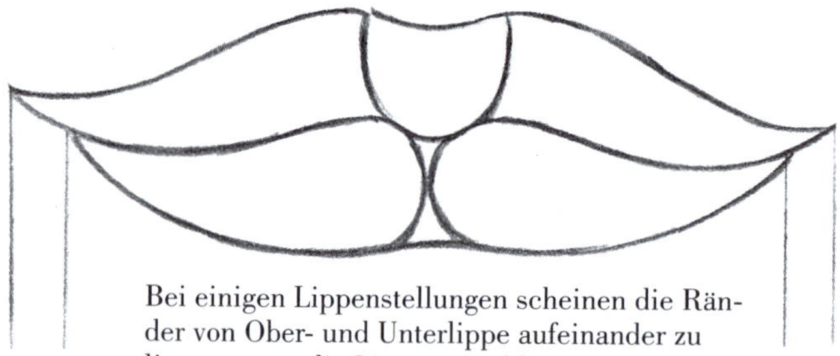

Bei einigen Lippenstellungen scheinen die Ränder von Ober- und Unterlippe aufeinander zu liegen, wenn die Lippen geschlossen sind. Doch meist wird bei näherem Hinsehen deutlich, dass die Oberlippe über die Unterlippe ragt.

Sowohl die Ober- als auch die Unterlippe hat eine Vertiefung in der Mitte.

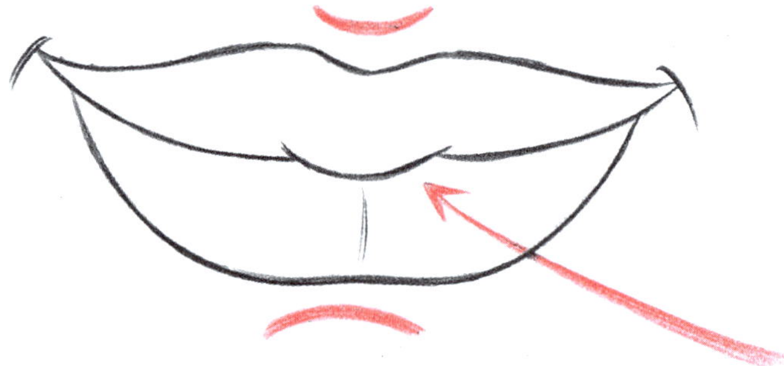

Die Oberlippe ragt über die Unterlippe.

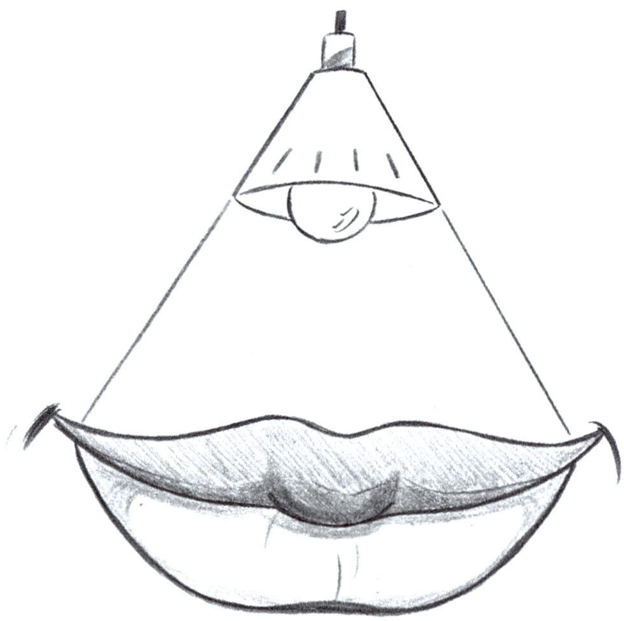

Die Oberlippe wirkt normalerweise dunkler, da das Licht von oben einen Schatten wirft. Die Unterlippe ist meist heller, da sie das Licht reflektiert.

DIE FORM DER LIPPEN BEIM LACHEN

Es gibt viele Arten zu lachen. Nur eine davon entspricht dem klassischen Lachen, bei dem Ober- und Unterlippe extrem nach oben gebogen sind. Meist ist die Oberlippe an einer Stelle nach unten gebogen. Die Fröhlichkeit des Gesichtsausdrucks wird dadurch jedoch nicht gemindert. Ein lachender Gesichtsausdruck ist eher das Ergebnis einer nach oben gebogenen Unterlippe als einer nach oben gebogenen Oberlippe. Am attraktivsten wirkt das Lachen, wenn die Zähne zu sehen sind und das Zahnfleisch des Oberkiefers angedeutet wird. Zu viel Zahnfleisch ist jedoch unattraktiv. Hier ein paar gängige Beispiele.

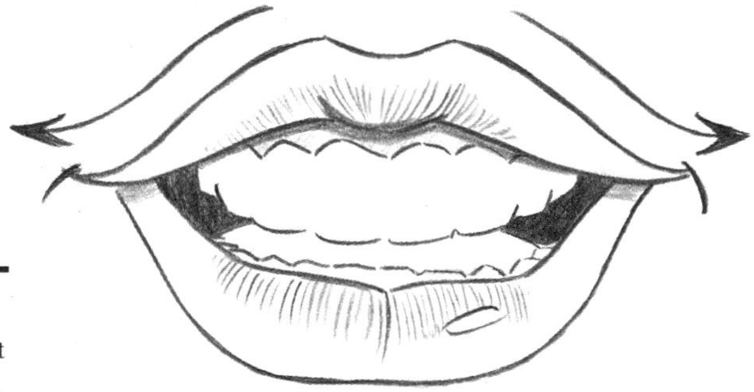

1. NACH UNTEN GERICHTETES LACHEN MIT NACH OBEN GEZOGENEN MUNDWINKELN
Dies ist vielleicht die häufigste Art zu lachen. Die Unterlippe ist nach oben gebogen, die Oberlippe hingegen nach unten, und zwar bis zu den Mundwinkeln, die sich leicht nach oben biegen.

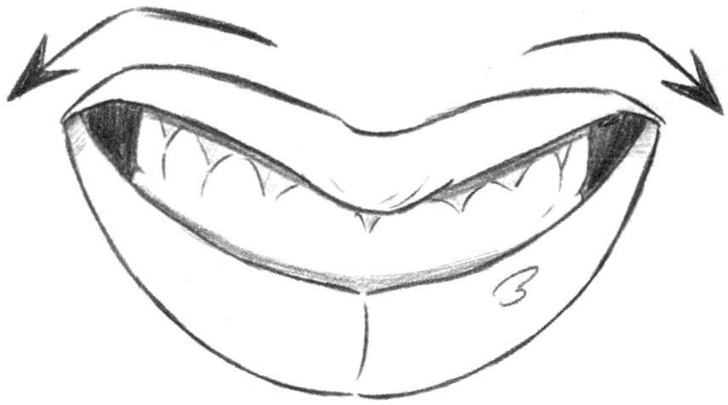

2. LACHEN MIT HERABGEZOGENEN MUNDWINKELN UND EINER VERTIEFUNG IN DER MITTE
Erstaunlicherweise gehört das Lachen mit herabgezogenen Mundwinkeln zu den attraktivsten und fröhlichsten Arten zu lachen. Am meisten Wirkung erzielst du, wenn du zwischen Zähnen und Mundwinkeln eine kleine Lücke lässt.

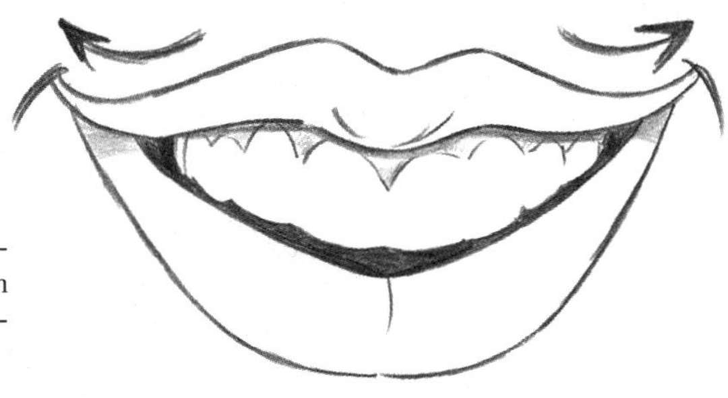

3. LACHEN MIT NACH OBEN GERICHTETEN MUNDWINKELN
Entgegen einer weit verbreiteten Annahme lachen die meisten Menschen nicht auf diese Weise. Doch Ausnahmen bestätigen auch hier die Regel, und so soll diese Form nicht unerwähnt bleiben. Die starke Aufwärtskrümmung der Oberlippe muss früh beginnen, ansonsten entsteht das unter Punkt 1 erwähnte Lachen.

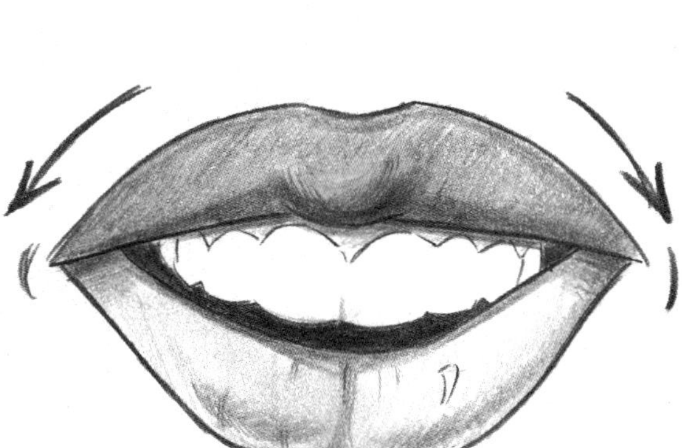

4. LACHEN MIT HERABGEZOGENEN MUNDWINKELN
Die Oberlippe ist wie ein horizontaler Halbmond geformt.

MÄNNERLIPPEN

Männerlippen werden oft nur als gerade Linie gezeichnet, aus Angst, dass volle Lippen zu weiblich wirken könnten. Obwohl volle Lippen tatsächlich nicht zu einem Mann passen, kann man einen Männermund auch mit mehr als zwei einfachen Linien ausstatten und dennoch die Männlichkeit der Figur beibehalten.

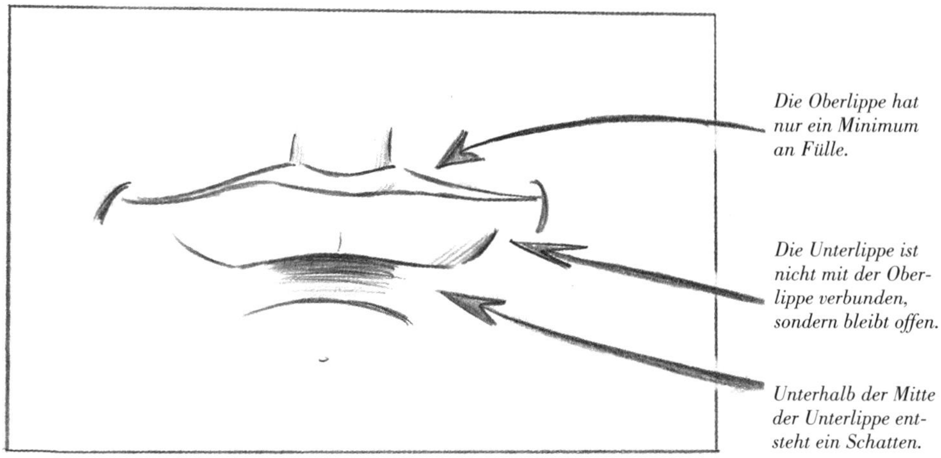

AUFBAU VON MÄNNERLIPPEN
Die Oberlippe sollte in der Mitte etwas voller sein, jedoch zu den Seiten hin schnell sehr dünn werden und an den Mundwinkeln in einer einzigen Linie auslaufen. Die Enden der Unterlippe sollten nicht mit der Oberlippe verbunden sein wie bei einer Frau, sondern offen bleiben.

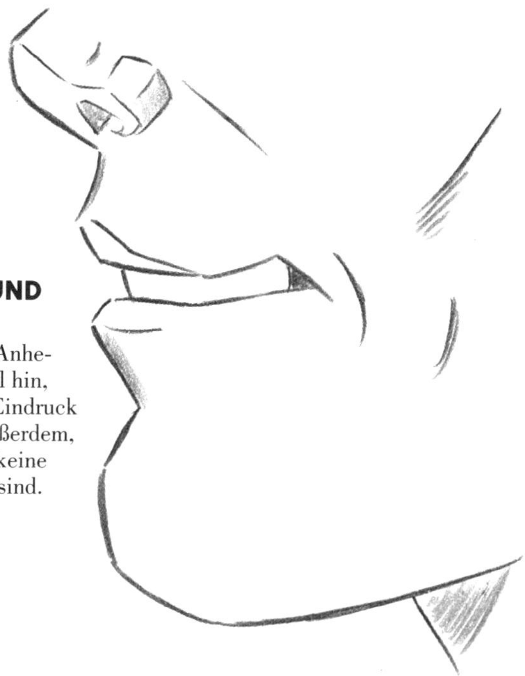

DER MÄNNERMUND IM PROFIL
Achte auf die leichte Anhebung zum Mundwinkel hin, die einen markanten Eindruck vermittelt. Beachte außerdem, dass am Mundwinkel keine Zähne mehr zu sehen sind.

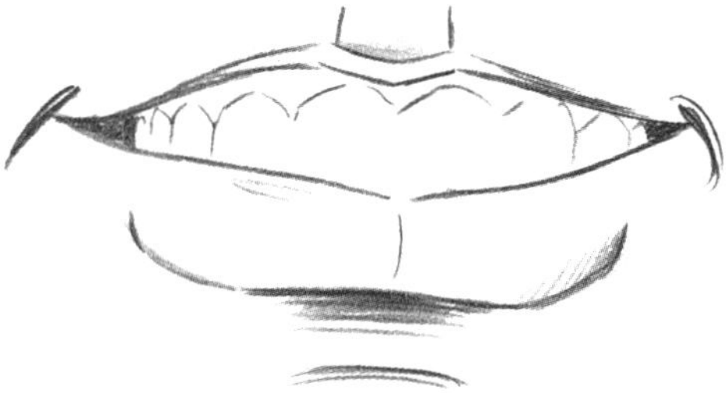

LACHEN
Nach unten gebogene Oberlippe mit leicht nach oben gebogener Unterlippe.

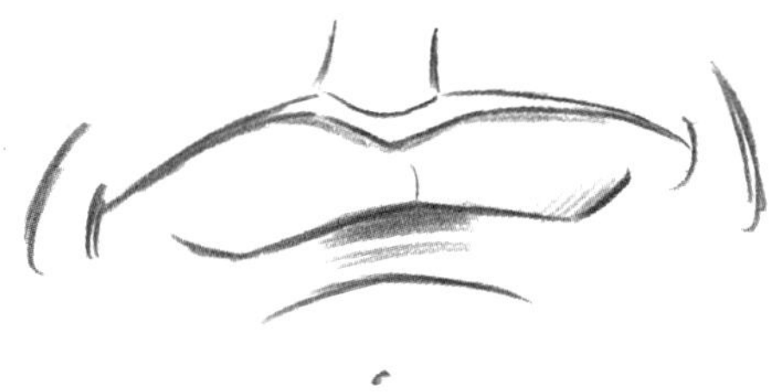

MISSBILLIGUNG
Die Oberlippe ist nach unten gedrückt, und die Unterlippe schiebt sich in der Mitte nach oben. Um die Mundwinkel sind mehrere Falten zu sehen.

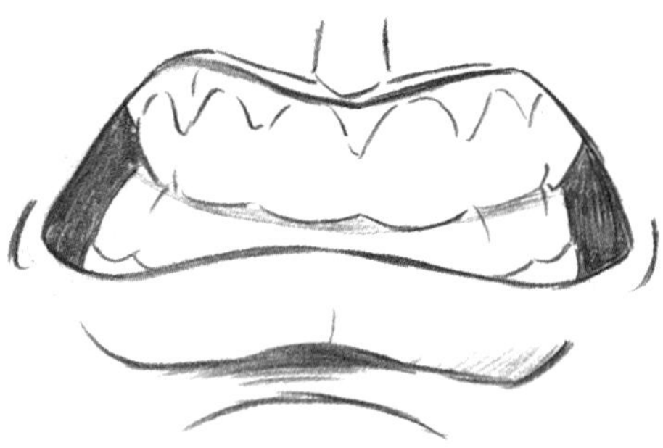

WUT
Weit auseinander gezogene Lippen. Der höchste Punkt der Unterlippe liegt in der Mitte, die Oberlippe erreicht in der Mitte ihren tiefsten Punkt. Die Zähne des Oberkiefers liegen über denen des Unterkiefers.

AUSDRUCK DER LIPPEN

Übe einige dieser Beispiele, dann geht dir das Prinzip rasch in Fleisch und Blut über. Einige Künstler benutzen einen Spiegel, um den Ausdruck ihrer eigenen Lippen zu zeichnen.

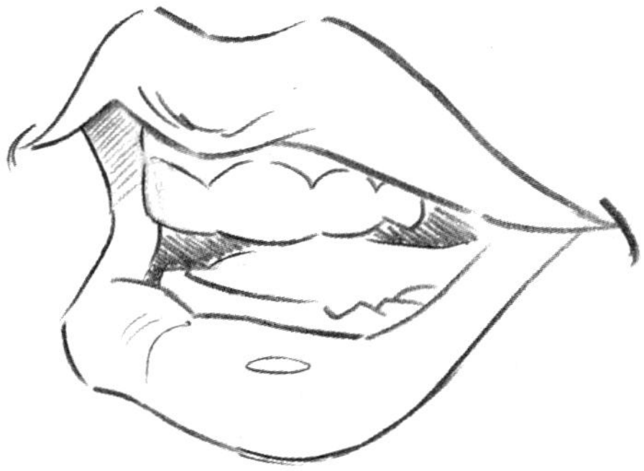

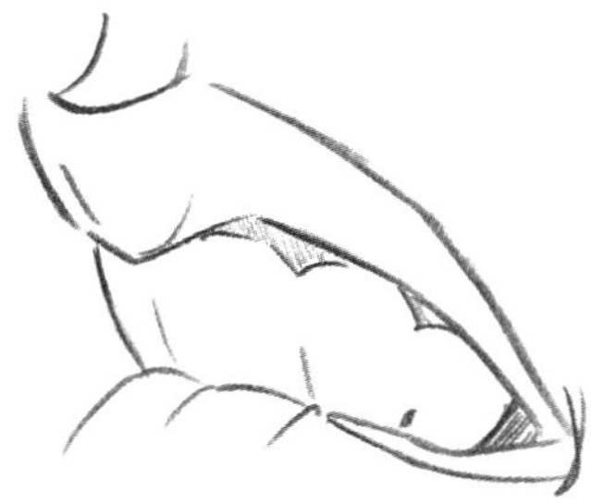

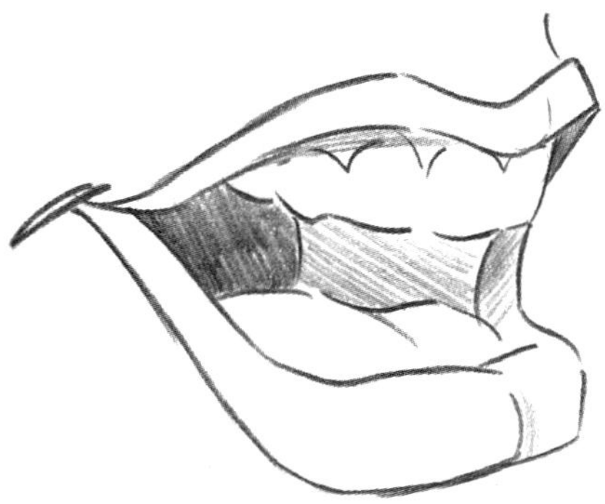

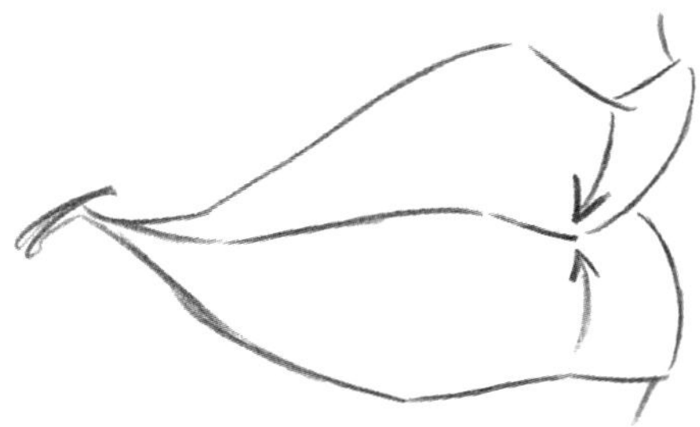

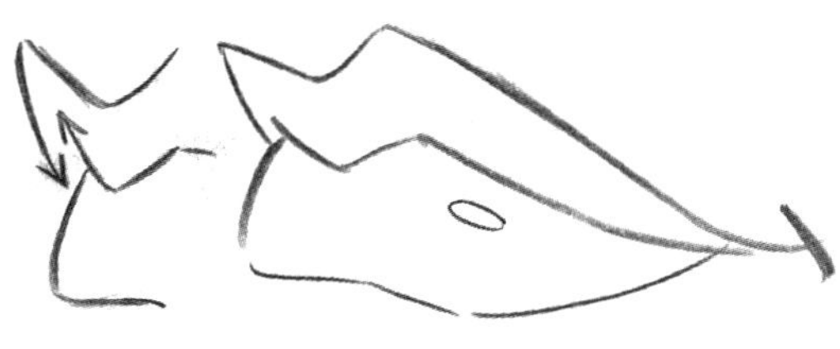

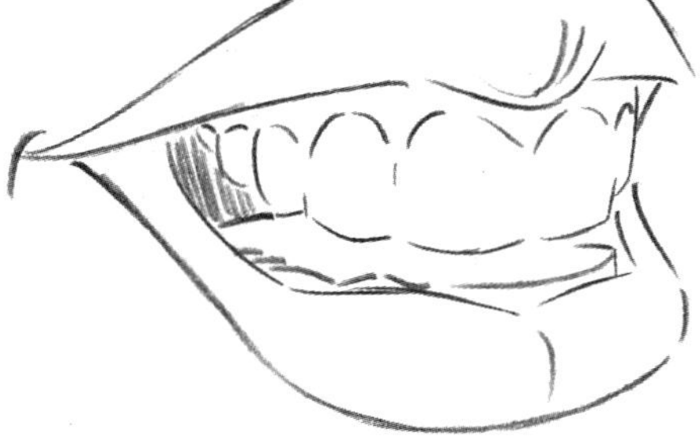

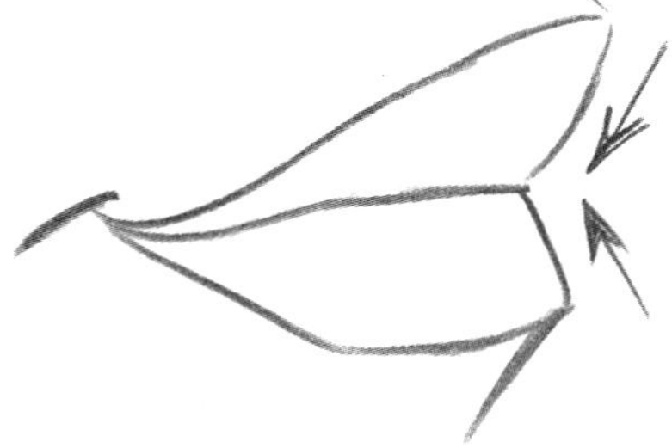

DAS OHR

Obwohl ich Schritt für Schritt zeigen kann, wie man ein Ohr zeichnet, ist und bleibt es schwierig, egal, wo man anfängt. Die vielen Windungen und Spalten dieses kleinen Körperteils sind so geformt, dass wir optimal hören können. Wir sollten uns die einzelnen Strukturen des Ohrs deshalb genau ansehen – dies erleichtert das Zeichnen.

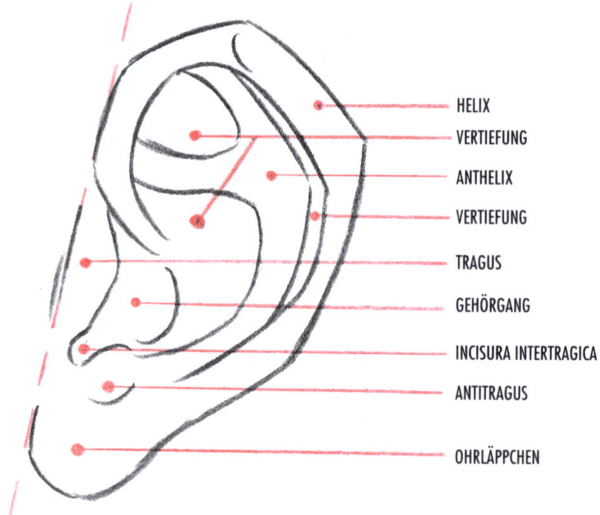

SCHEMA DES OHRS

Du brauchst diese Begriffe nicht auswendig zu lernen. Das Schema soll nur demonstrieren, dass das Ohr eigentlich aus einem Muster besteht, an das man sich halten muss, auch wenn es aussieht wie ein Wirrwarr aus austauschbaren Linien. Trotzdem ist jedes Ohr anders. Einige Ohren sind breiter, andere haben mehr oder weniger Windungen, und wieder andere zeichnen sich durch lange oder kurze Ohrläppchen aus. Alle besitzen jedoch folgende Grundmerkmale.

DAS OHR: SCHRITT FÜR SCHRITT

Am einfachsten ist es, das Ohr Stück für Stück zu betrachten, wobei wir mit dem Umriss beginnen und uns nach innen vorarbeiten.

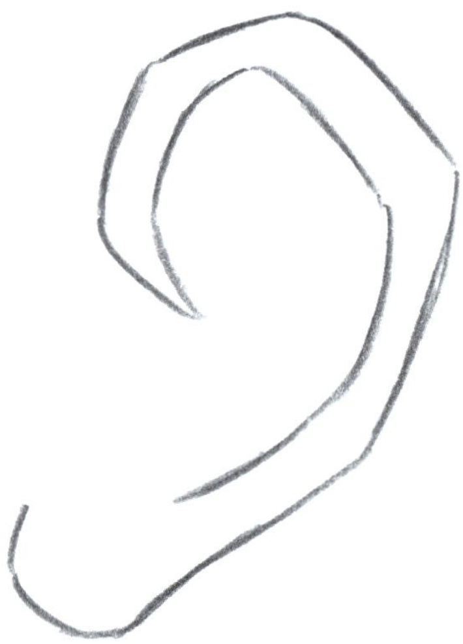

Zeichne den Umriss des Ohrs mit der ersten Falte und dem Ohrläppchen.

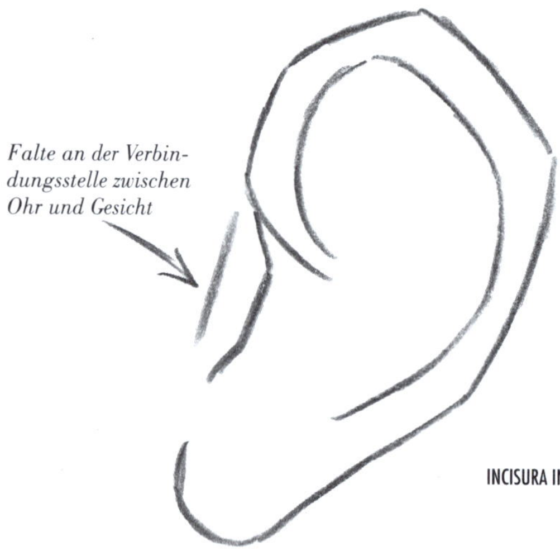

Füge den Teil hinzu, der hier der Einfachheit halber als „Falte“ bezeichnet wird.

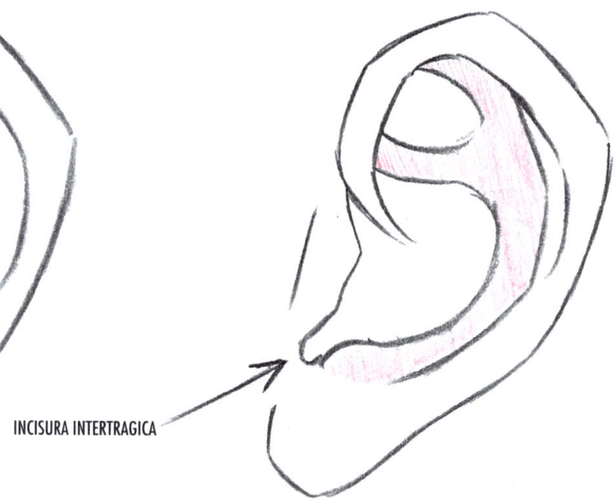

Jetzt wird es schwierig: Stelle dir diesen Teil als ein etwas merkwürdig geformtes „Y“ vor.

Deute den Gehörgang an und füge direkt über dem Ohrläppchen eine Erhebung hinzu.

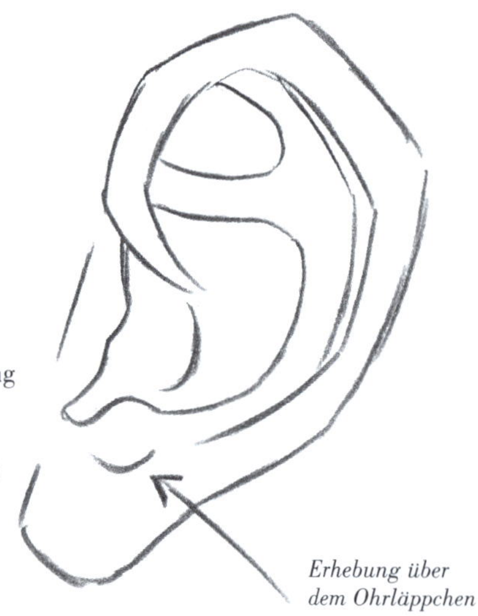

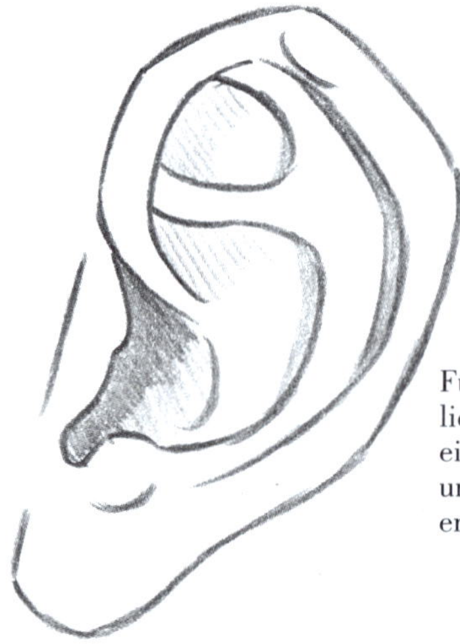

Füge in den tiefer liegenden Bereichen ein paar Schatten an, um Tiefenwirkung zu erzielen.

DAS OHR AUS ANDEREN BLICKWINKELN

Einige Beispiele für das Ohr in häufigen Positionen:

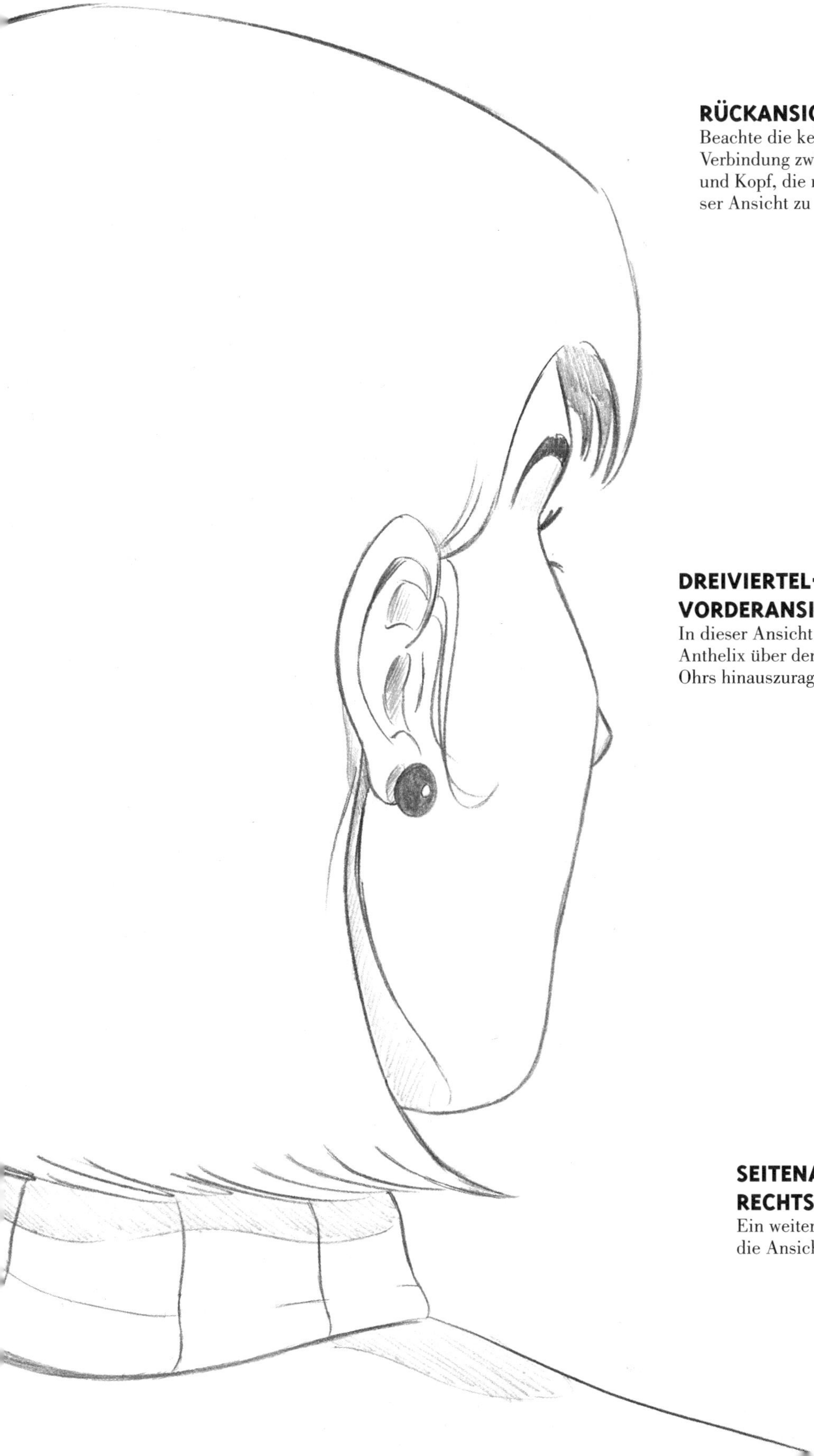

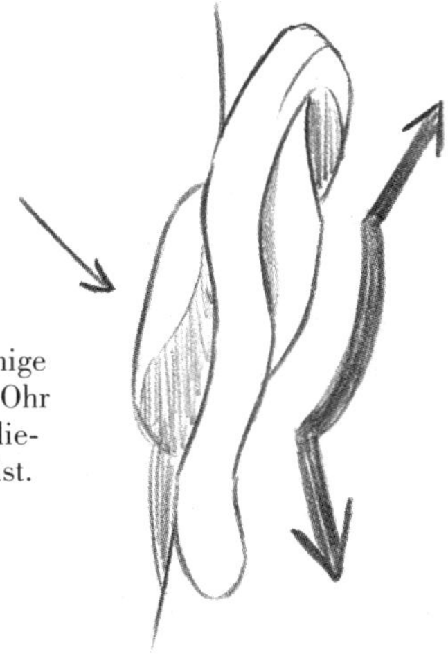

RÜCKANSICHT
Beachte die kelchförmige Verbindung zwischen Ohr und Kopf, die nur in dieser Ansicht zu sehen ist.

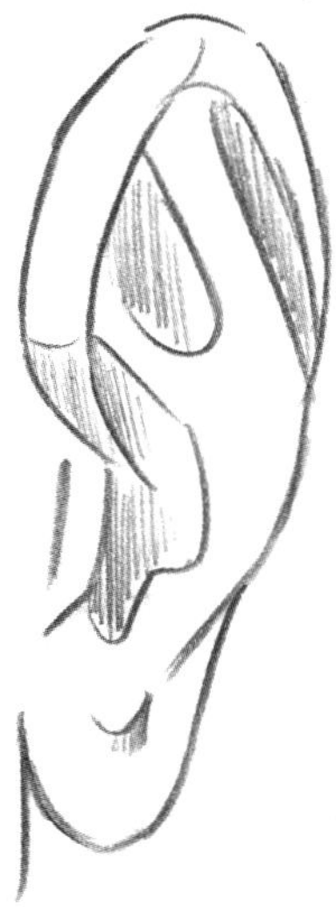

DREIVIERTEL-VORDERANSICHT
In dieser Ansicht scheint die Anthelix über den Rand des Ohrs hinauszuragen.

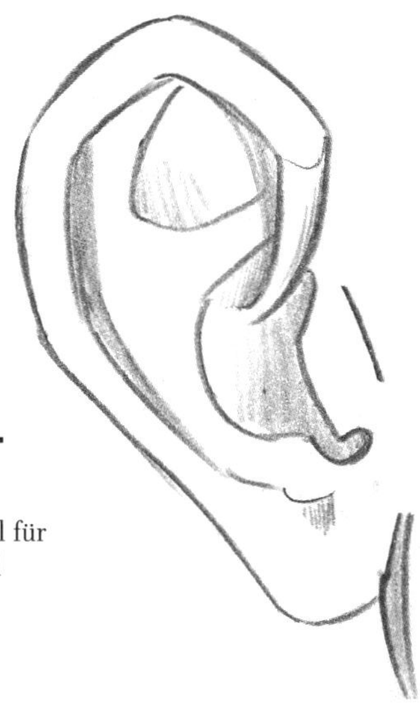

SEITENANSICHT RECHTS
Ein weiteres Beispiel für die Ansicht im Profil

KOMBINATION

Nachdem wir uns mit der Form des Schädels, den Proportionen des Gesichts, den Gesichtsebenen und -merkmalen befasst haben, fügen wir jetzt mithilfe dieser neu erworbenen Kenntnisse alles nacheinander zusammen. In der Einführung haben wir den Umriss des Kopfes gezeichnet, dann die Gesichtsmerkmale hinzugefügt und anschließend die Seiten des Schädels verbreitert. Diesmal gestalten wir den Schädel von Anfang an breiter.

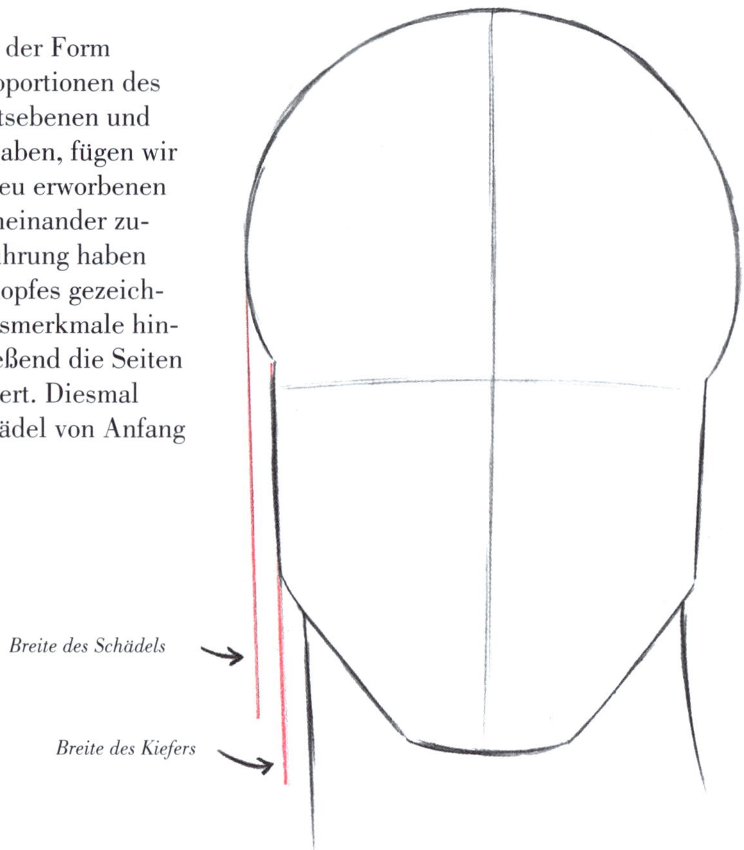

1

Beginne mit dem Umriss des Kopfes. Zeichne zarte Hilfslinien.

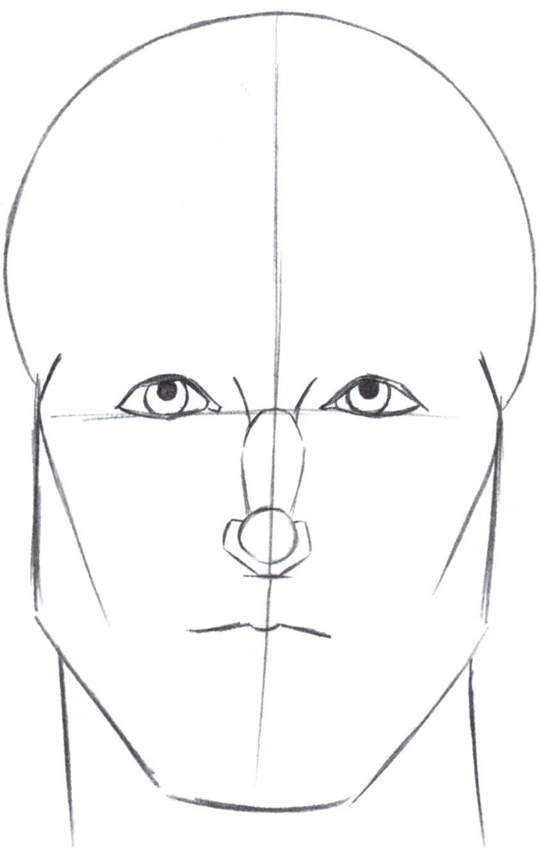

2

Füge die Augen entlang der horizontalen Hilfslinien an. Baue die Nase nach und nach auf. Die Wangenknochen verlaufen zum Mund hin. Jeder Mensch hat seine individuellen Gesichtszüge: Ich habe diesem Mann einen kleinen Mund und breite Wangenknochen verpasst. Daher gehen die Wangenknochen nicht wie bei vielen anderen Menschen direkt in die Lippenränder über, sondern folgen diesem Verlauf nur ungefähr. Solche kleinen Veränderungen machen die Individualität aus – aber sie müssen natürlich zum Körperbau der Figur passen.

3

Lege die Schläfen (die gebogenen Vertiefungen an den Seiten des Schädels) und das Kinn fest. Füge Augenbrauen hinzu. Die Augenbrauen dieses Mannes liegen direkt auf den Augen auf. Bei anderen Menschen kann der Abstand zwischen Augen und Brauen größer sein – ein weiteres individuelles Merkmal. Verbinde die Einzelteile der Nase miteinander und gestalte die Lippen aus.

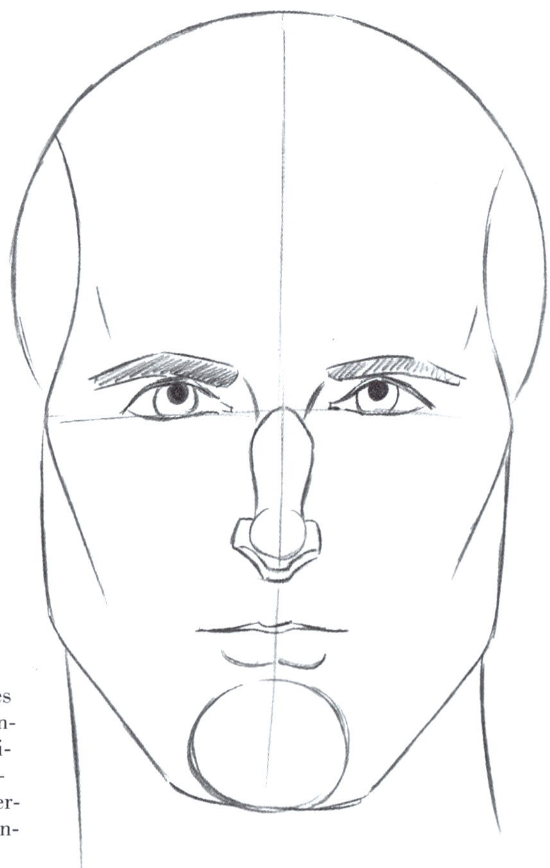

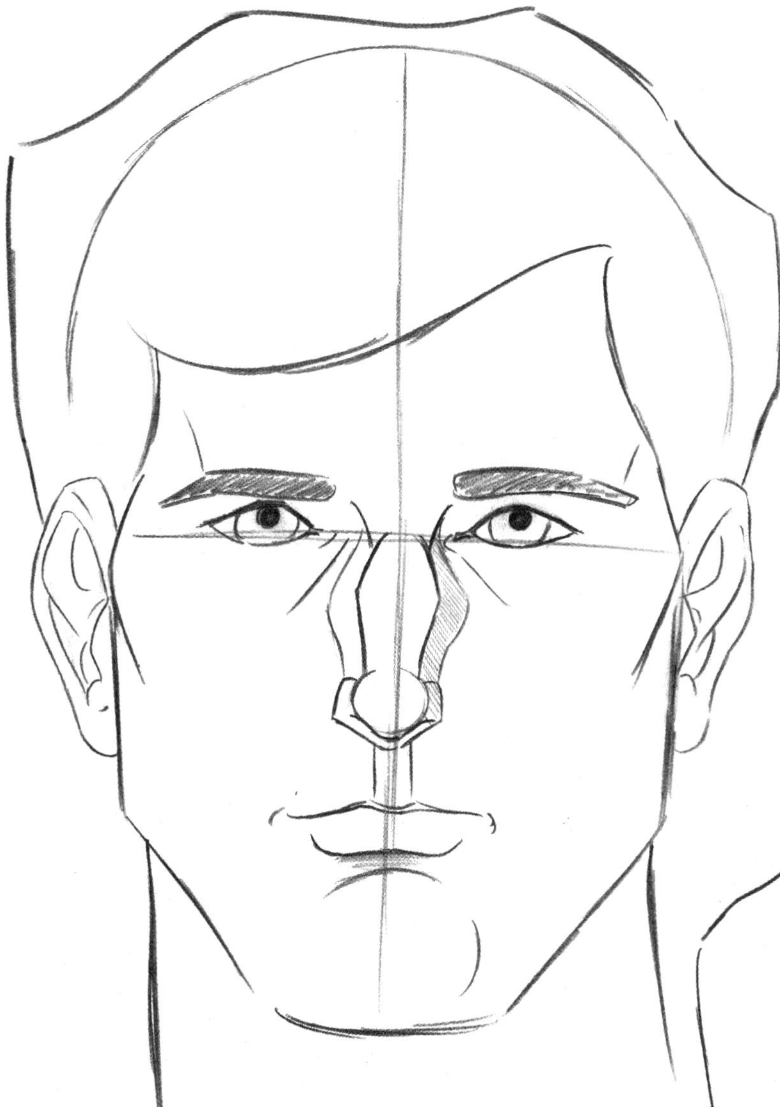

4
Zeichne eine Frisur und beginne mit der Betonung der Hügel und Täler des Gesichts.

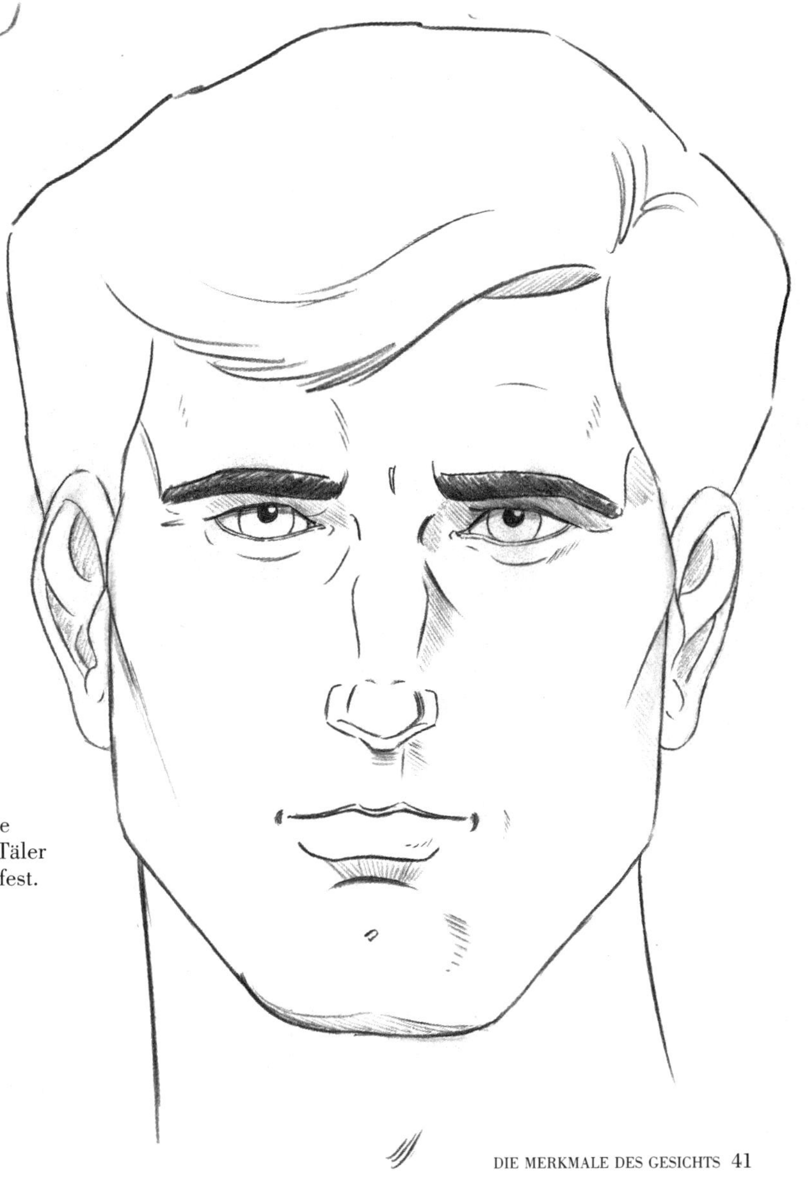

5
Lege weitere Hügel und Täler im Gesicht fest.

NEIGUNG DES KOPFES

Dieser Kopf ist leicht nach oben geneigt, was der Figur eine interessante Stimmung verleiht. Wegen der Neigung sind die Unterseiten von Nase und Kinn besser zu sehen. Darüber hinaus lässt die Neigung des Kopfes die obere Kopfhälfte (Schädel) im Vergleich zum Kieferbereich kleiner erscheinen. Beachte, dass sich der Nasenrücken bei einer Frau wesentlich weniger vom Rest der Nase abhebt als bei einem Mann.

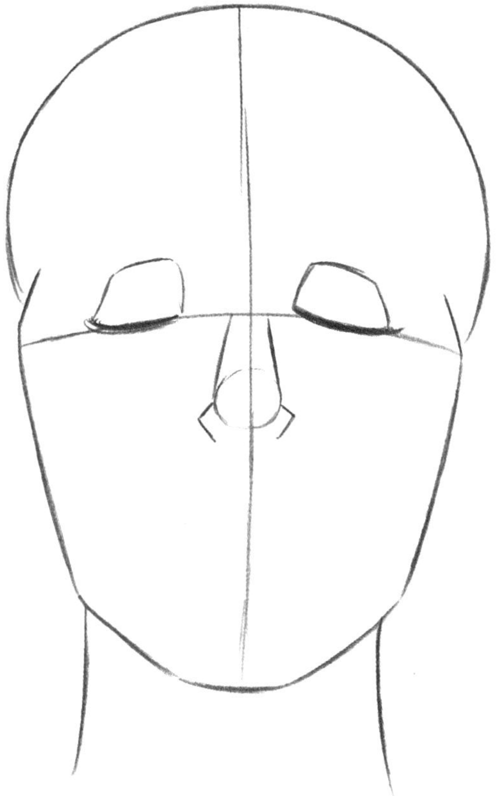

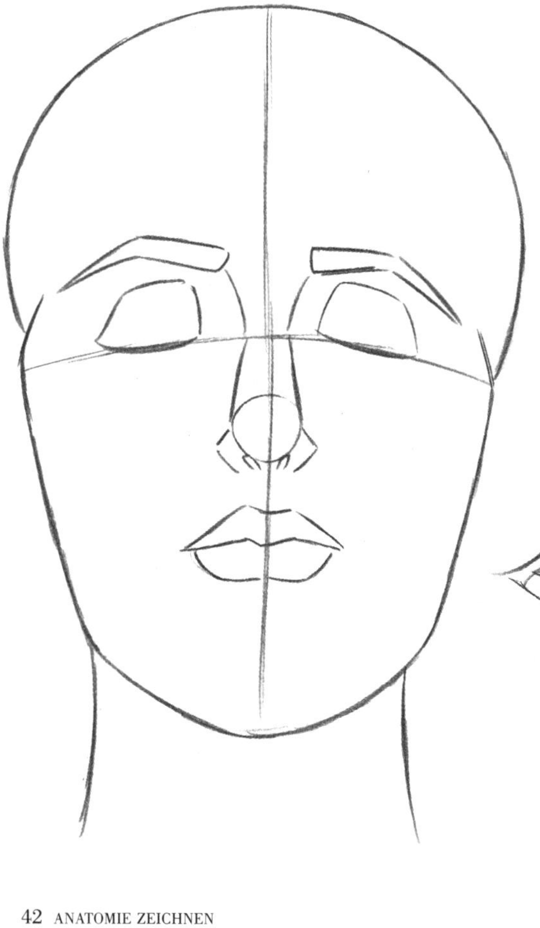

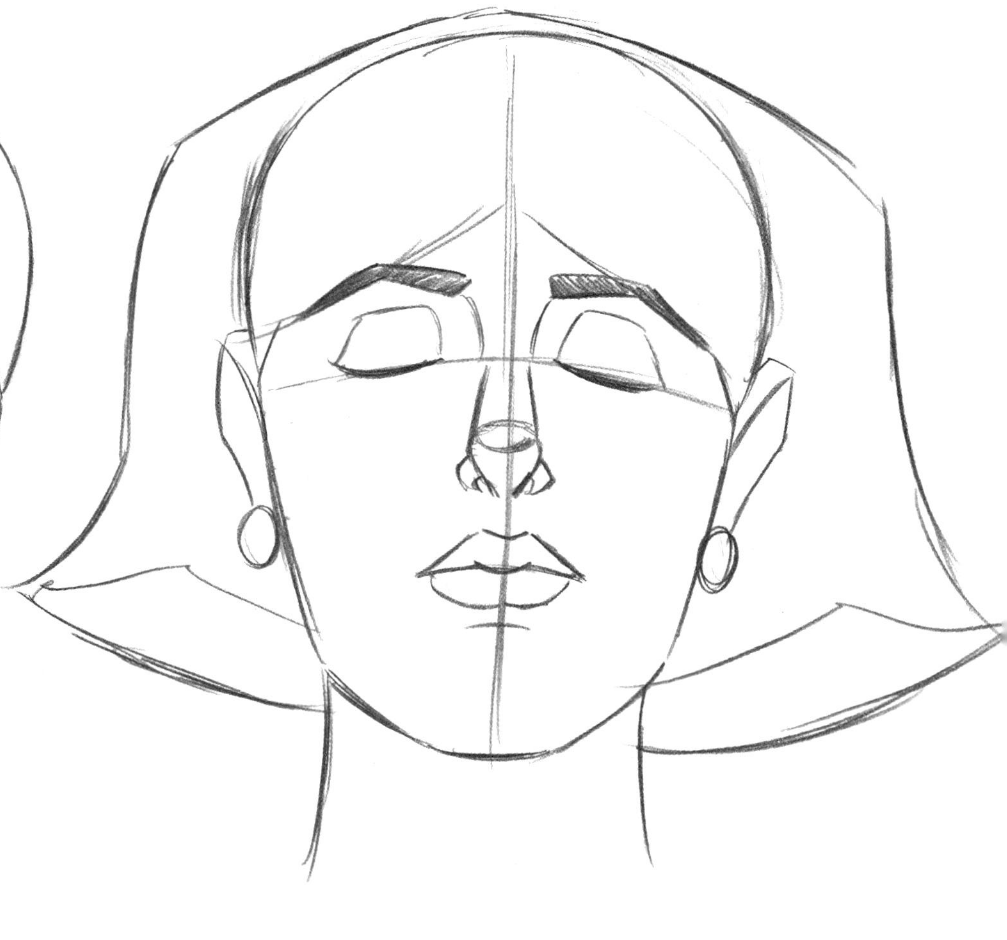

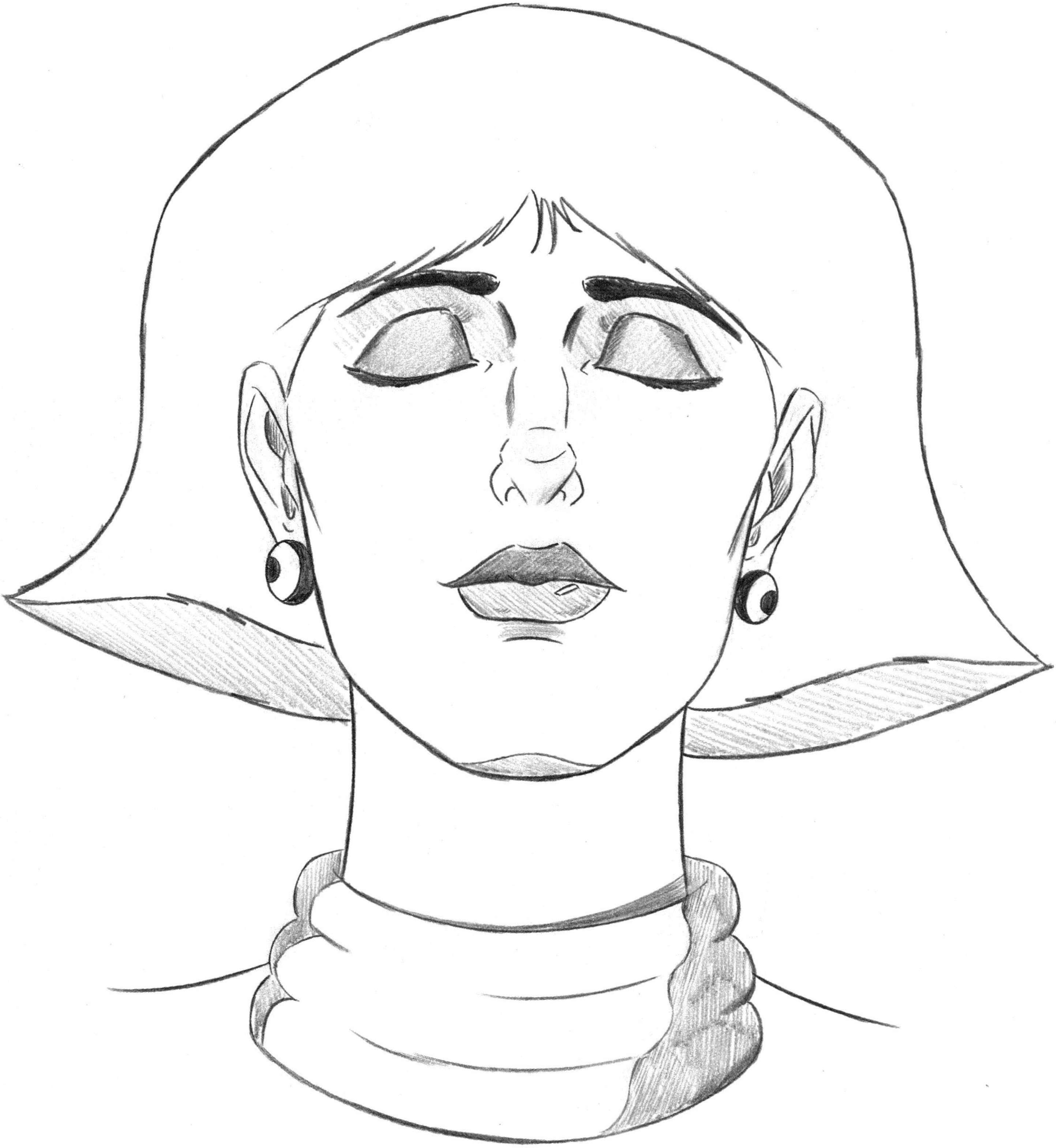

DARSTELLUNG INDIVIDUELLER CHARAKTERE

Hier siehst du, wie kleine Veränderungen in der Grundform des Kopfes eine völlig andere Persönlichkeit entstehen lassen. Der Umriss dieses Frauenkopfes hatte zunächst stärker ausgeprägte Wangenknochen, einen spitzeren Kieferwinkel und ein kantigeres Kinn.

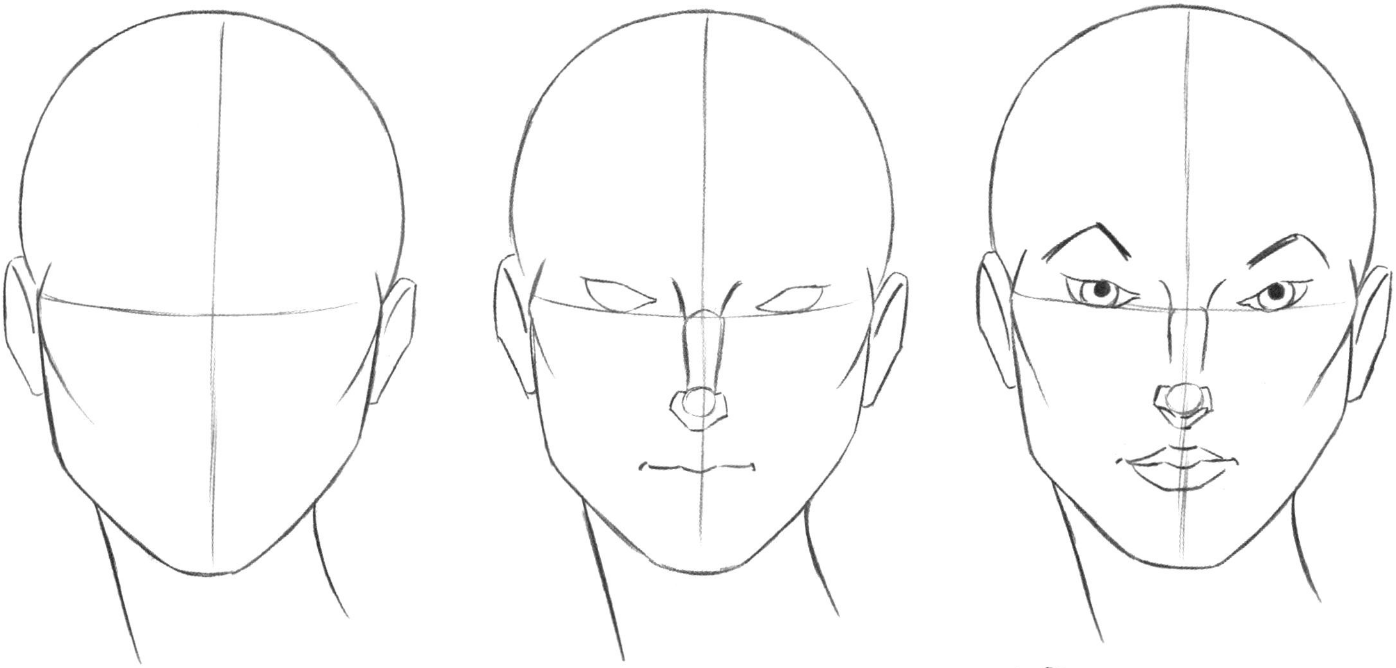

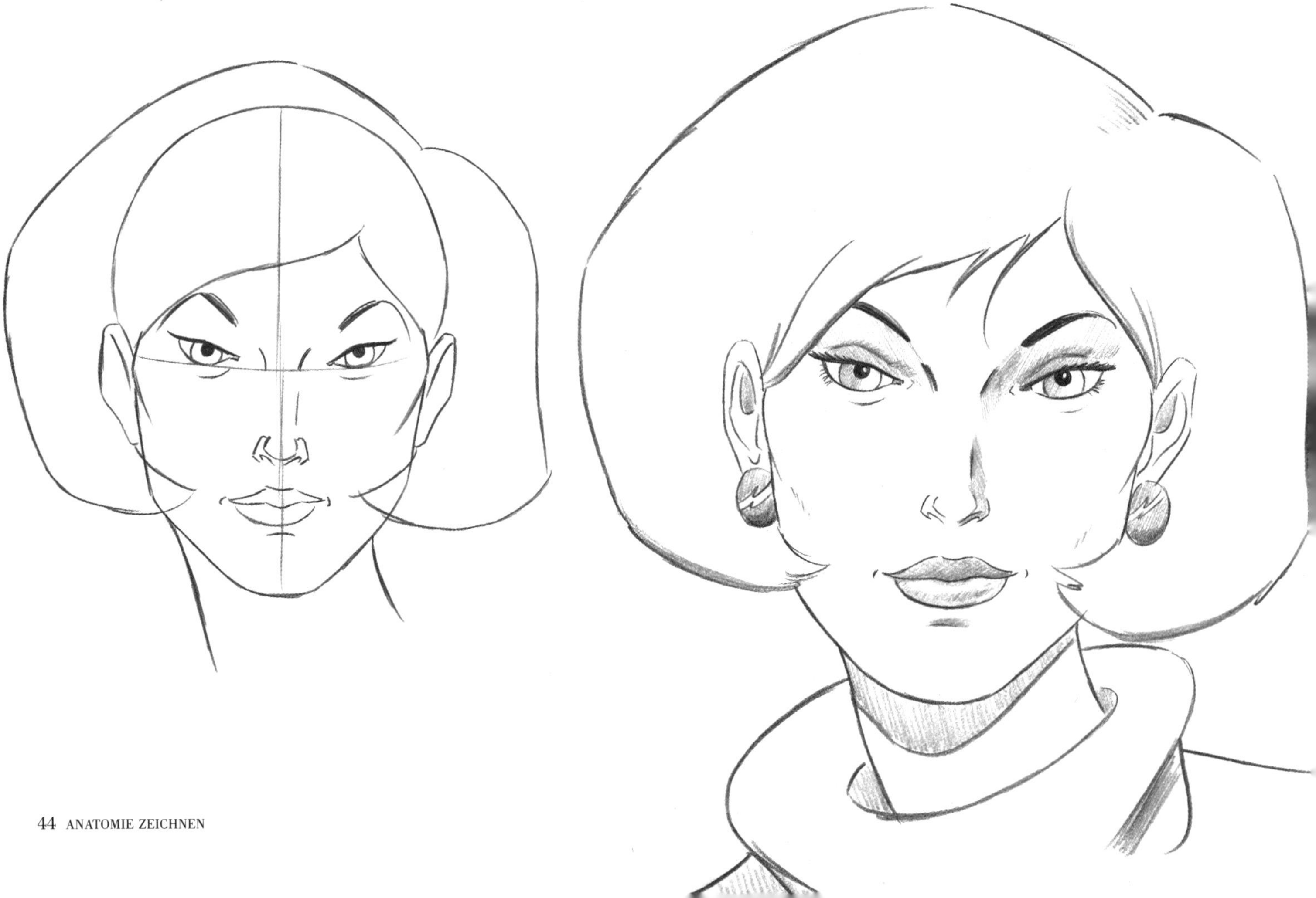

KARIKATUR UND ANATOMIE

Indem man die tatsächliche Anatomie des Kopfes übertreibt und die Falten des Gesichts betont, kann man eine realistische Zeichnung in eine Karikatur verwandeln.

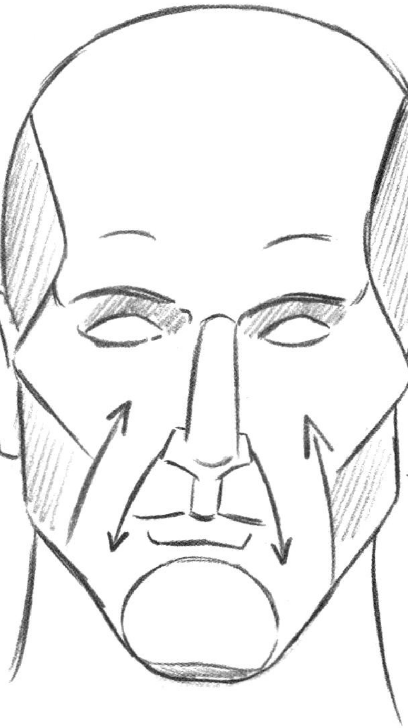

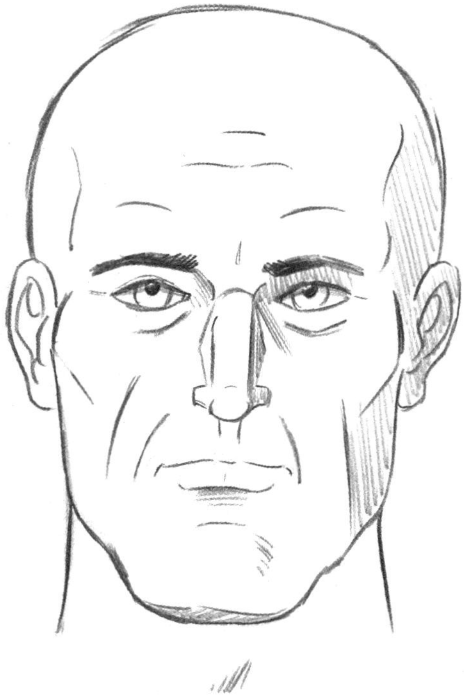

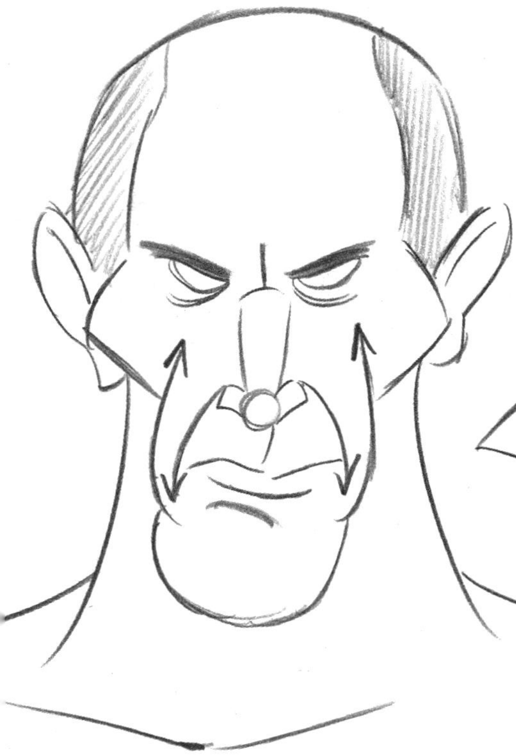

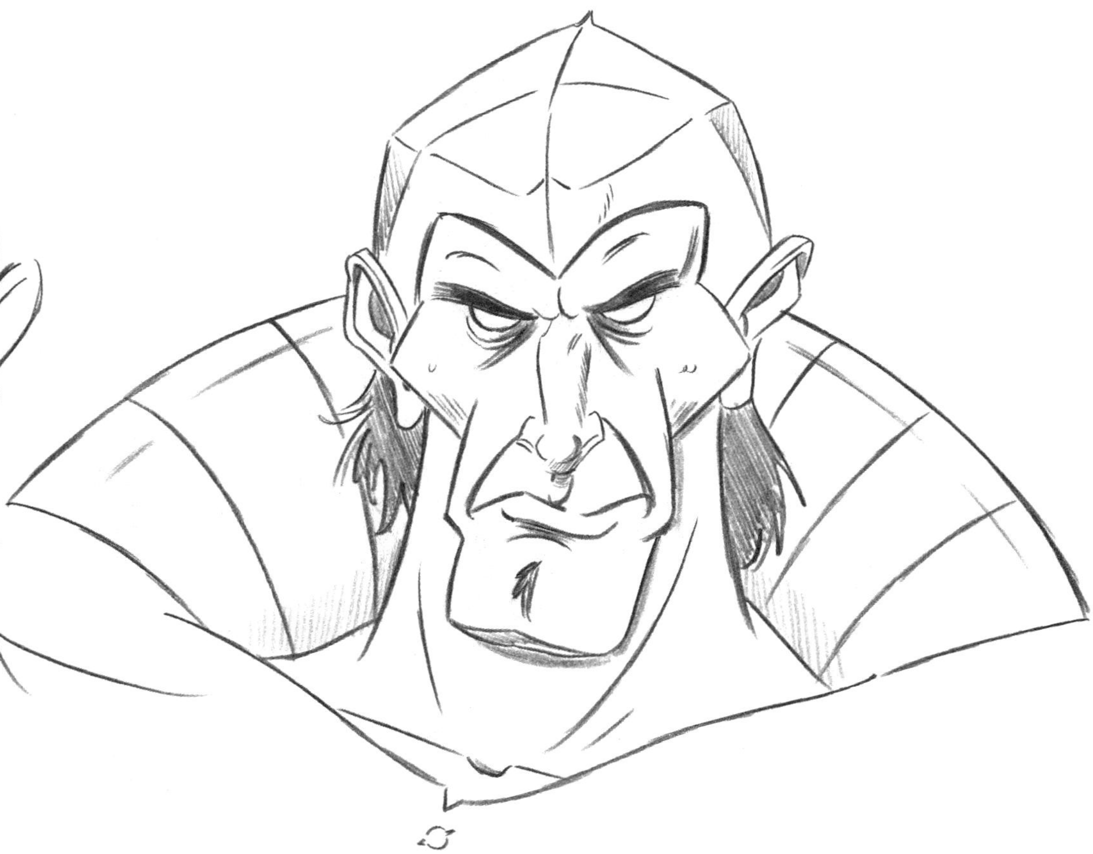

DAS SKELETT

Vom künstlerischen Standpunkt aus bildet das Skelett die eigentliche Grundlage des Körpers. Je weiter du in diesem Buch fortschreitest, desto deutlicher wirst du erkennen, warum Kenntnisse über das Skelett für das Figurenzeichnen so wichtig sind.

DIE KNOCHEN DER EXTREMITÄTEN

Alle Knochen der Extremitäten folgen demselben Muster: ein Knochen oben, zwei Knochen unten. Achte darauf, dass die oberen einzelnen Knochen schwerer sind als die paarigen Knochen darunter. Beachte außerdem, dass die Beinknochen wesentlich kräftiger ausgeprägt sind als die Armknochen, denn sie müssen den Körper tragen. Alle Knochen und Gelenke, auf denen Gewicht lastet, sind stärker. Das Skelett ist ein wahres Wunderwerk.

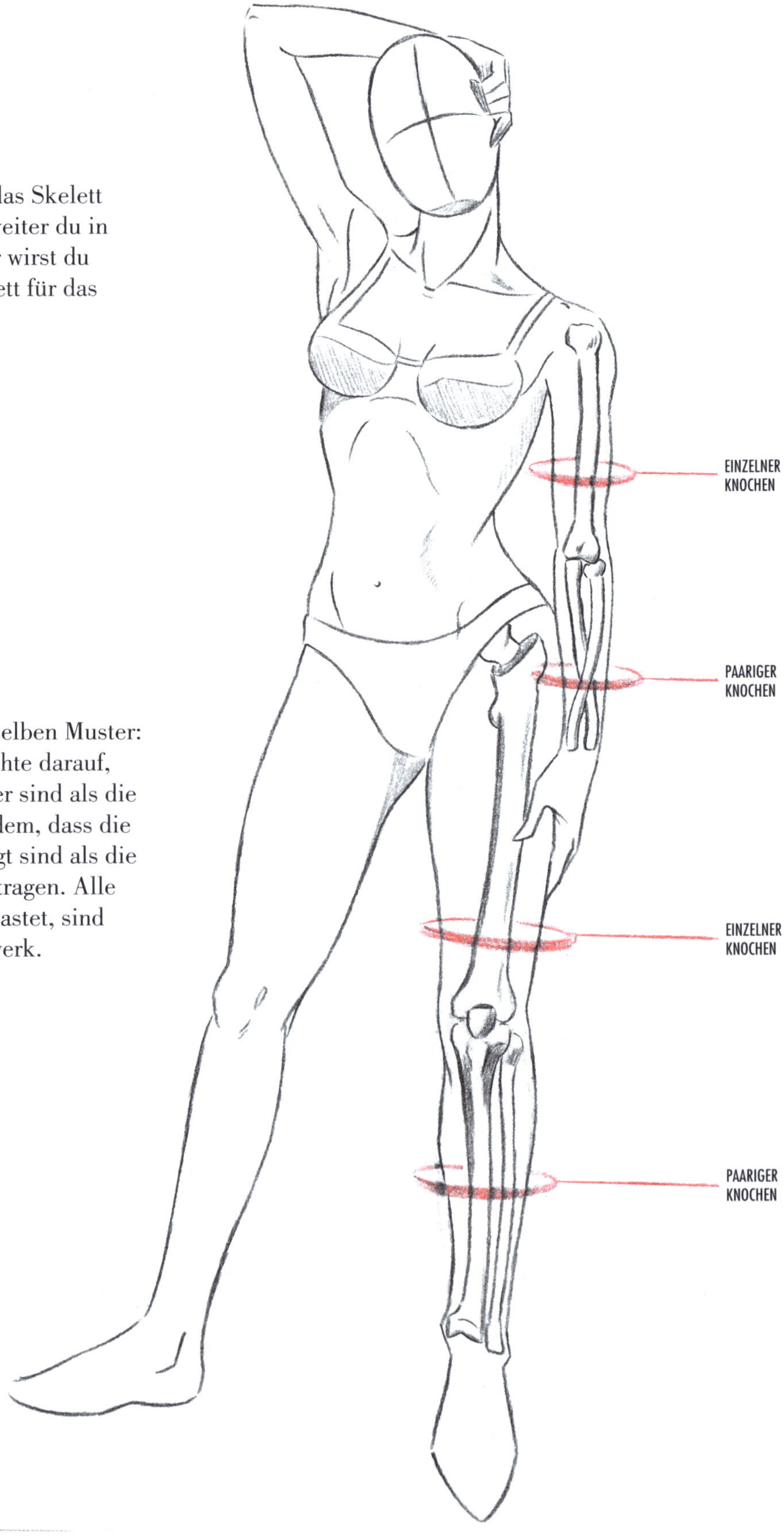

DAS SKELETT: Proportionen

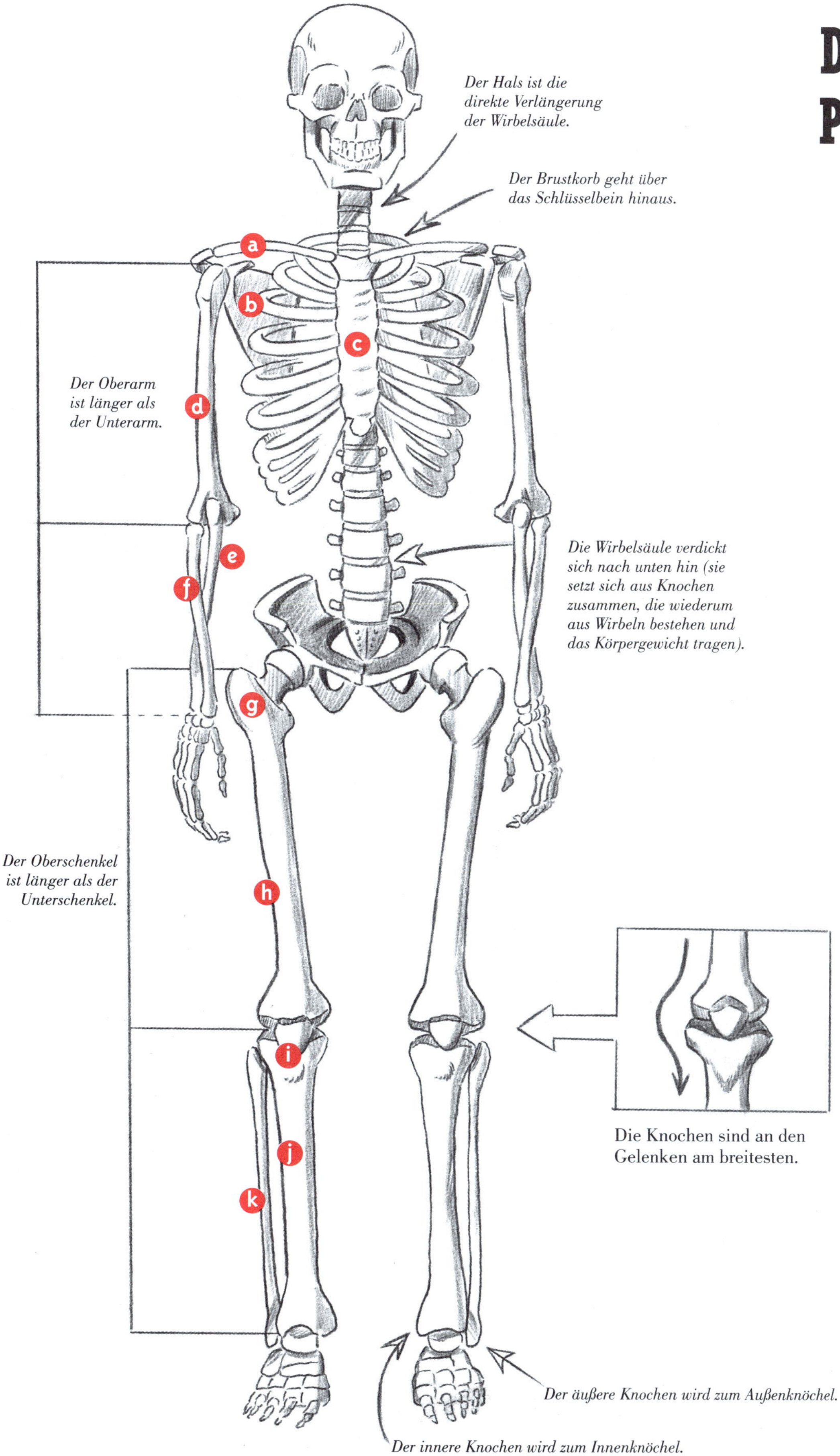

Die Knochen sind an den Gelenken am breitesten.

Hier ein typisches Skelett, obwohl es keinen Standard gibt. Alle Skelette sind so unterschiedlich wie Gesichter. Gehen wir also einfach von einem Idealtypus aus und nennen es Slim.

DIE NAMEN DER KNOCHEN

Es ist von Vorteil, die Namen etlicher Knochen zu kennen. Die wichtigsten Knochen sind unten aufgelistet, sodass wir uns auf den folgenden Seiten darauf beziehen können.

a Clavicula (Schlüsselbein)
b Scapula (Schulterblatt)
c Sternum (Brustbein)
d Humerus (Oberarmknochen)
e Ulna (Elle; Unterarmknochen auf der Kleinfingerseite)
f Radius (Speiche; Unterarmknochen auf der Daumenseite. Beachte, dass die Speiche kürzer ist als die Elle.)
g Trochanter major (großer Rollhügel)
h Femur (Oberschenkelknochen)
i Patella (Kniescheibe)
j Tibia (Schienbein)
k Fibula (Wadenbein)

DAS VEREINFACHTE SKELETT: Überprüfen der Proportionen

Ein vereinfachtes Skelett zu zeichnen ist durchaus legitim, dient es doch als Entwurf des Körperbaus. In Kursen für Modellzeichnen kam ich mit Studenten zusammen, die Talent hatten, aber völlig hilflos waren, wenn man das Modell wegnahm. Eine solche Abhängigkeit bedeutet eine große Einschränkung. Ein Künstler muss in der Lage sein, den menschlichen Körper auch ohne Modell zu zeichnen. Das vereinfachte Skelett ist ein Leitfaden für das Zeichnen der richtigen Proportionen. Lerne also die Proportionen zu überprüfen, dann kannst du aus dem Kopf zeichnen, ohne Angst zu haben, die Form des Körpers falsch darzustellen.

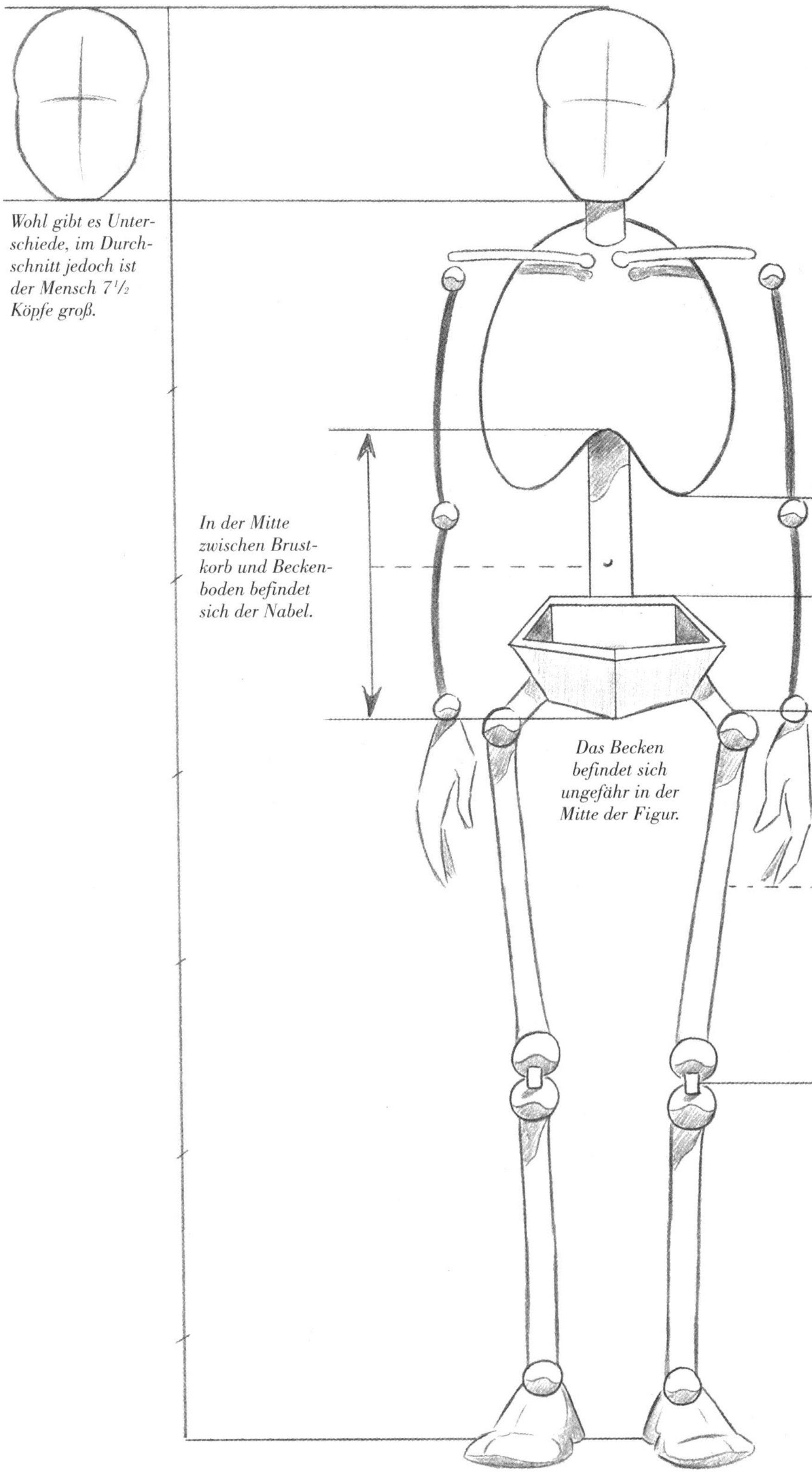

Wohl gibt es Unterschiede, im Durchschnitt jedoch ist der Mensch $7\frac{1}{2}$ Köpfe groß.

In der Mitte zwischen Brustkorb und Beckenboden befindet sich der Nabel.

Das Becken befindet sich ungefähr in der Mitte der Figur.

In entspannter Haltung reichen die Hände bis zur Mitte des Oberschenkelknochens (Femur).

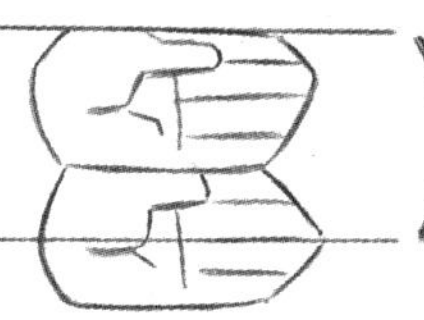

Der Abstand zwischen dem tiefsten Punkt des Brustkorbs und der Oberseite des Beckens (Ilium) beträgt $1\frac{1}{2}$ Handbreit.

DAS SKELETT: Rückansicht

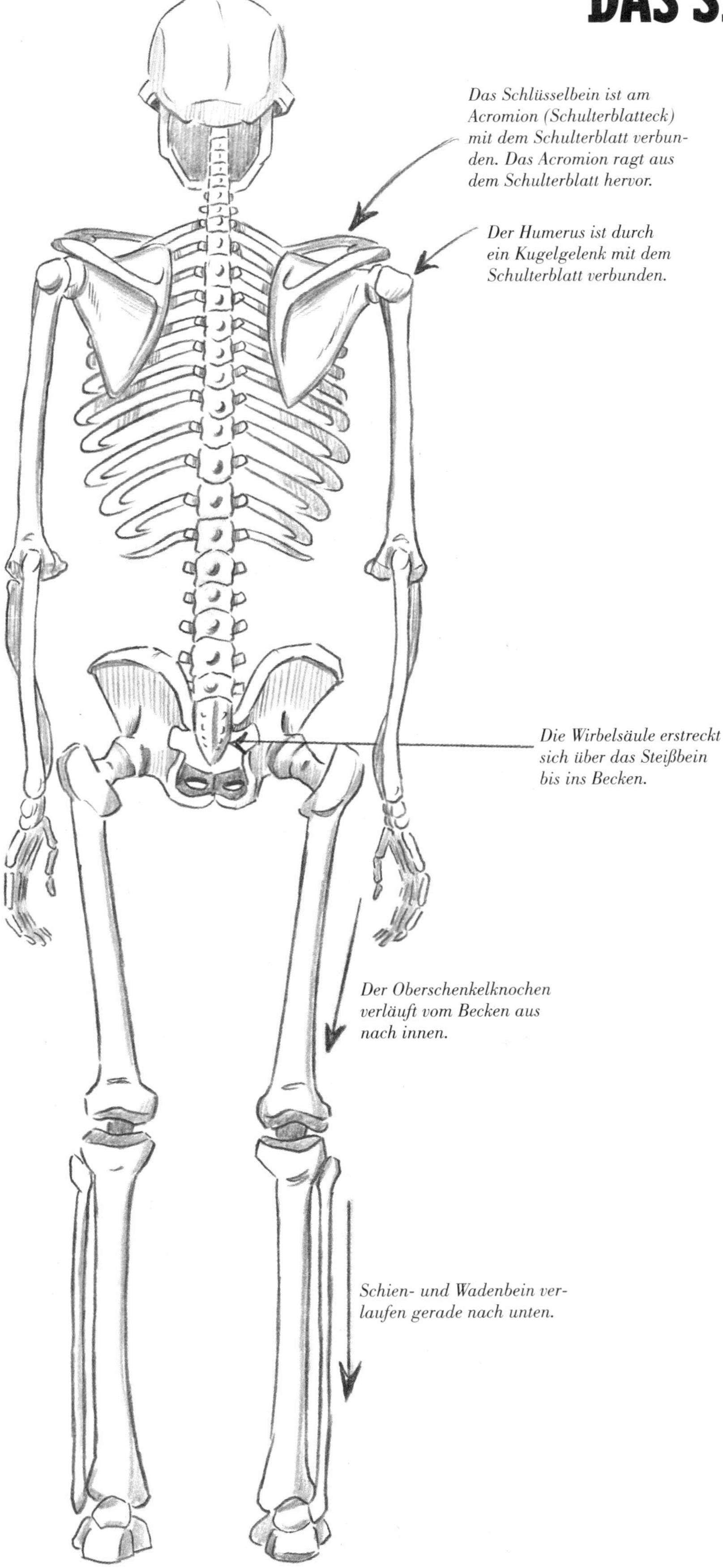

Ein paar Beobachtungen, die für das Zeichnen einer Figur von hinten ganz nützlich sind:

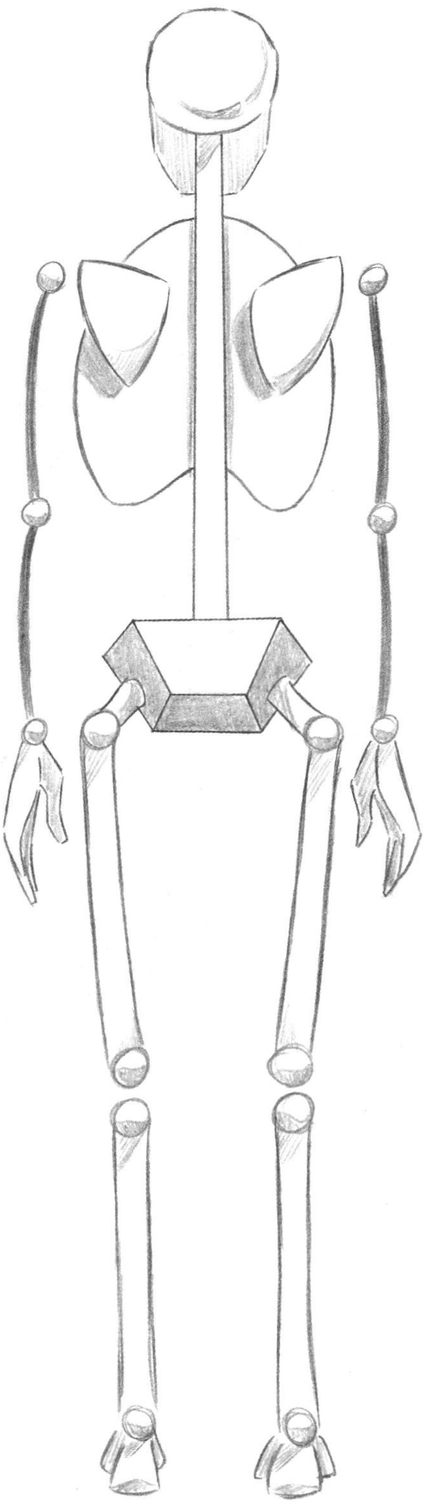

VEREINFACHTE DARSTELLUNG DES SKELETTS: RÜCKANSICHT

DAS VEREINFACHTE SKELETT: Seitenansicht

Beachte die Krümmung von Hals, Wirbelsäule sowie der Ober- und Unterschenkel. Außerdem gehen die Krümmungen nahtlos und ohne spitze Winkel ineinander über. Der ganze Körper wirkt geschwungen und fließend. Versuche dies beim Zeichnen einer Figur zu spüren. In den nächsten Kapiteln werden wir uns ausführlicher mit der fließenden Form des Körpers befassen.

Das Becken beim Mann ist nur leicht nach vorne geneigt, während es bei der Frau deutlich stärker nach vorne gekippt ist.

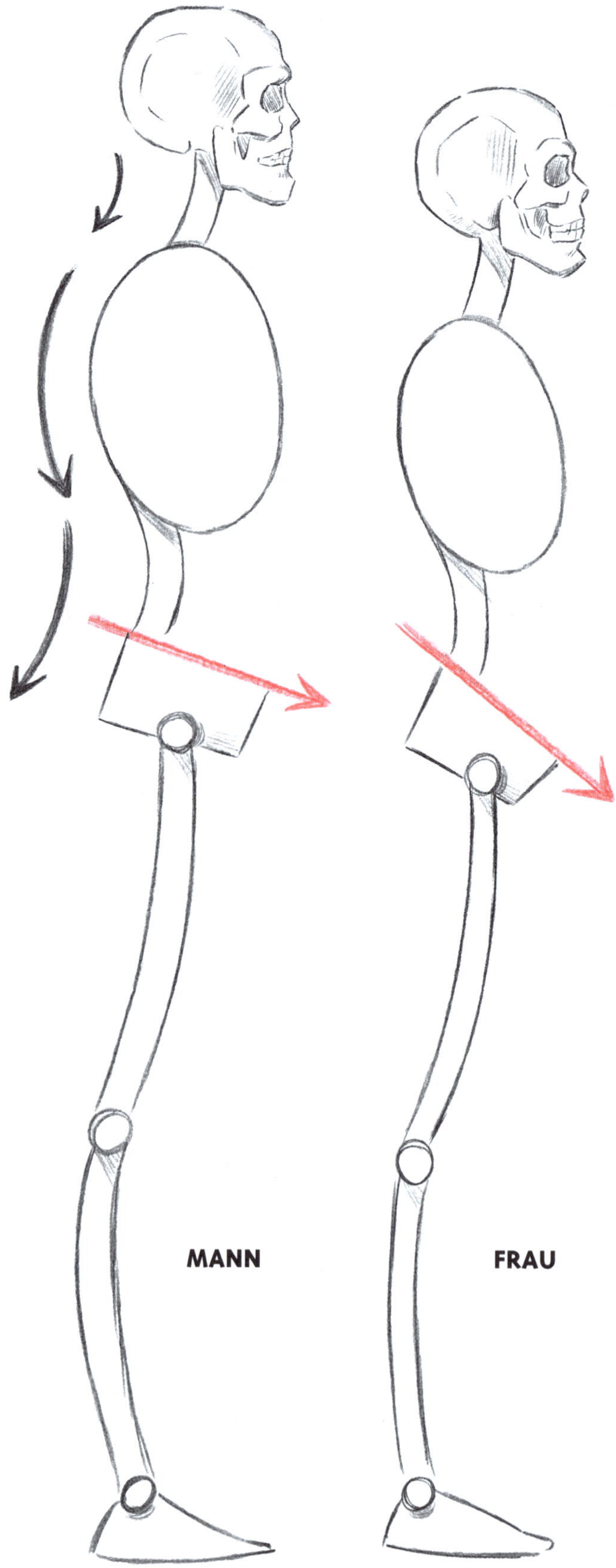

VERGLEICHENDE ANATOMIE: Becken bei Mann und Frau

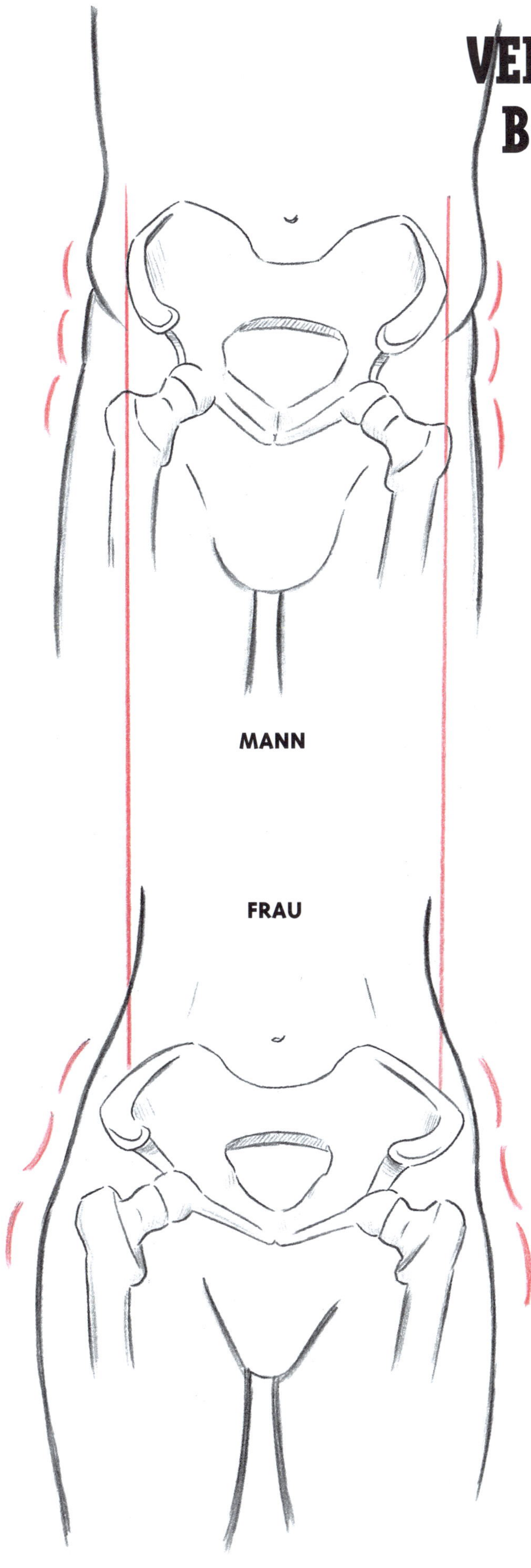

Das Becken ist beim Mann schmaler und höher gebaut, bei der Frau breiter und kürzer. Die Breite des Beckens bei der Frau führt dazu, dass die Einkerbung zwischen dem breitesten Teil des Beckens und dem Trochanter major betont wird. Das Becken beim Mann besitzt keine derartige Einkerbung.

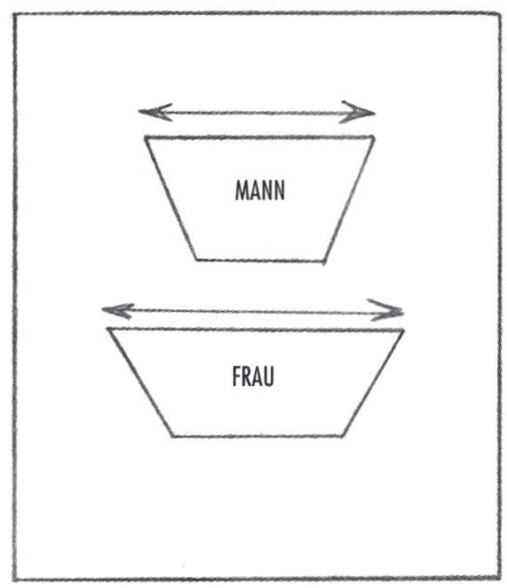

Das Becken ist beim Mann schmaler und höher, bei der Frau breiter und kürzer.

SICHTBARE KNOCHEN DES KÖRPERS: Vorderansicht

Es gibt noch einen weiteren wichtigen Grund, dem Aufbau des Skeletts Aufmerksamkeit zu schenken: Das Skelett tritt an vielen Stellen des Körpers sichtbar hervor. Die Menschen sind daran gewöhnt, dass das Skelett die Haut an einigen Stellen wölbt und ausbeult und bisweilen an der Kleidung zerrt. Werfen wir deshalb einen Blick auf jene Körperstellen, an denen das Skelett häufig zum Vorschein kommt:

- **a** Malleolus lateralis (Wadenbein- oder Außenknöchel)
- **b** Tibia (Schienbein)
- **c** Patella (Kniescheibe)
- **d** Köpfe der Mittelhandknochen (Knöchel)
- **e** Grundgelenk des Daumens
- **f** Clavicula (Schlüsselbein)
- **g** Spina iliaca anterior superior (vorderer oberer Darmbeinstachel)
- **h** Thorax (Brustkorb)
- **i** Epicondylus medialis (innerer Gelenkknorren des Humerus)
- **j** Olecranon (Teil der Elle)
- **k** Kopf der Elle (Handgelenk)
- **l** Acromion (des Schulterblatts)

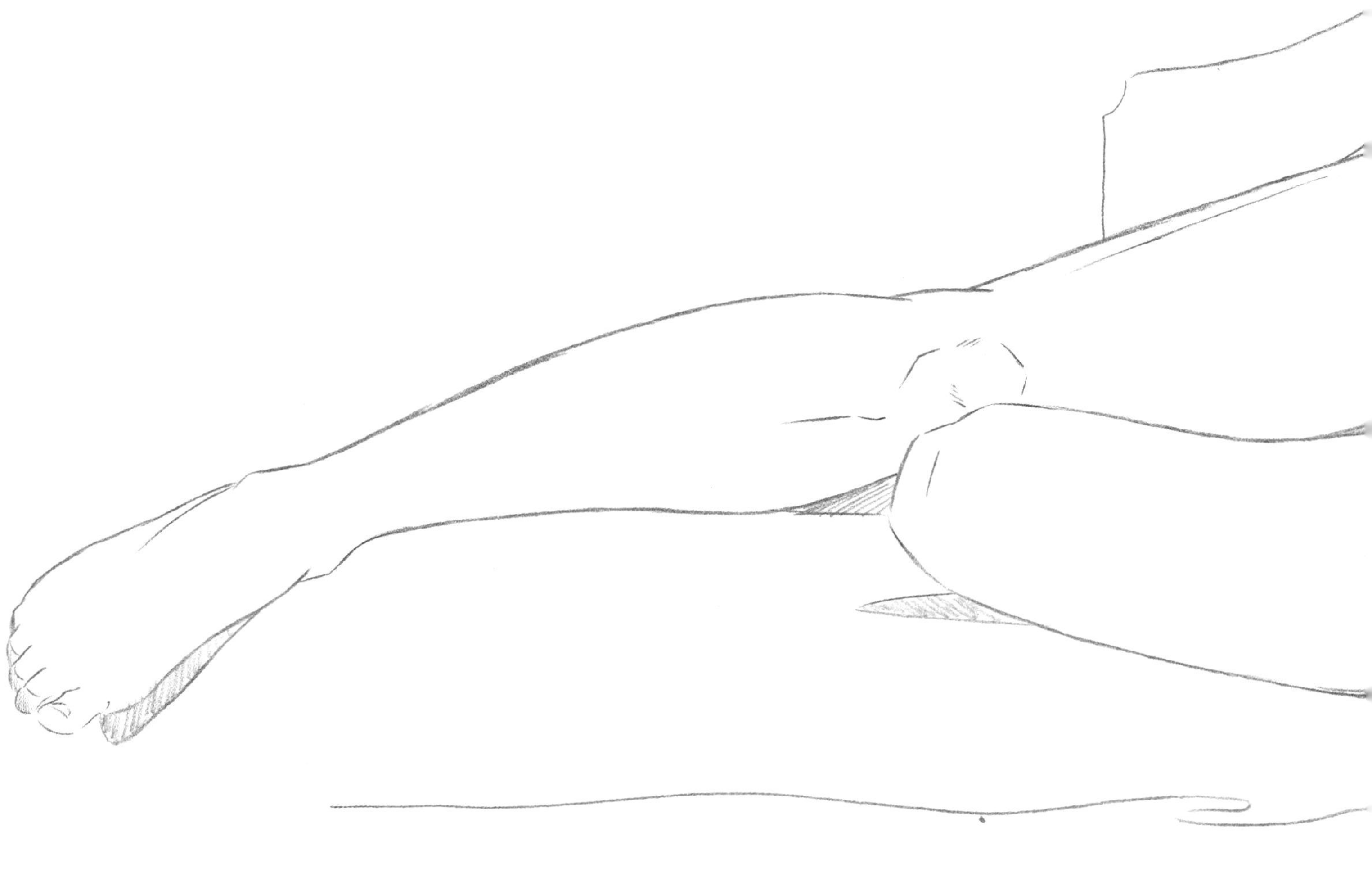

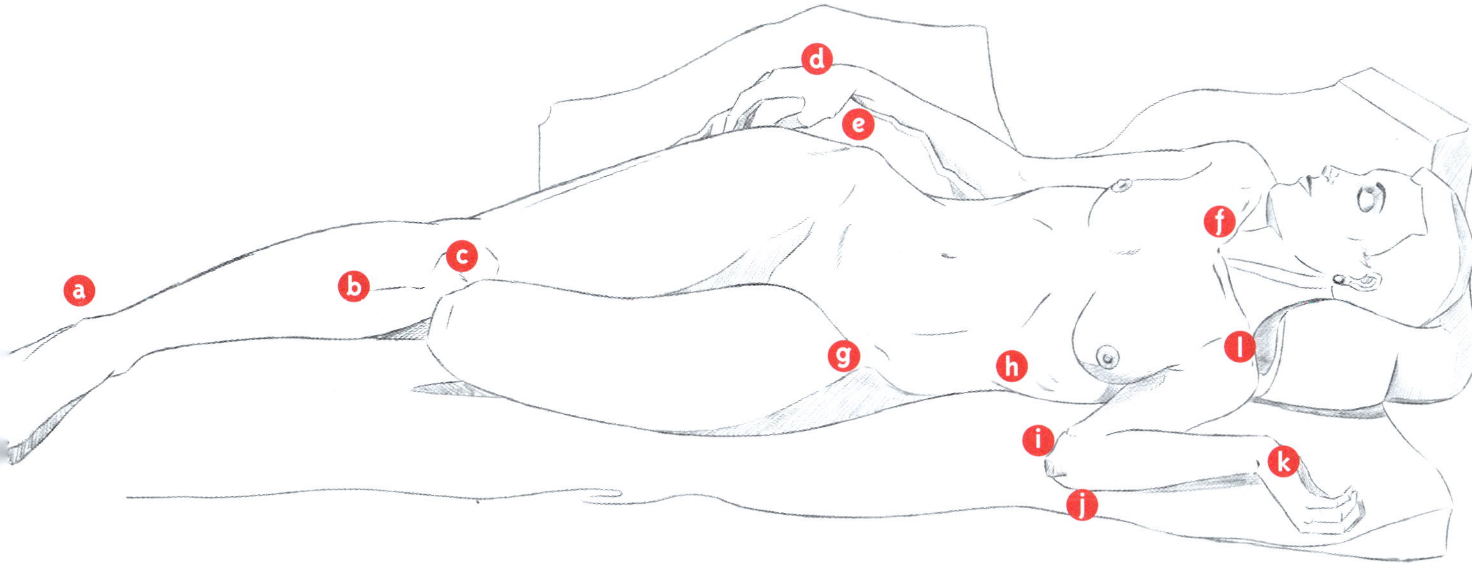
a
b
c
d
e
f
g
h
i
j
k
l

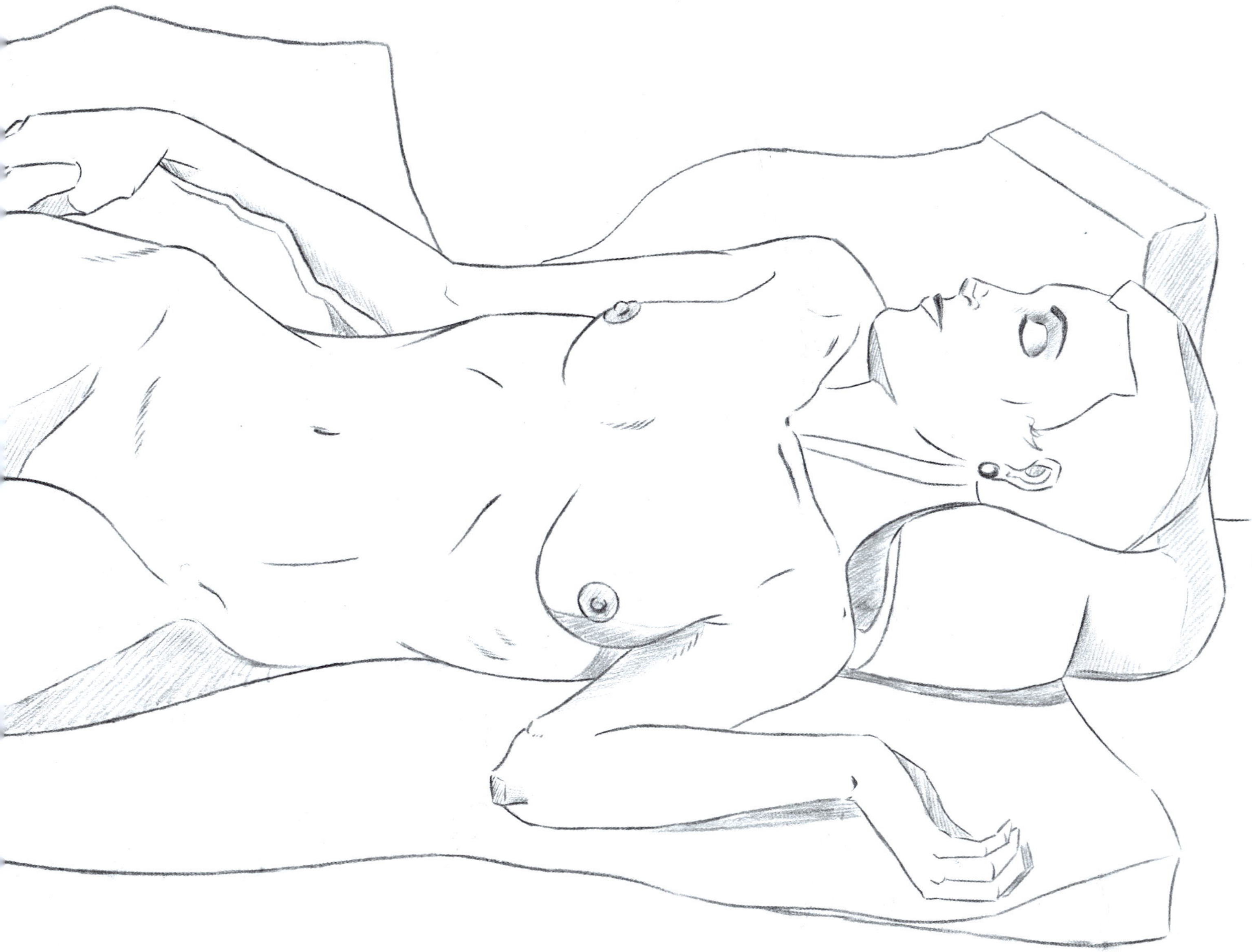

SICHTBARE KNOCHEN DES KÖRPERS: Rückansicht

Da die Körperrückseite weniger Gewicht tragen muss als die Vorderseite, sind sogar bei weniger athletisch gebauten Menschen ziemlich viele Knochen sichtbar.

- **a** siebter Halswirbel
- **b** Spina scapulae (Schultergräte)
- **c** Acromion
- **d** Scapula
- **e** Thorax (Brustkorb)
- **f** Epicondylus medialis (am unteren Ende des Humerus)
- **g** Olecranon
- **h** Sacrum (Kreuzbein)
- **i** Fibulaköpfchen
- **j** Malleolus lateralis (Wadenbein- oder Außenknöchel)

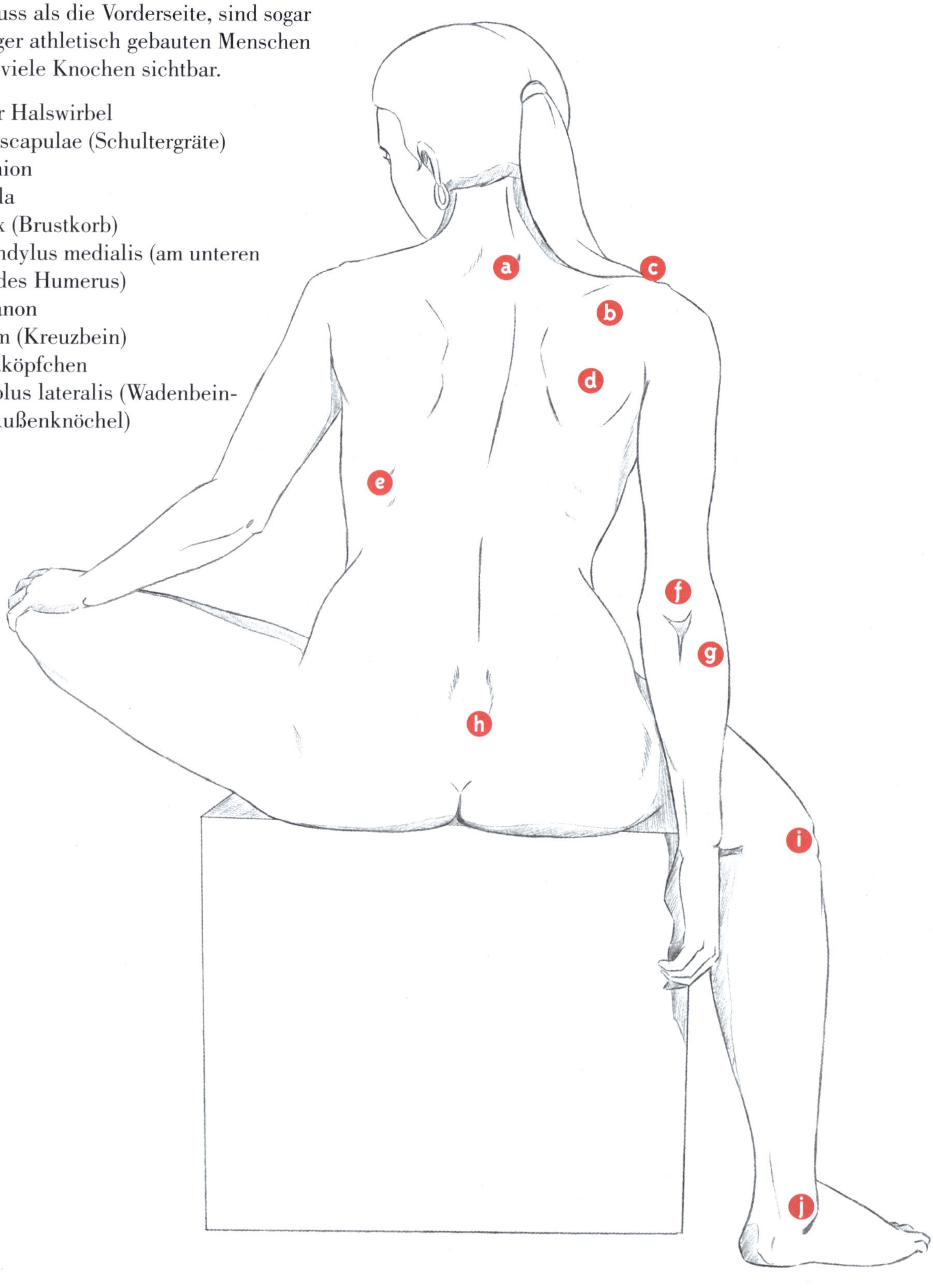

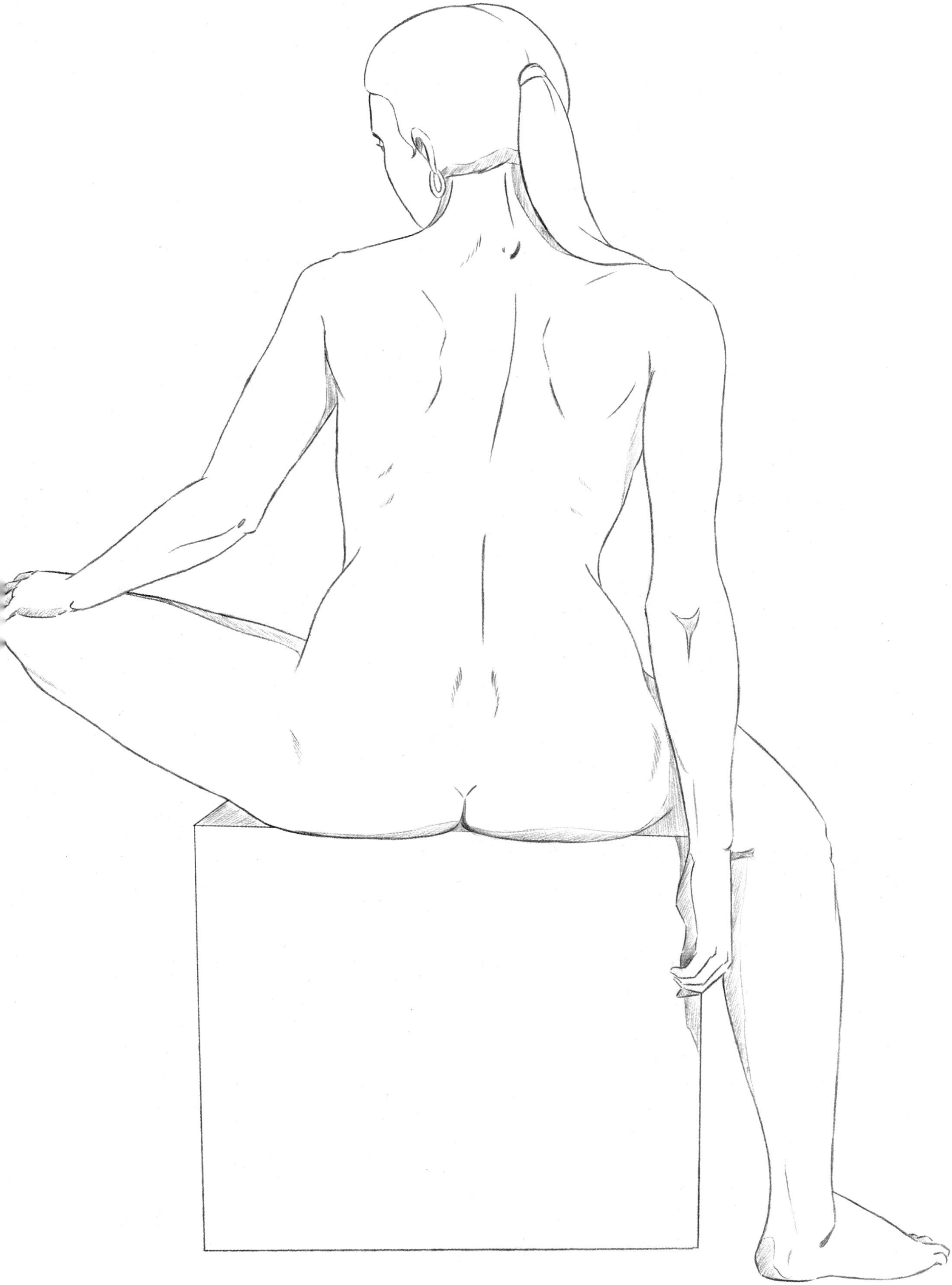

DIE VEREINFACHTE FIGUR

Nur wenige Künstler beginnen eine Zeichnung mit dem Skelett und den einzelnen Muskelfasern. Meist skizzieren sie die Gesamtfigur und verfeinern sie dann dank ihrer Anatomiekenntnisse. Diese Skizzen sollten nicht zu zaghaft sein, sondern aus kräftigen, locker geführten Strichen bestehen. Hier geht es nicht so sehr um Genauigkeit, sondern vielmehr um das Gefühl für Körperhaltungen. Allerdings kann auch ein hohes Maß an Genauigkeit ein feines Gespür für die Körperhaltung nicht ersetzen.

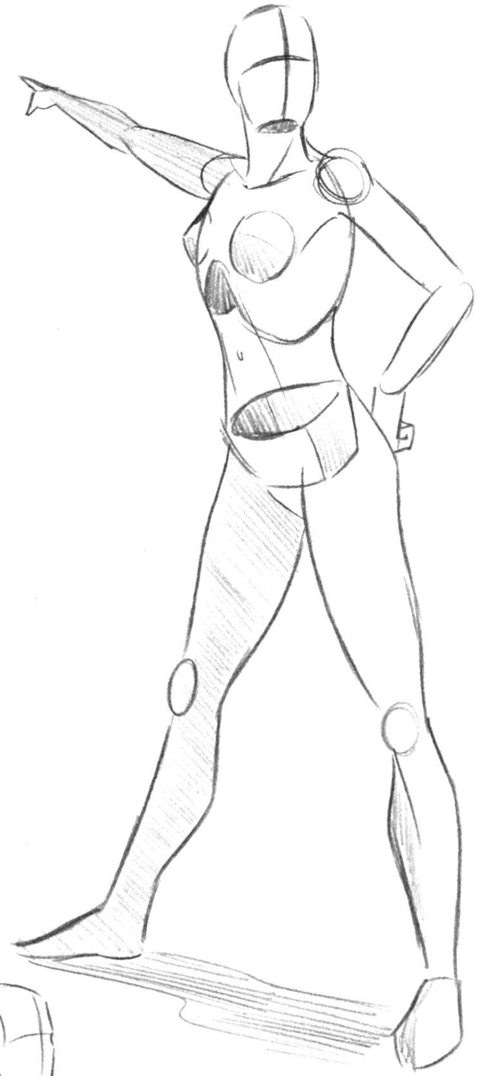

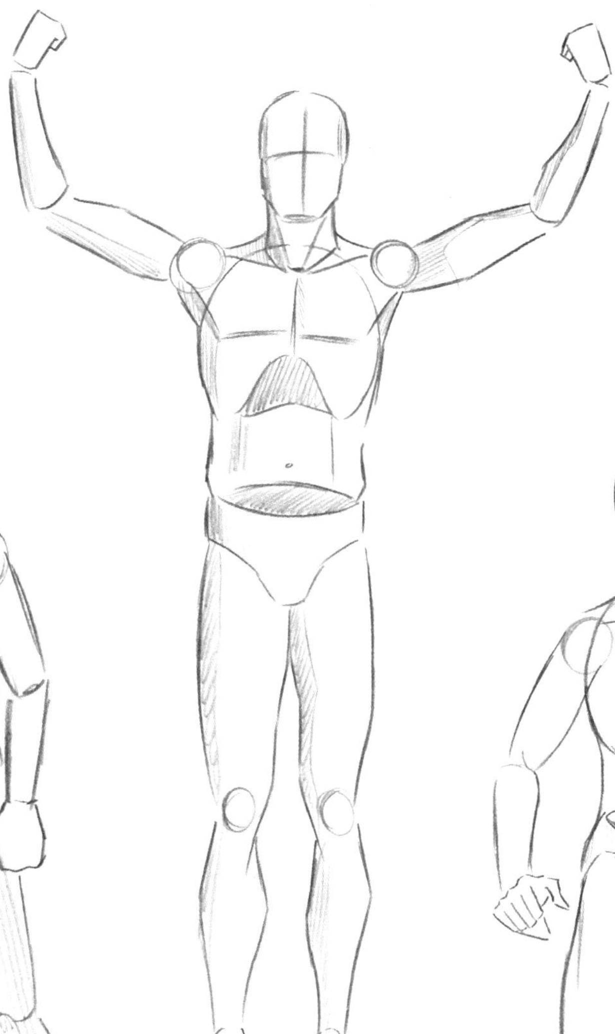

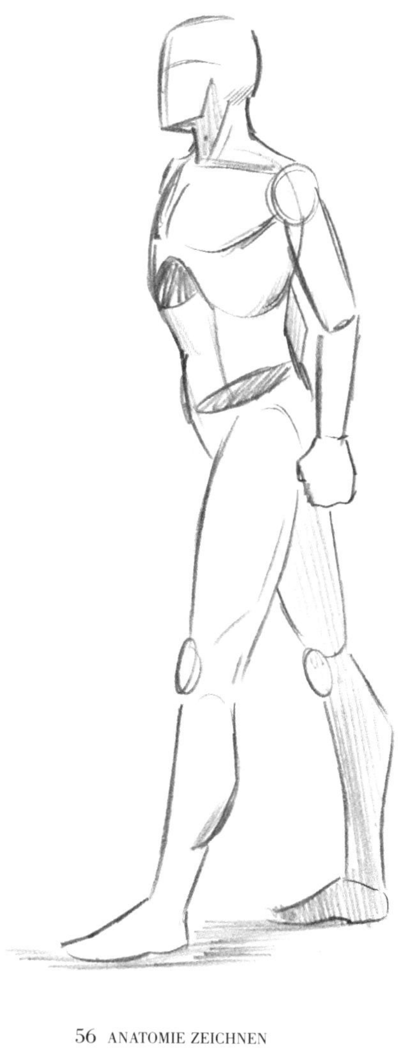

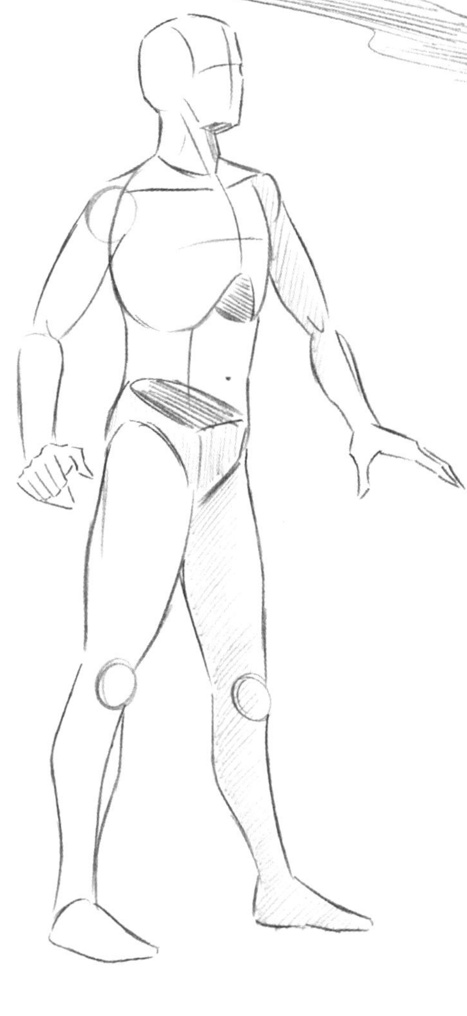

KÖRPEREBENEN

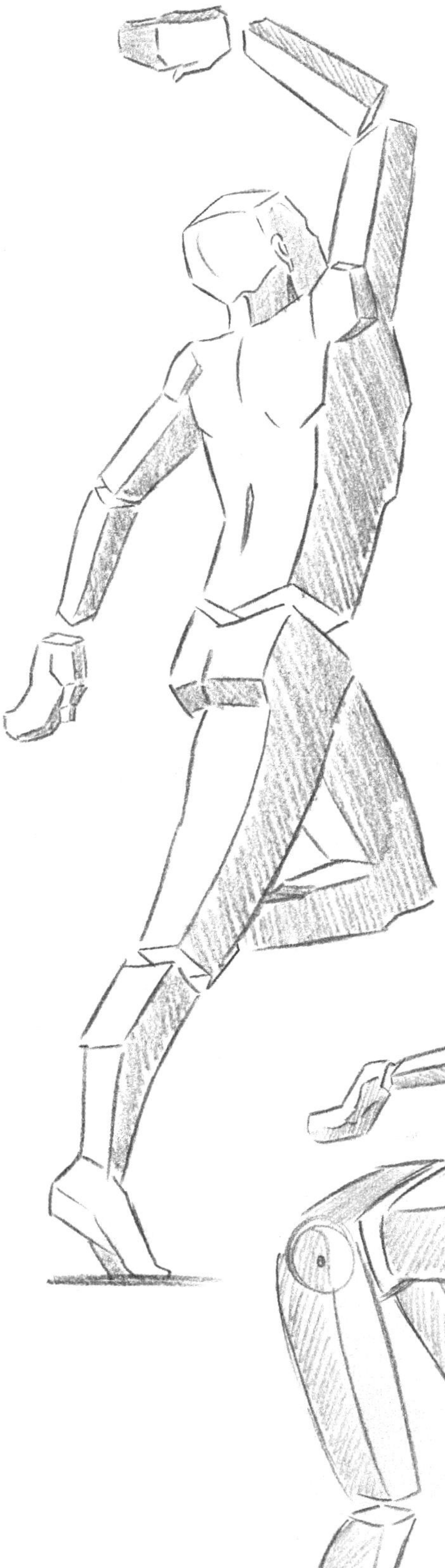

Es gibt nicht nur Gesichts-, sondern auch Körperebenen. Wie bereits erwähnt, spielt das Licht bei der Festlegung von Ebenen eine entscheidende Rolle. Da sich der Lichteinfall auf die Figur auswirkt, gibt es keine feste Regel bezüglich der Ebenen. Sie sollten also eher von der Körperhaltung und der Richtung, aus der das Licht kommt, abhängig gemacht werden. Stelle dir den Körper und die Extremitäten als Blöcke vor, die von einer oder zwei Lichtquellen angestrahlt werden.

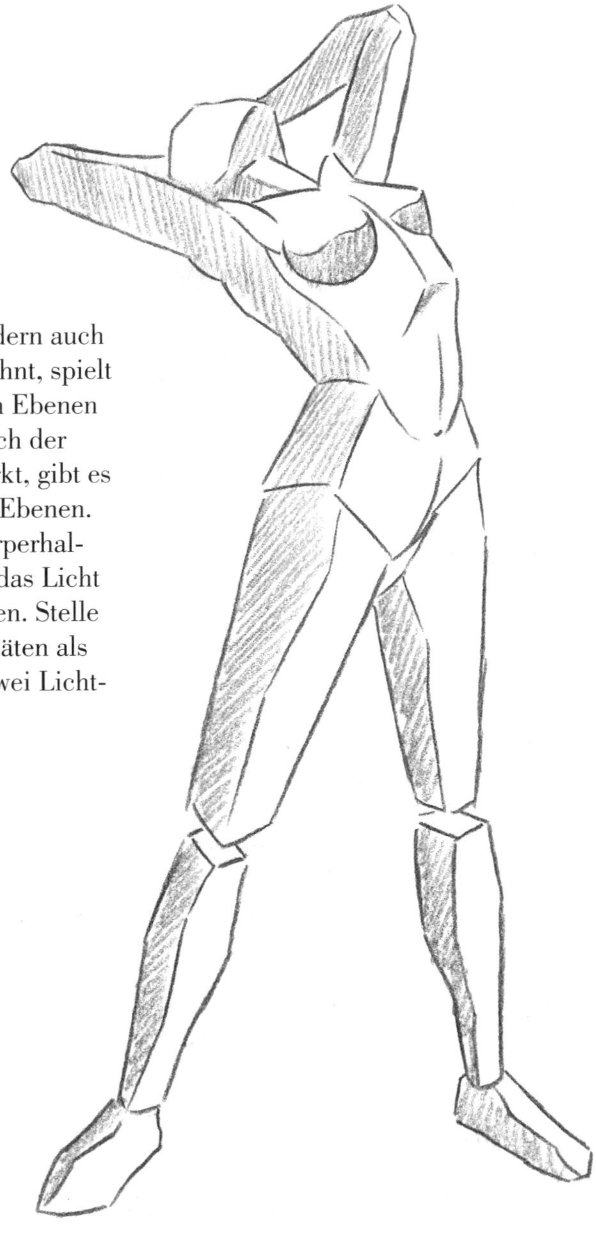

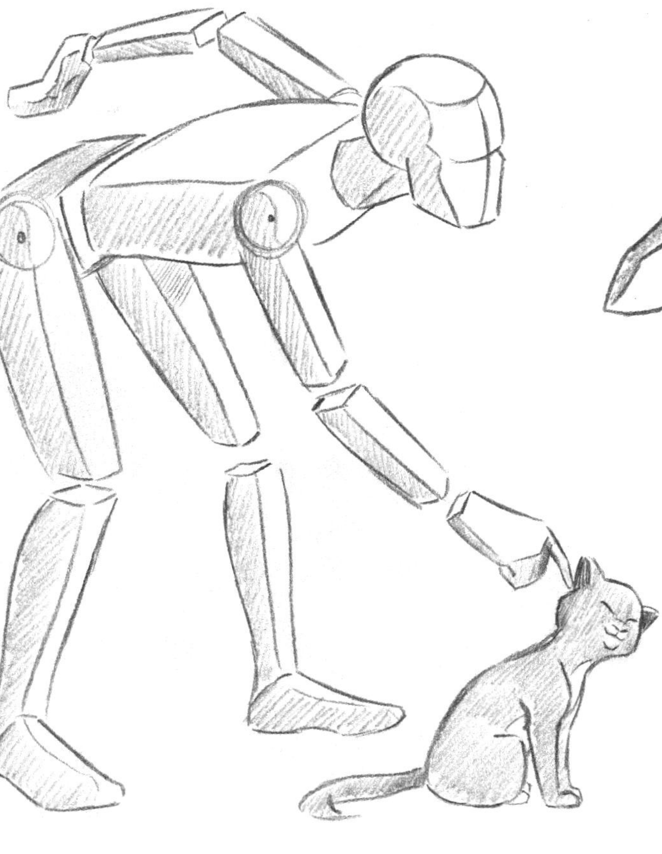

DIE MERKMALE DES KÖRPERS

DIE GROSSEN MUSKELN

Zweifellos kennst du bereits viele Muskeln, z. B. den Bizeps und Trizeps des Arms, die großen Brustmuskeln, den inneren Wadenmuskel etc. Wir sehen sie bei jedem Blick in den Spiegel und beim Training im Fitnesscenter. Wichtig sind die Länge der Muskeln und ihr Zusammenspiel mit den benachbarten Muskeln.

- **a** Sternocleidomastoideus (Kopfwendemuskel, Kopfnicker)
- **b** Deltoideus (Deltamuskel)
- **c** Pectoralis major (großer Brustmuskel)
- **d** Bizeps
- **e** Teres major (großer runder Muskel)
- **f** Serratus (Sägemuskel)
- **g** Obliquus externus (äußerer schräger Bauchmuskel)
- **h** Rectus abdominis (gerader Bauchmuskel)
- **i** Gracilis (schlanker Muskel)
- **j** Sartorius (Schneidermuskel)
- **k** Quadrizeps
- **l** Gastrocnemius (Wadenmuskel)
- **m** Soleus (Schollenmuskel)
- **n** Tibialis (Schienbeinmuskel)
- **o** Peroneus longus (langer Wadenbeinmuskel)

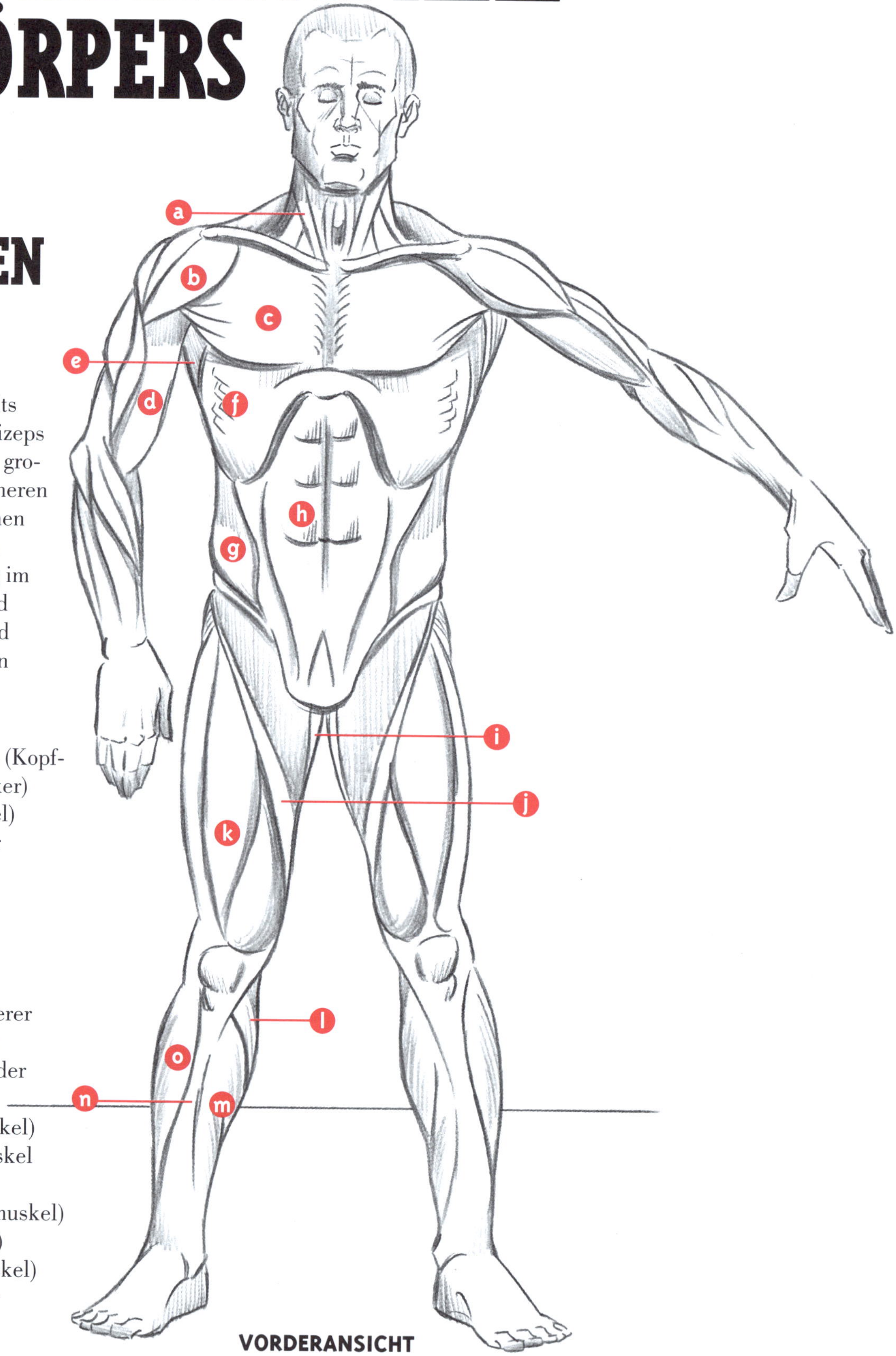

VORDERANSICHT

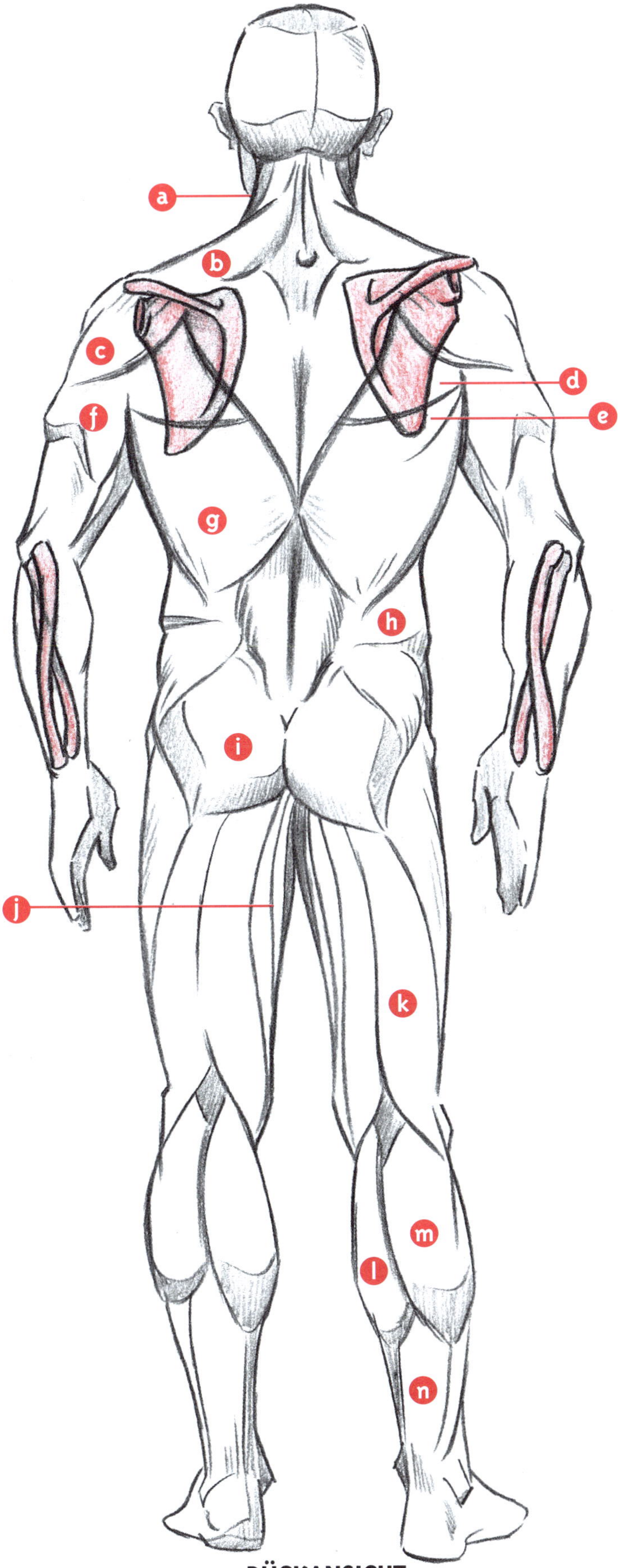

RÜCKANSICHT

Achte auf die Position der Schulterblätter, die sowohl mit den Schultermuskeln als auch mit dem Trapezmuskel verbunden sind und am unteren Ende teilweise von den breiten Rückenmuskeln (Latissimus dorsi) bedeckt werden. Der Unterarm besteht aus zwei sich überkreuzenden Knochen! In einem späteren Kapitel werden wir uns ausführlicher damit befassen.

a Sternocleidomastoideus (Kopfwendemuskel, Kopfnicker)
b Trapezmuskel
c Deltoideus (Deltamuskel)
d Teres minor (kleiner runder Muskel)
e Teres major (großer runder Muskel)
f Trizeps
g Latissimus dorsi (breiter Rückenmuskel)
h Obliquus externus (äußerer schräger Bauchmuskel)
i Gluteus maximus (großer Gesäßmuskel)
j Gracilis (schlanker Muskel)
k Bizeps femoris (zweiköpfiger Oberschenkelmuskel)
l Gastrocnemius (innerer Wadenmuskel)
m Gastrocnemius (äußerer Wadenmuskel)
n Achillessehne

ERFORDERLICHE MUSKELKENNTNISSE

Du fragst dich vielleicht: Warum muss ich alle Muskelkonturen kennen? Kann ich die Figur nicht einfach ohne sie zeichnen? Jeder Künstler beschwert sich darüber. Leider lautet die Antwort: Kenntnisse der Muskelkonturen sind absolut erforderlich! Doch sieh selbst, warum.

OHNE ANATOMIEKENNTNISSE GEZEICHNETE FIGUR
Bei dieser Figur stimmen zwar die Proportionen, doch fehlt das Verständnis für die Muskulatur. Der Künstler weiß, dass die Brust am Schlüsselbein und an der Schulter einige Vertiefungen aufweist. Er sieht sie, kann jedoch nur vermuten, in welche Richtung sie verlaufen, da er durch Haut und Fleisch nicht sehen kann, wodurch sie hervorgerufen werden.

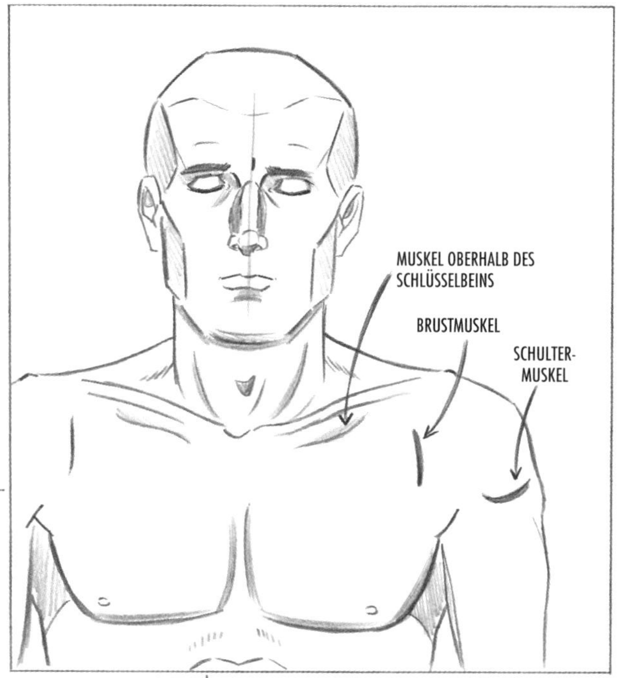

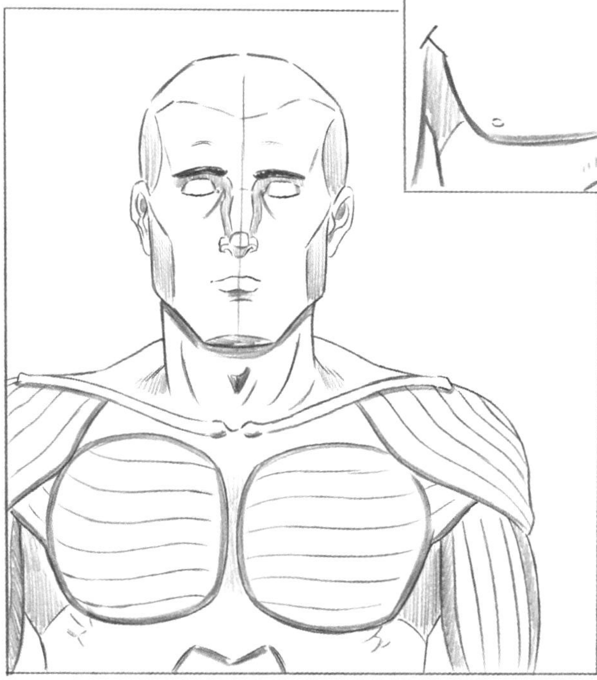

FIGUR MIT MUSKULATUR
Wirft man einen Blick auf die tatsächlich vorhandenen Muskeln, sieht man den Fehler schnell. Ja, die Vertiefungen sind dort, wo sie hingehören, aber der Verlauf der Muskeln ist völlig falsch gezeichnet.

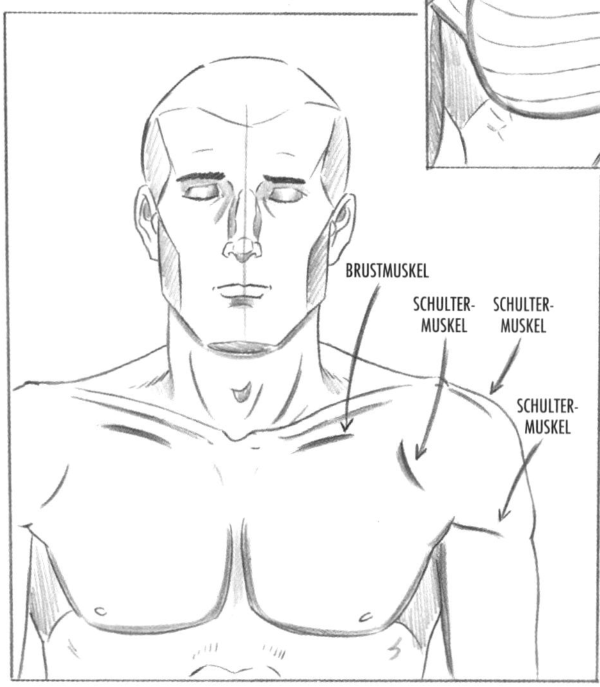

KORRIGIERTE FIGUR
Jetzt deuten wir die Muskeln in der Richtung an, in der sie verlaufen. Das führt schließlich zu einer exakteren Darstellung des Körpers.

MUSKELSCHATTEN

Da die Muskeln an manchen Körperstellen besonders stark hervortreten, werfen sie kleine Schatten, mit deren Hilfe sie sich darstellen lassen. Man sollte sich jedoch auf keinen Fall zum Sklaven der Anatomie machen. Es muss nicht jeder Muskel des Körpers angedeutet werden. Lediglich die großen Muskelgruppen sollten erkennbar sein.

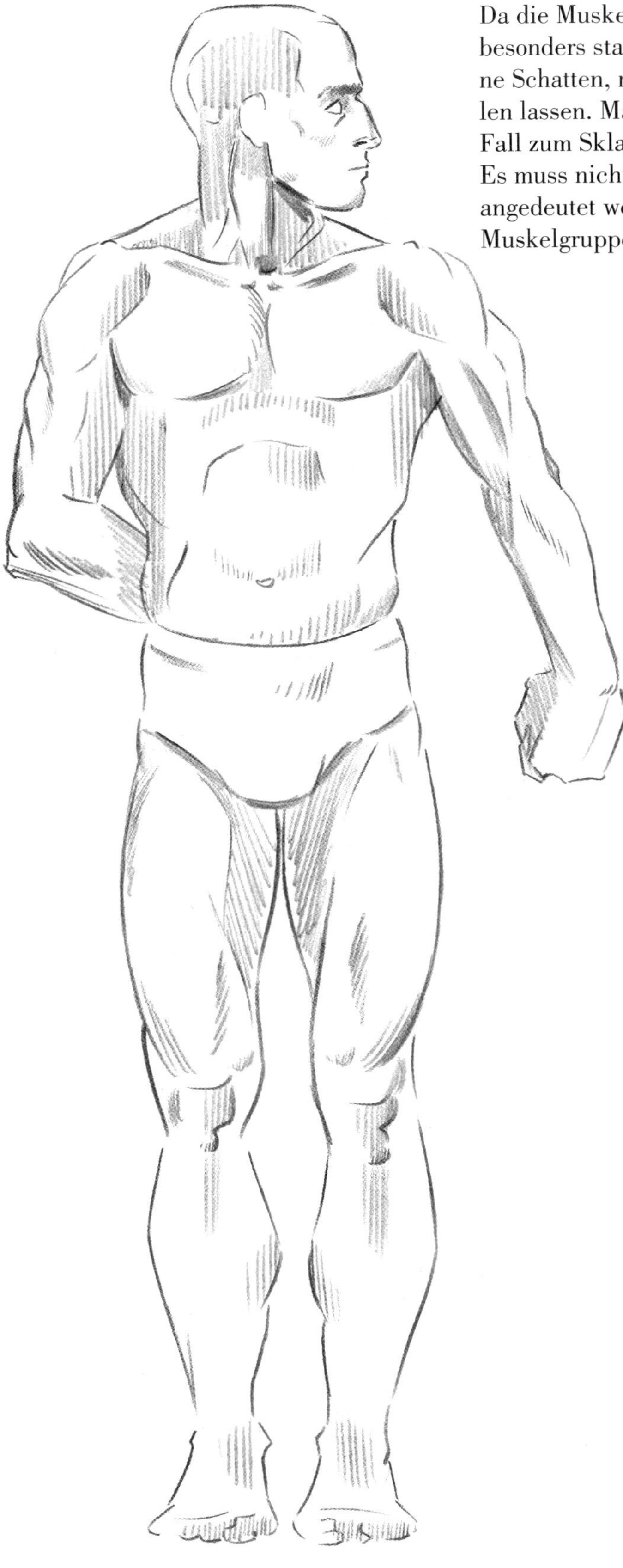

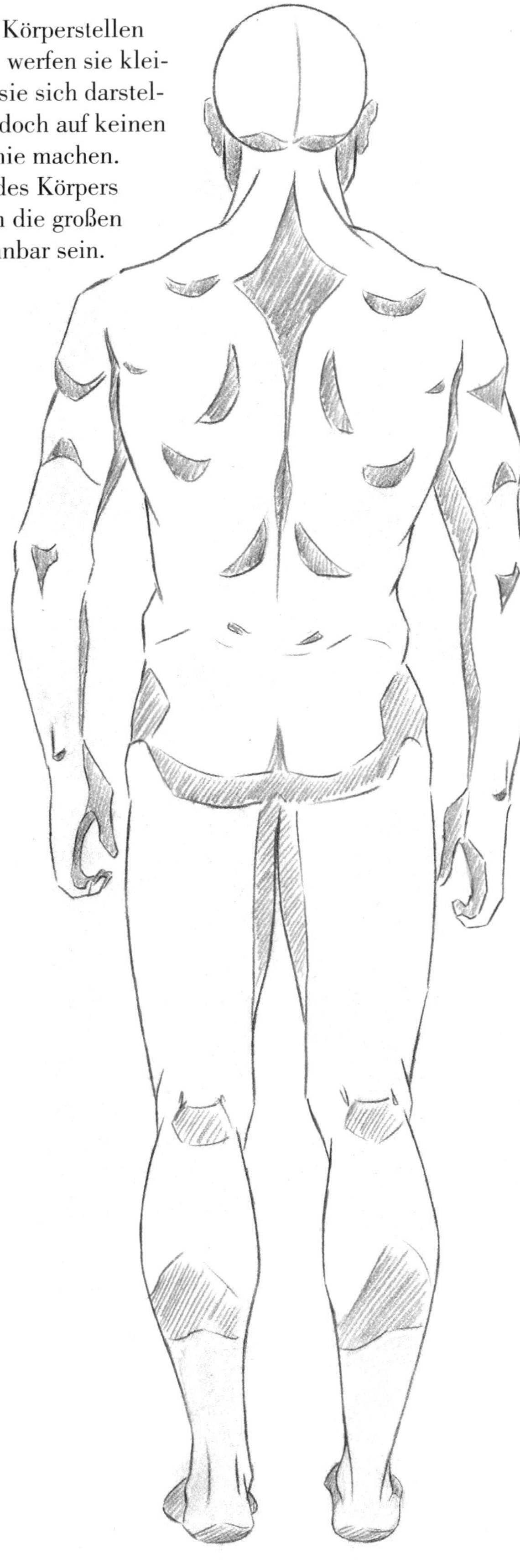

DIE HALSMUSKELN

Am Hals befinden sich viele Muskeln. Wir konzentrieren uns hier aber nur auf die für das bloße Auge sichtbaren. Bei den meisten Menschen lässt sich die Halsmuskulatur gut erkennen, da sie in der Regel erstaunlich dick und stark ist. Kein Wunder, muss doch der Hals den schweren Schädel 16 Stunden am Tag tragen. Zwischen den Halsmuskeln befinden sich Vertiefungen, die die Darstellung der Muskeln erleichtern.

a Sternohyoideus (Brustbein-Zungenbein-Muskel; zeichnet sich am besten ab, wenn der Kopf nach hinten geneigt ist)
b Sternocleidomastoideus (Kopfnicker; der auffälligste Halsmuskel)
c Sternocleidomastoideus (er teilt sich und endet weiter oben am Schlüsselbein
d Trapezmuskel (dieser von vorne sichtbare Muskel verläuft außerdem nach unten zur Rückenmitte)

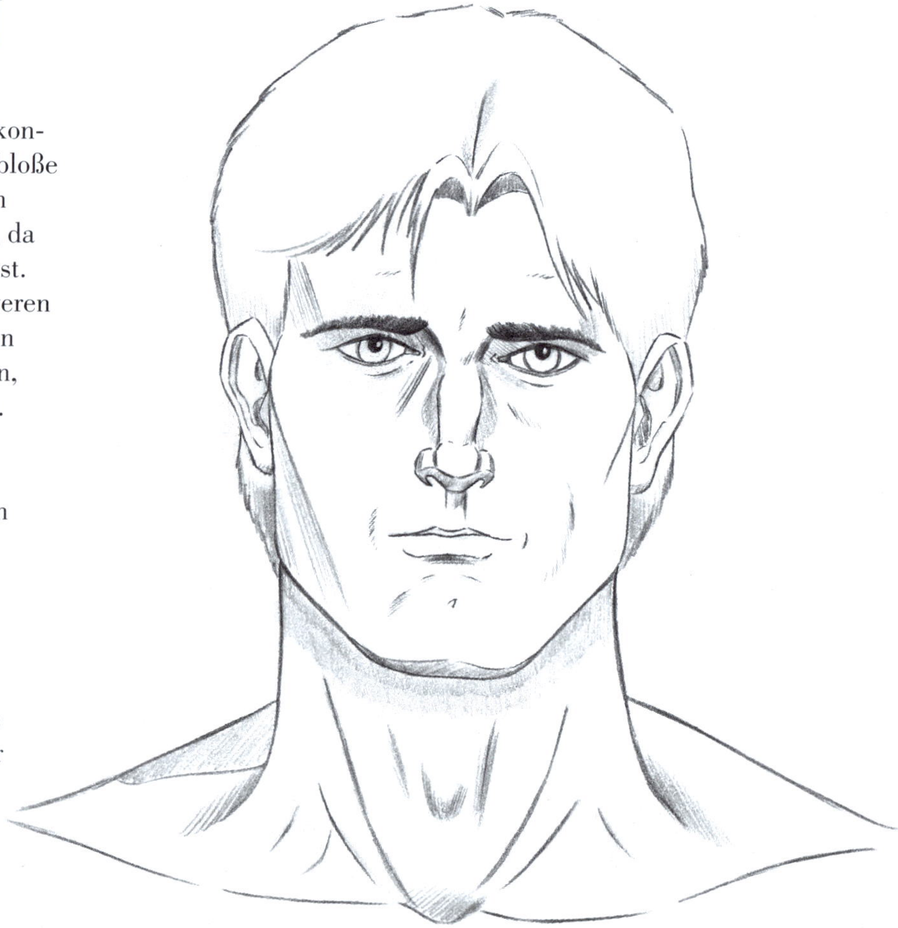

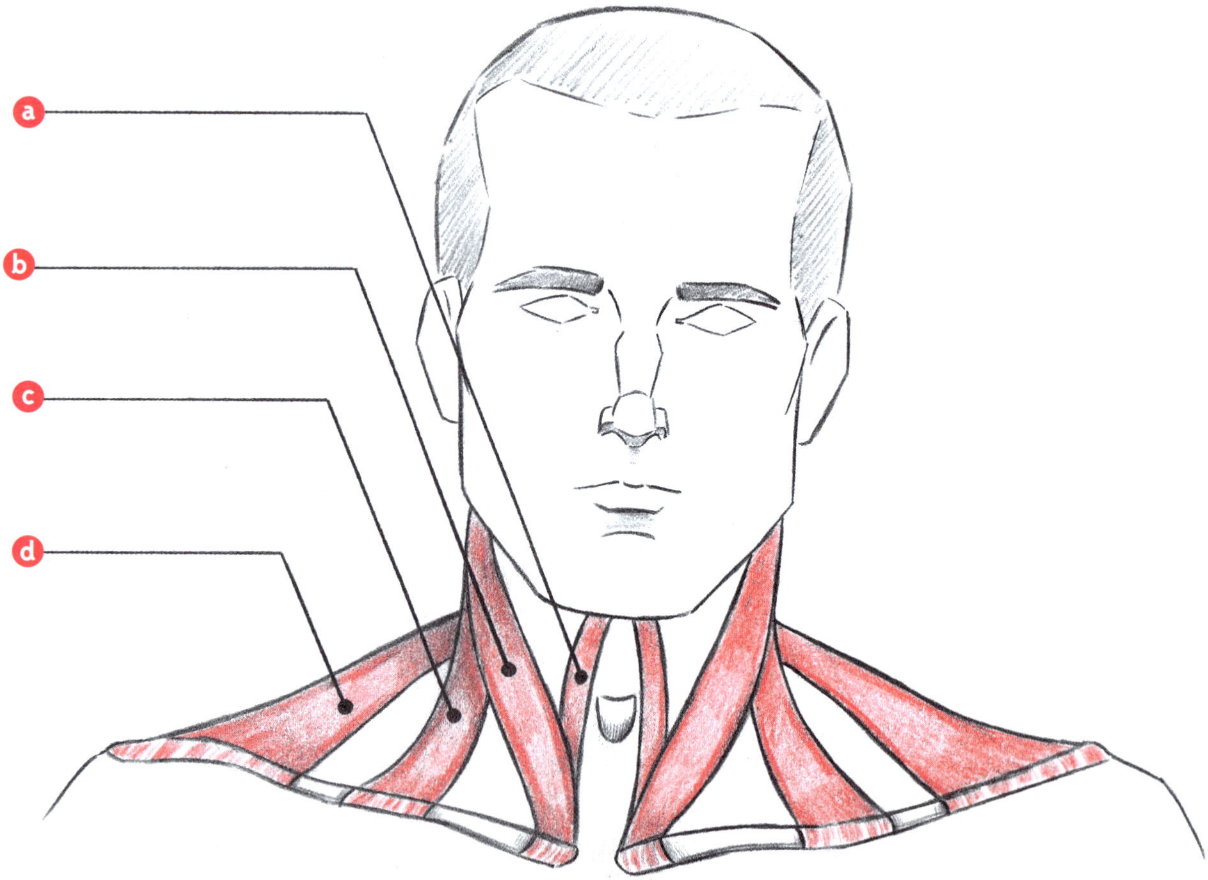

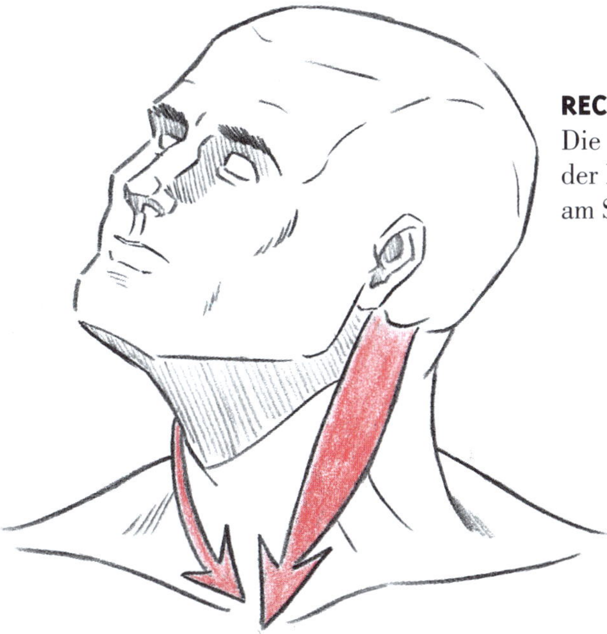

RECHTSDREHUNG
Die Halsmuskeln sind sehr beweglich. Sie folgen der Drehung des Kopfes und Halses und enden am Schlüsselbein.

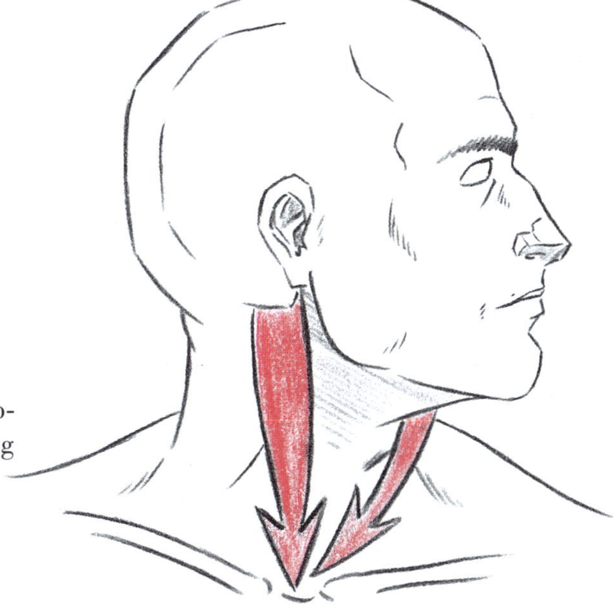

LINKSDREHUNG
Bei einer Drehung des Kopfes kann man die Bewegung des sich dehnenden Kopfwendemuskels erkennen.

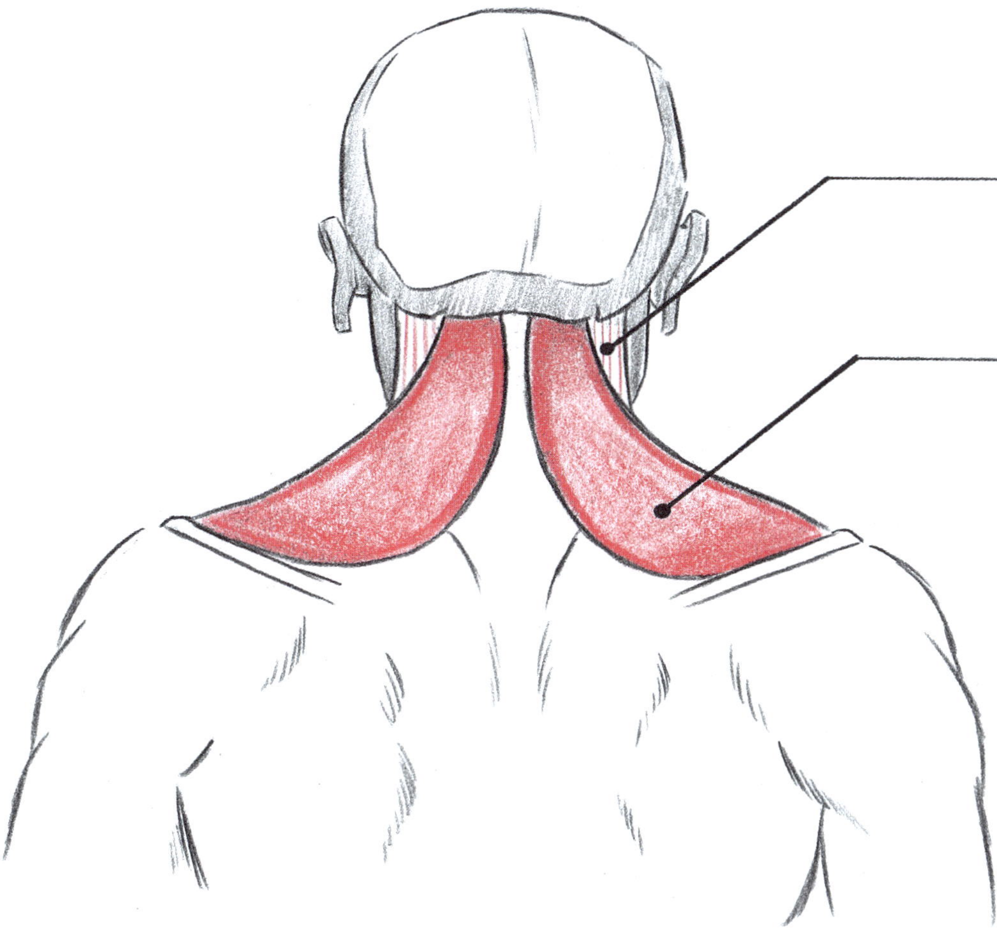

RÜCKANSICHT
Einige Muskeln, die von vorne sichtbar sind, bleiben auch von hinten erkennbar.

DIE ARMMUSKELN

Wie man sieht, stellen Bizeps und Trizeps zwar nicht die einzigen, aber die bei weitem kräftigsten Oberarmmuskeln dar. Von besonderer Bedeutung sind der Coracobrachialis an der Innen- sowie der Brachialis an der Außenseite des Arms. Die Unterarmmuskeln sind dünner als die Oberarmmuskeln und werden beim Beugen nicht so stark gebündelt wie Bizeps und Trizeps.

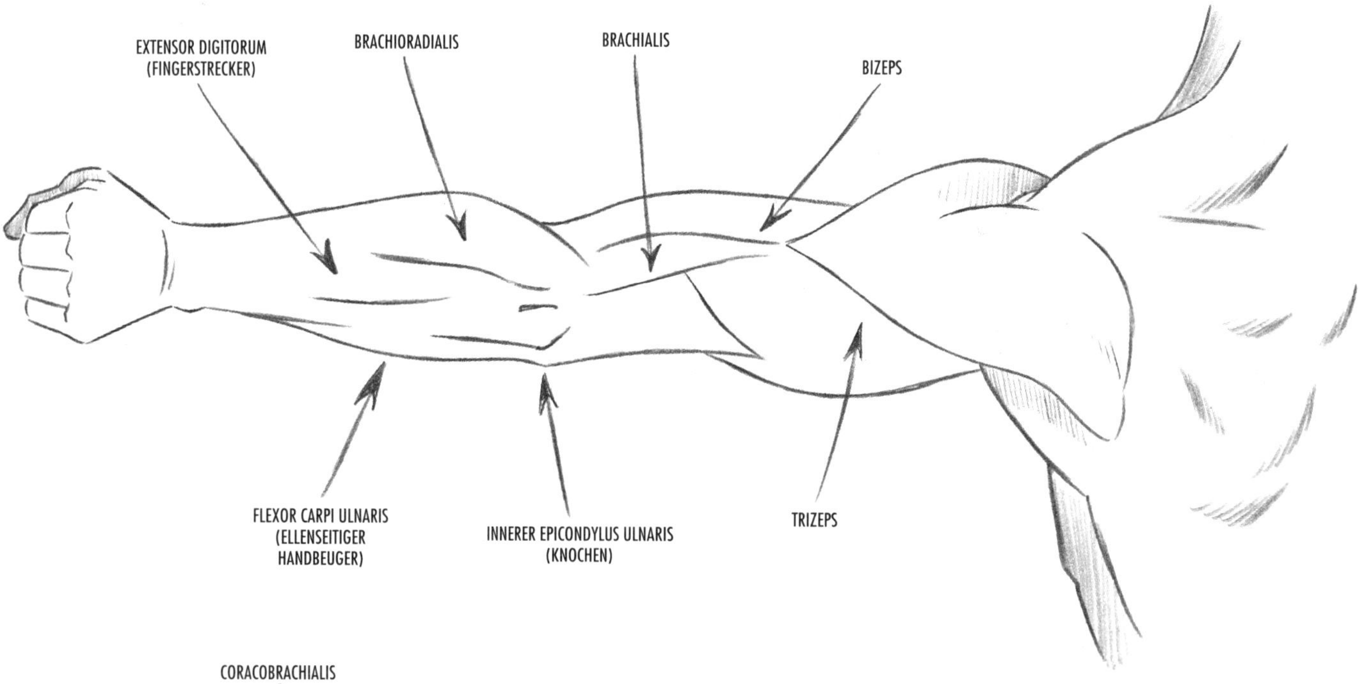

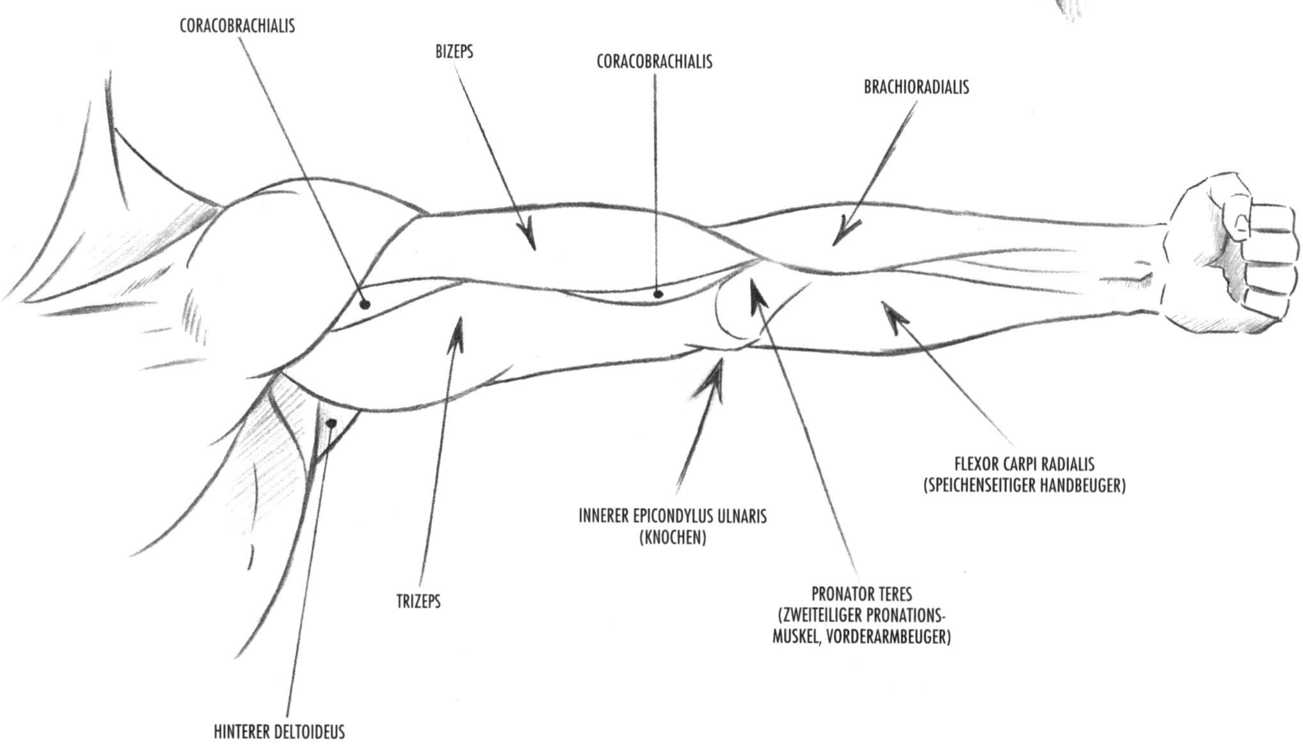

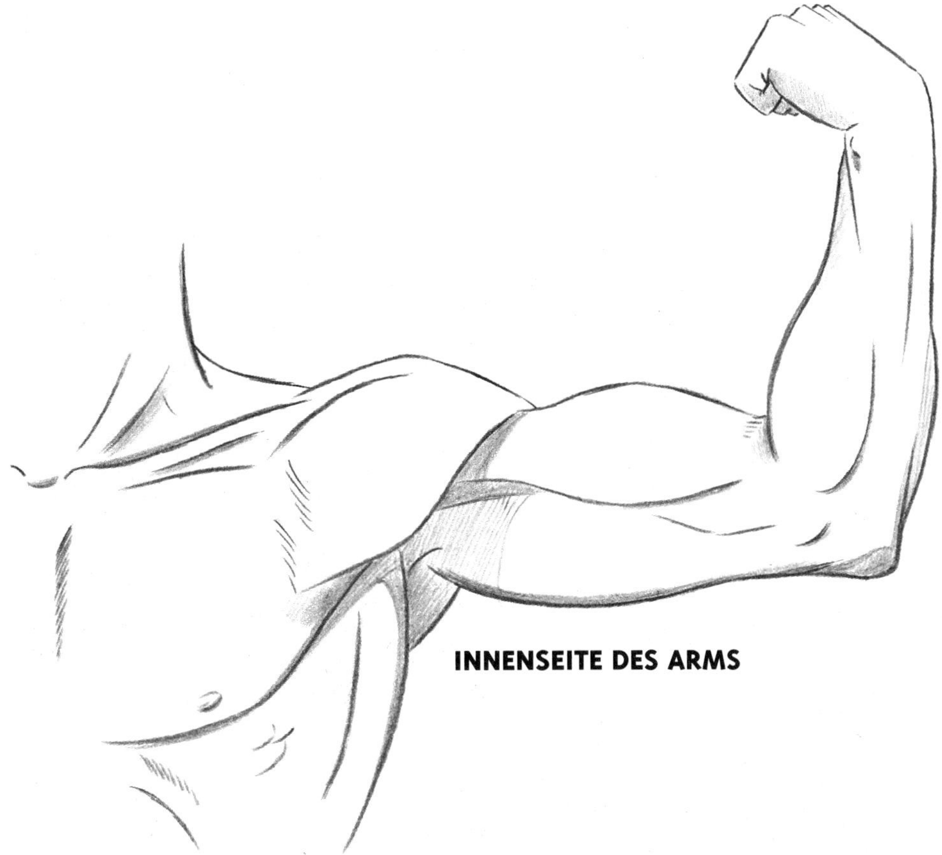

INNENSEITE DES ARMS

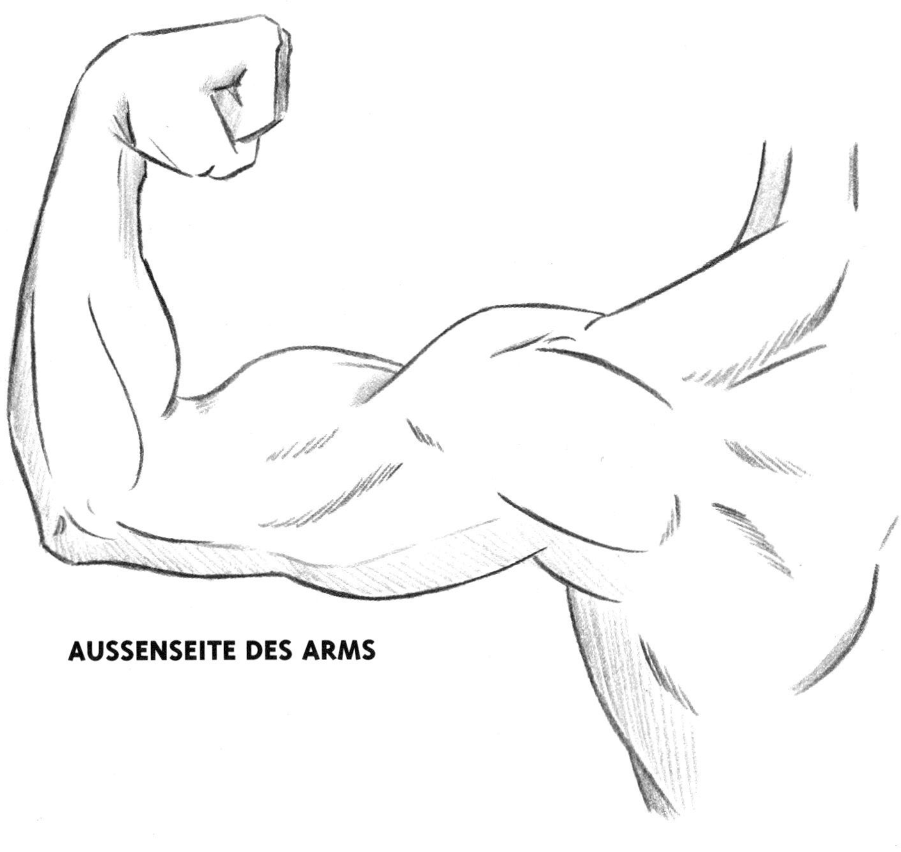

AUSSENSEITE DES ARMS

SICHTBARE ARMKNOCHEN

Die Armmuskeln zählen zu den am häufigsten benutzten Muskeln des Körpers. Folglich sind sie meist stark ausgeprägt.

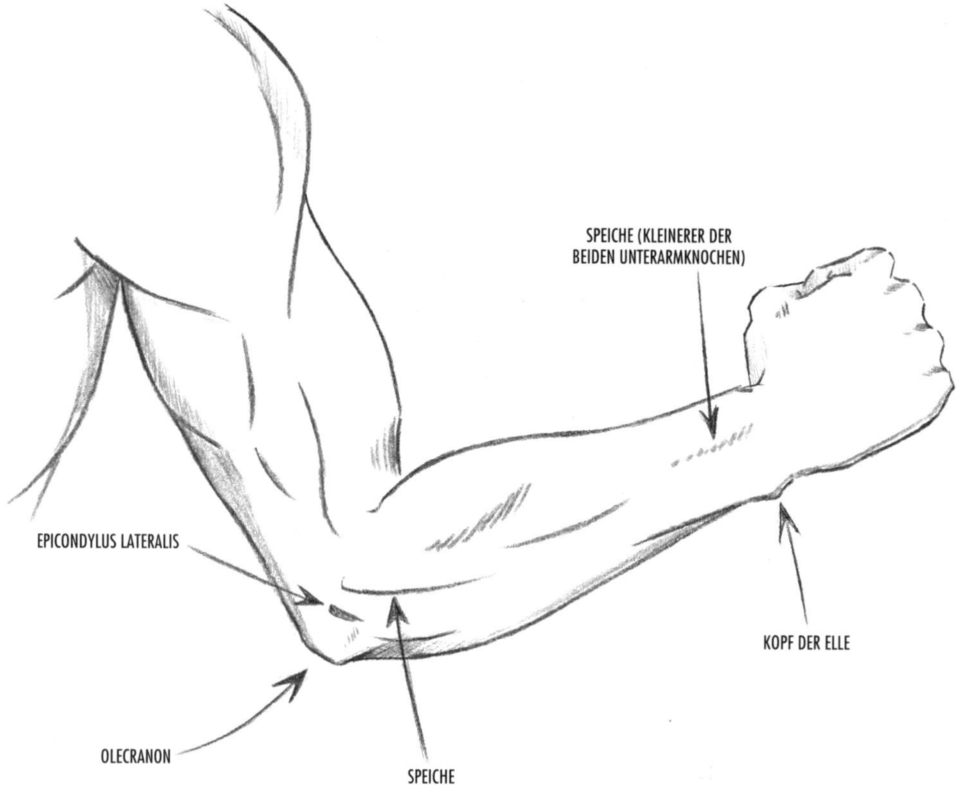

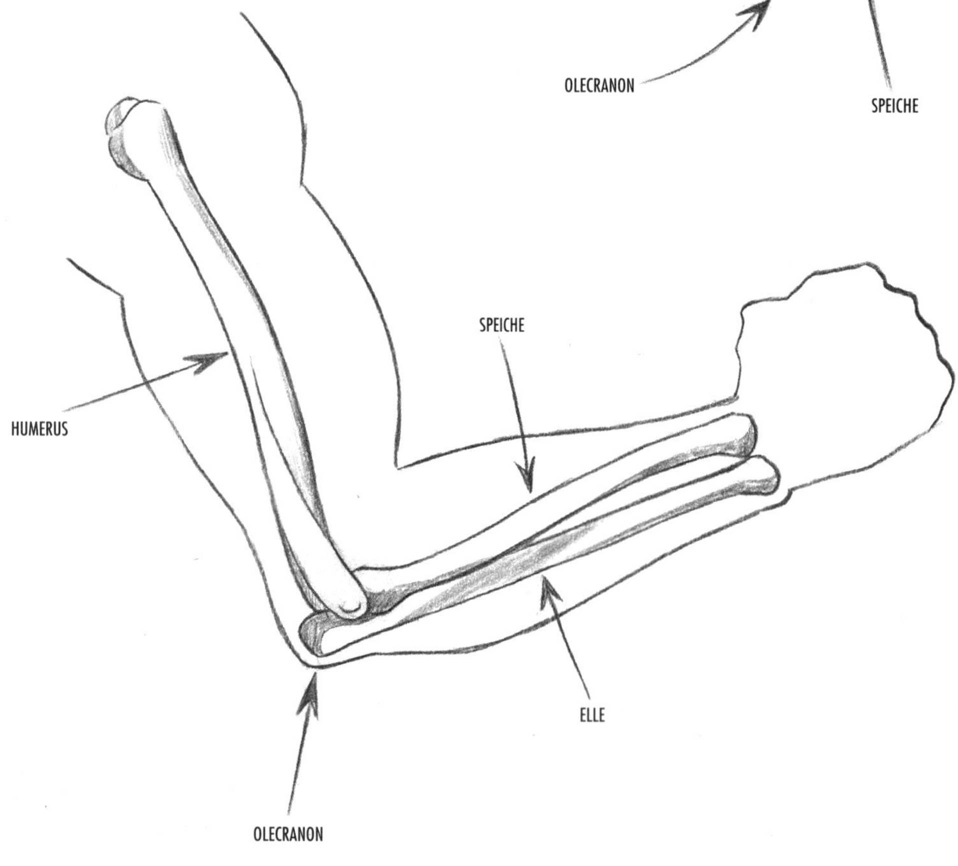

DER UNTERARM

Der Unterarm besitzt die einzigartige Fähigkeit, seine beiden parallel verlaufenden Knochen bei einer Armdrehung so zu verdrehen, dass der eine (die Speiche) über dem anderen (der Elle) liegt. Durch die Drehbewegung der Knochen werden auch einige Muskeln korkenzieherähnlich verdreht (siehe Abbildungen).

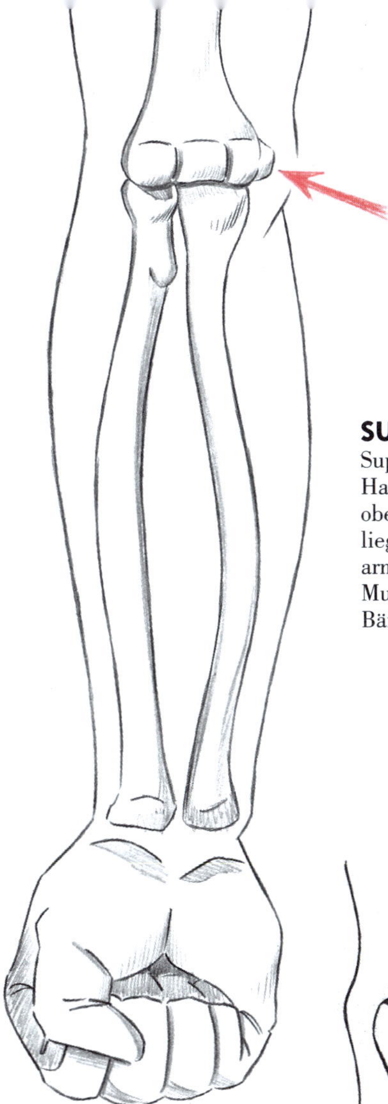

SUPINATION

Supination bedeutet, dass die Handfläche nach vorne oder oben zeigt. In dieser Position liegen beide Knochen im Unterarm parallel zueinander. Die Muskeln gehen an der Hand in Bänder über.

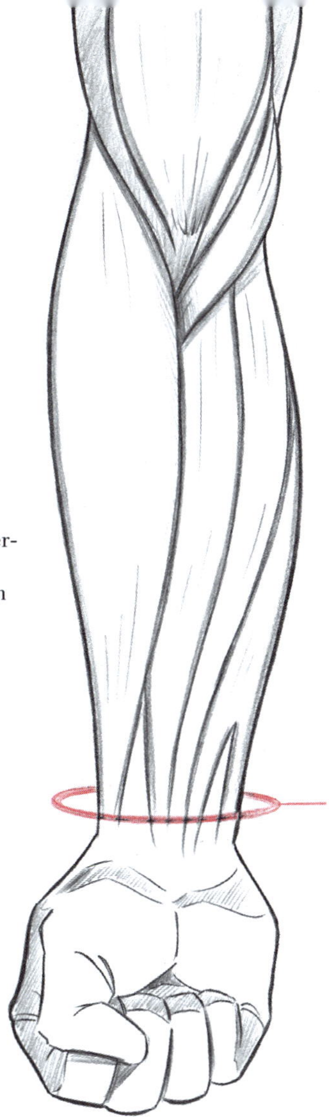

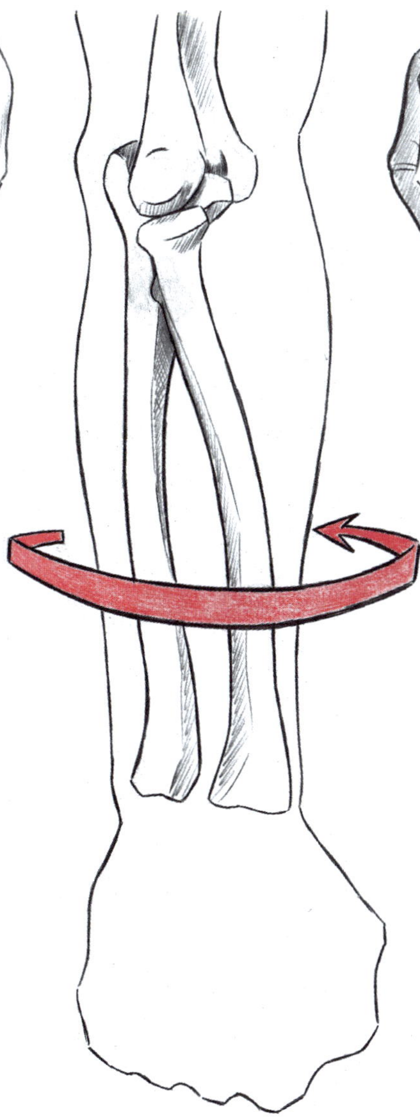

PRONATION

Pronation bedeutet, dass die Handfläche nach unten oder hinten zeigt. Durch Drehung des Unterarms kreuzt die Speiche, der kürzere der beiden Knochen, die Elle. Denke daran, dass die Elle der Knochen ist, der das charakteristisch hervorstehende Ellenbogengelenk sowie den hervorstehenden Knochen am Handgelenk bildet. Achte auf den Verlauf der Muskeln.

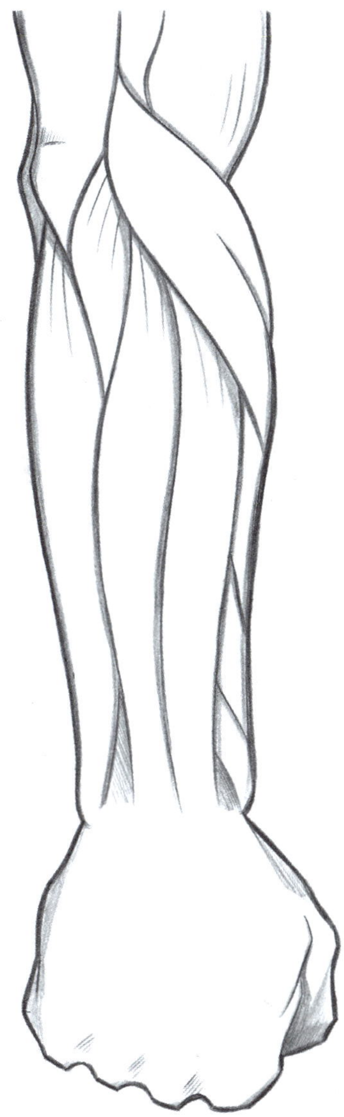

UNTER DEM ARM

Bei erhobenen Armen wird der als Teres major bezeichnete Muskel sichtbar. Das kann etwas verwirrend sein, da es sich auf den ersten Blick um den Schultermuskel zu handeln scheint. Es ist jedoch der Teres major, der sich vom Schulterblatt über und unter den Arm erstreckt.

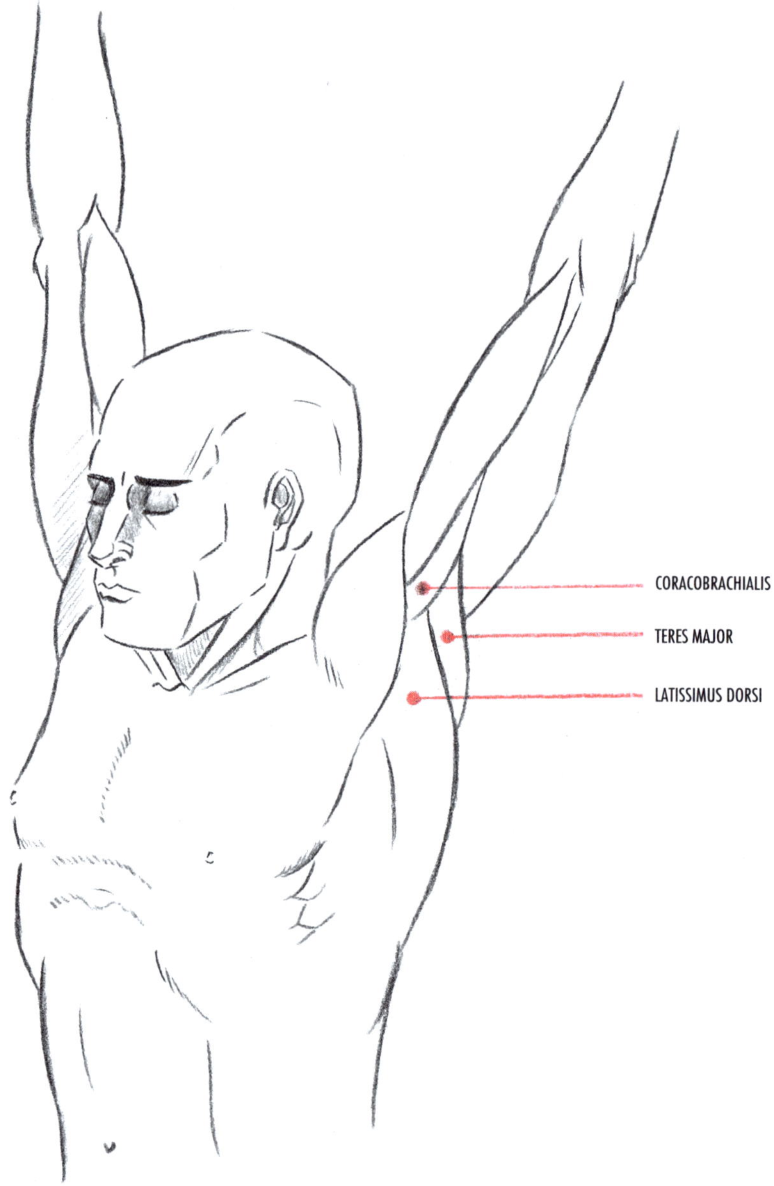

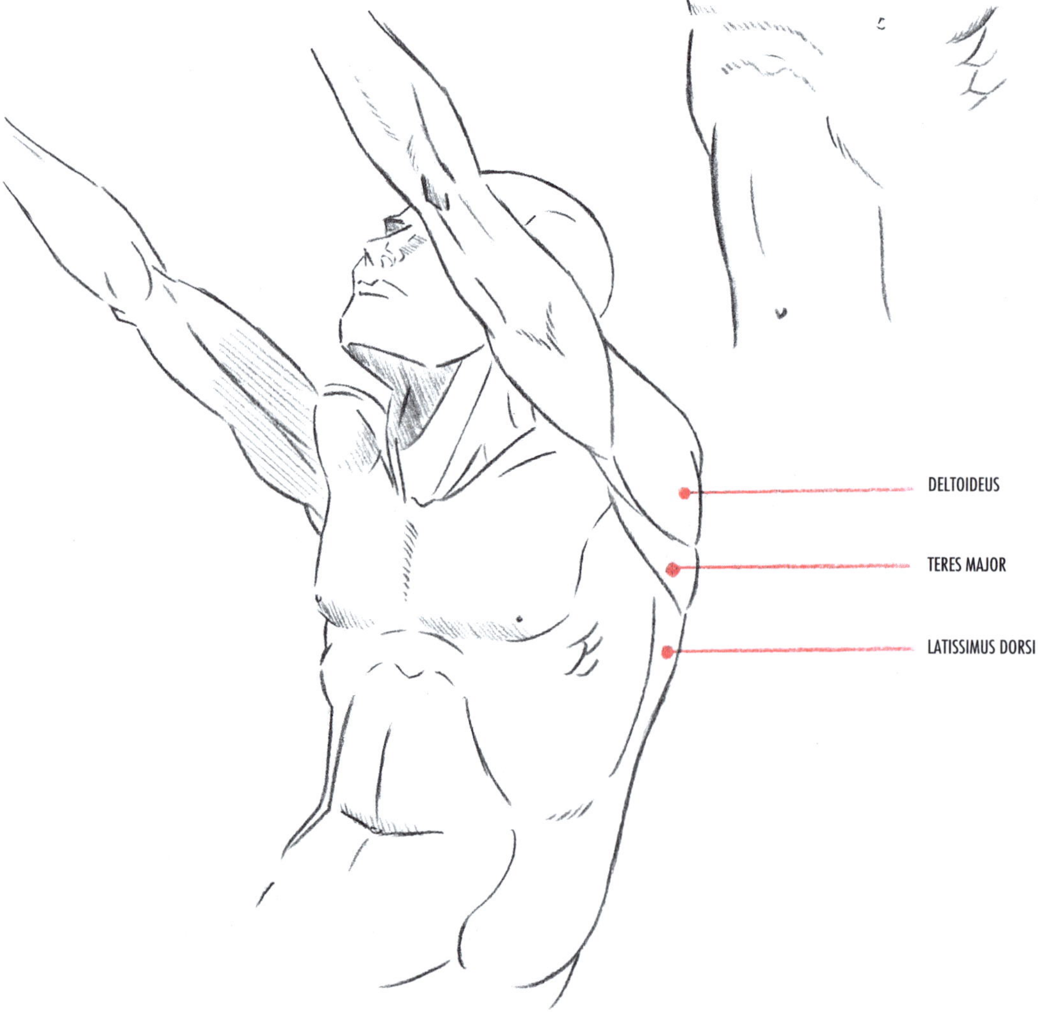

DIE SCHULTER

Der Schultermuskel, genannt Deltoideus oder Deltamuskel, besteht eigentlich aus drei Teilen: Rückseite, Mitte und Vorderseite. Außer bei athletisch gebauten Menschen und in einer bestimmten Armhaltung sind diese drei Muskelpartien nicht immer sichtbar. Wenn der Arm z. B. über Schulterhöhe hinaus angehoben wird, lassen sich die drei Stränge des Deltamuskels leichter erkennen.

Die Schulter ist auch von der Seite noch sichtbar.

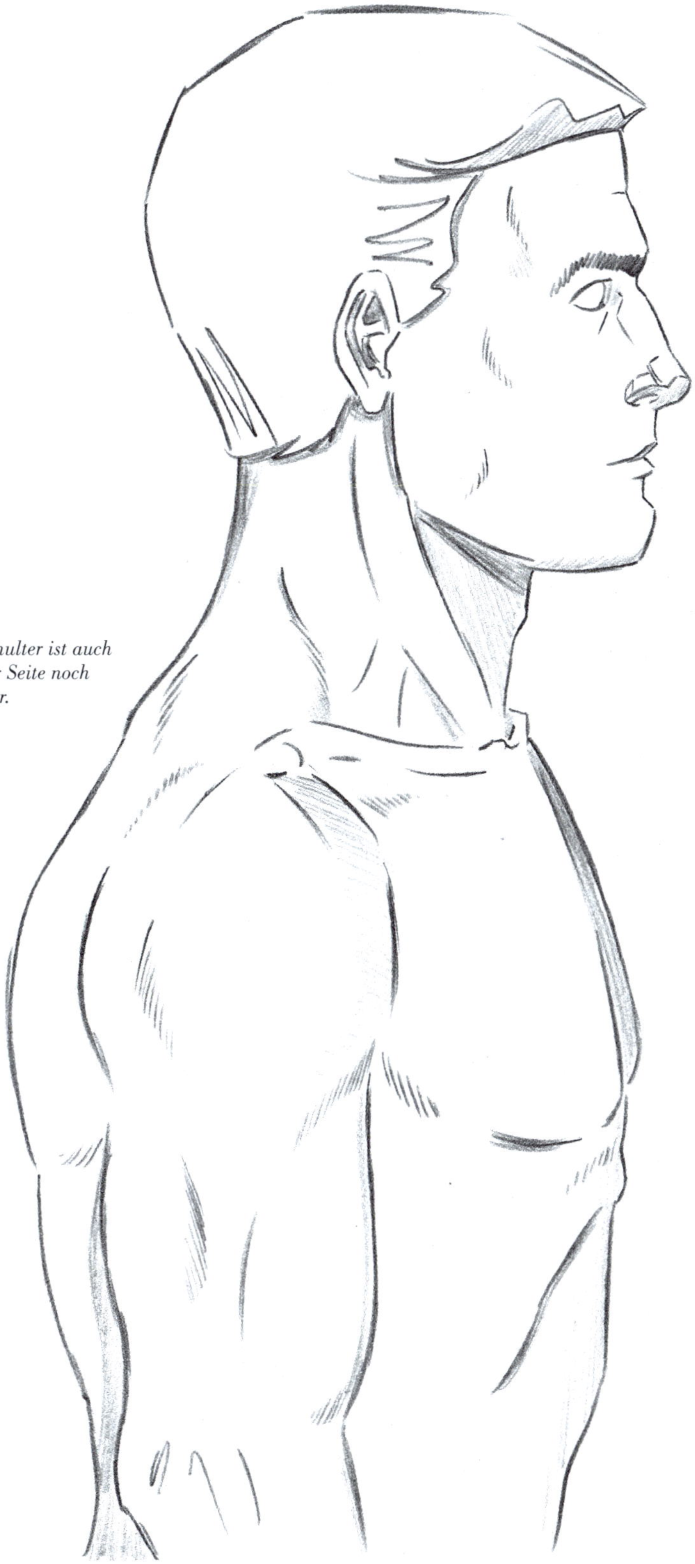

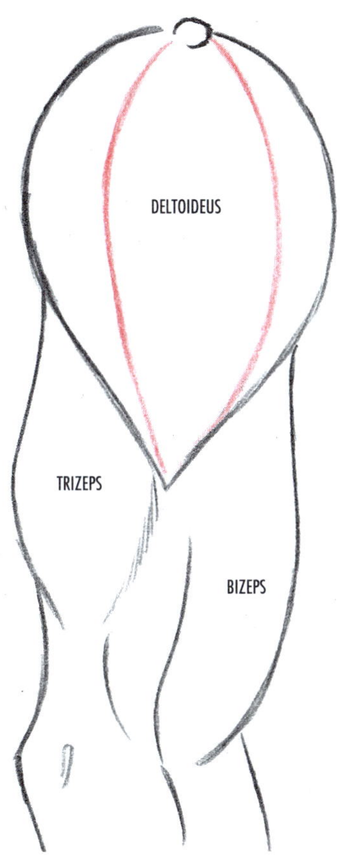

DAS SCHULTERBLATT

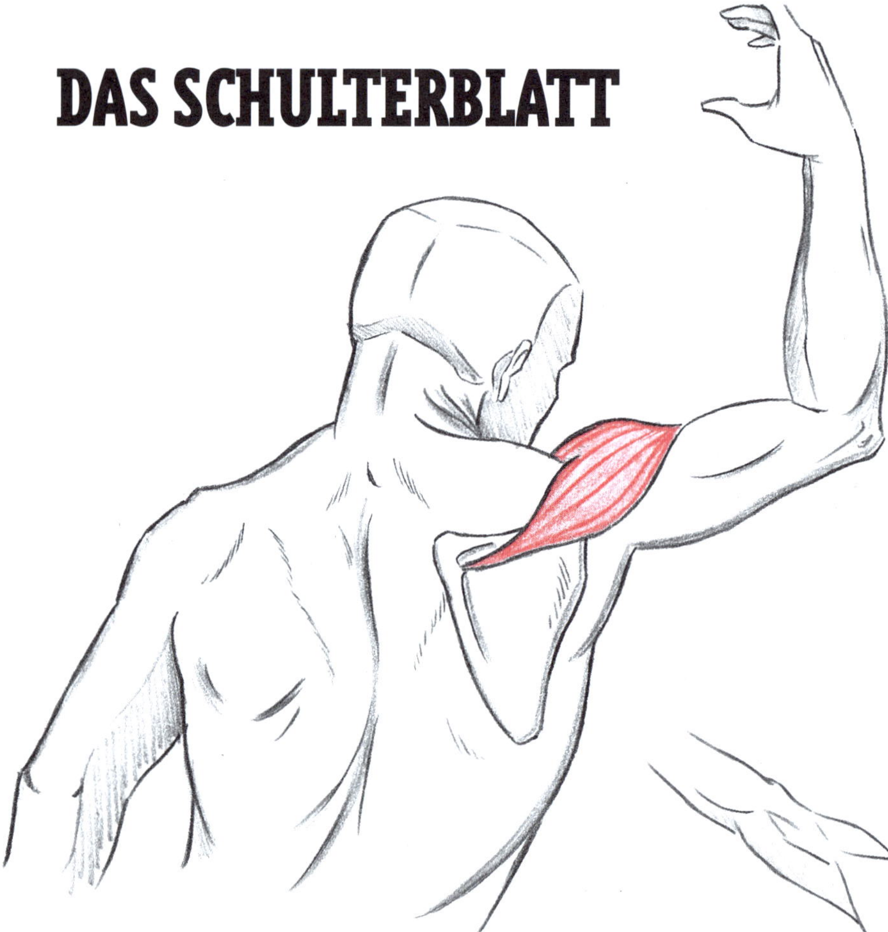

Die Schultermuskeln verjüngen sich und enden an der so genannten Schultergräte, einem Knochen auf dem Schulterblatt. Achte auf den Verlauf der Schulter vom Rücken zur Vorderseite des Körpers.

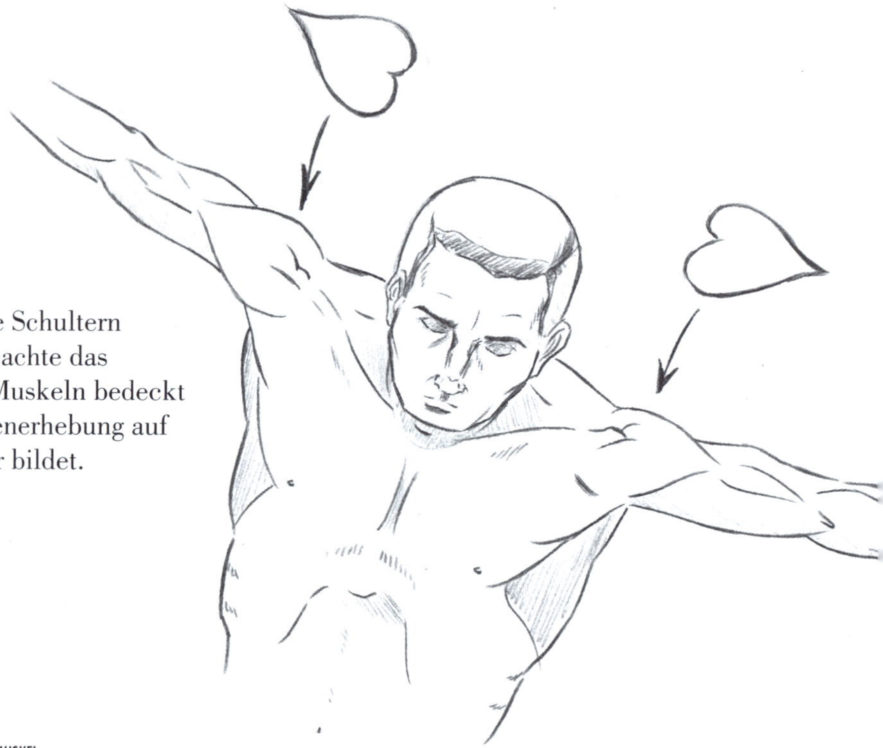

Erhobene Arme lassen die Schultern herzförmig erscheinen. Beachte das Acromion, das nicht von Muskeln bedeckt ist und daher eine Knochenerhebung auf der Oberseite der Schulter bildet.

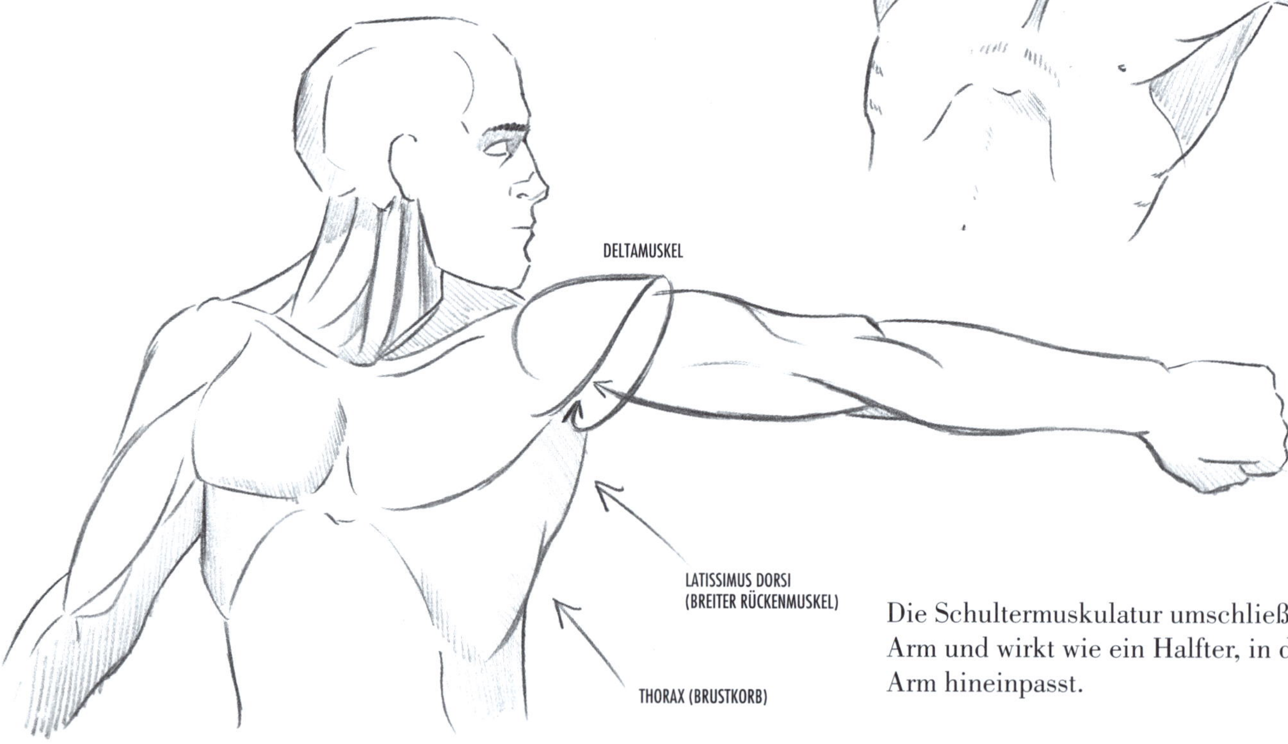

Die Schultermuskulatur umschließt den Arm und wirkt wie ein Halfter, in das der Arm hineinpasst.

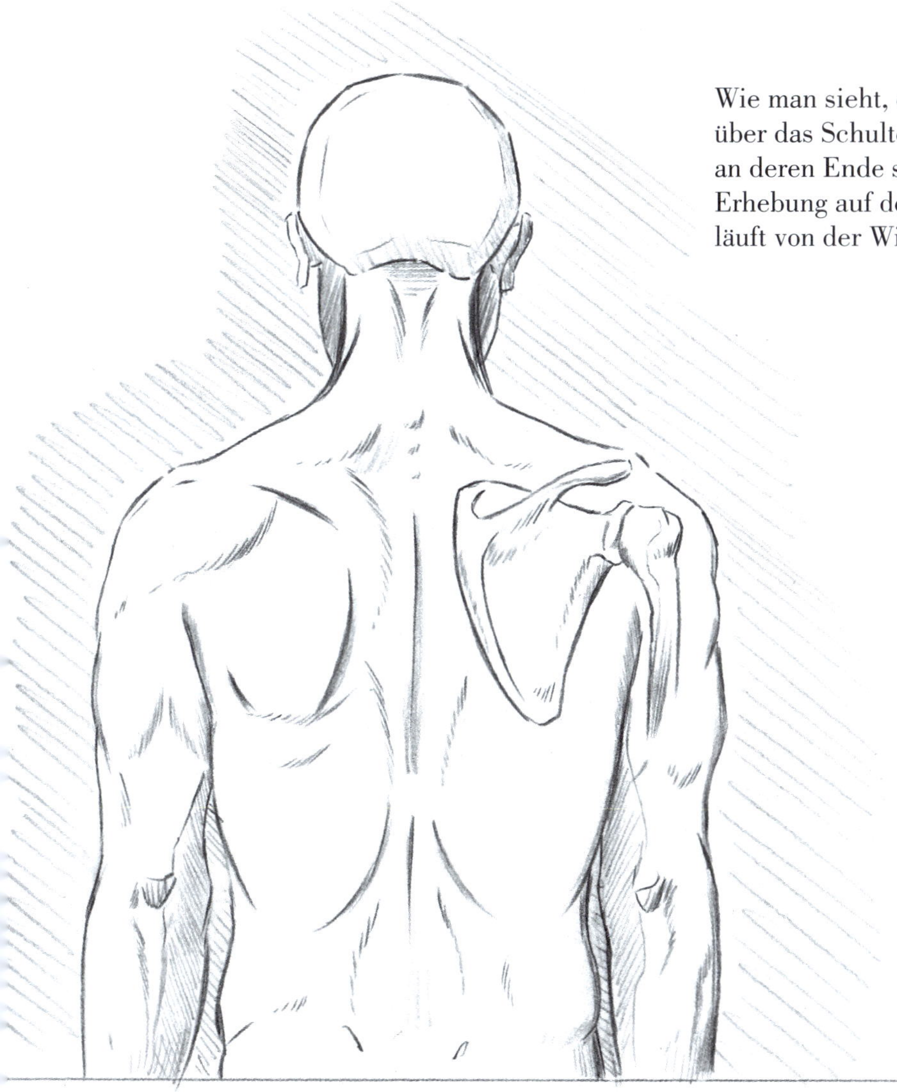

Wie man sieht, entspringt dem Schulterblatt ein Knochen, der über das Schulterblatt selbst hinausragt. Es ist die Schultergräte, an deren Ende sich das Acromion befindet. Dieses bildet eine Erhebung auf der Schulter. Die Wölbung des Schulterblatts verläuft von der Wirbelsäule weg.

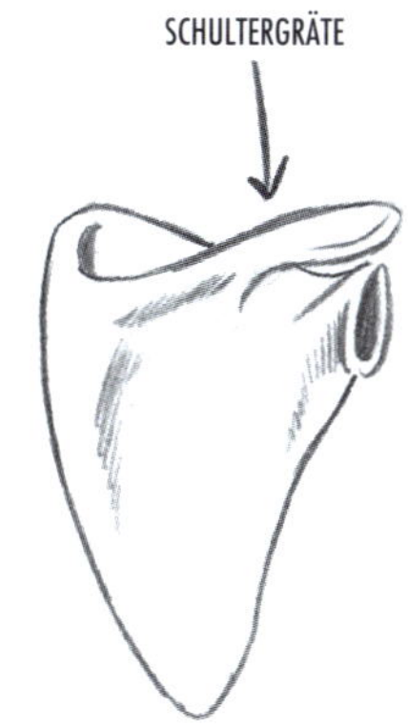

POSITION DES SCHULTERBLATTS

Das Schulterblatt ragt über den Brustkorb hinaus.

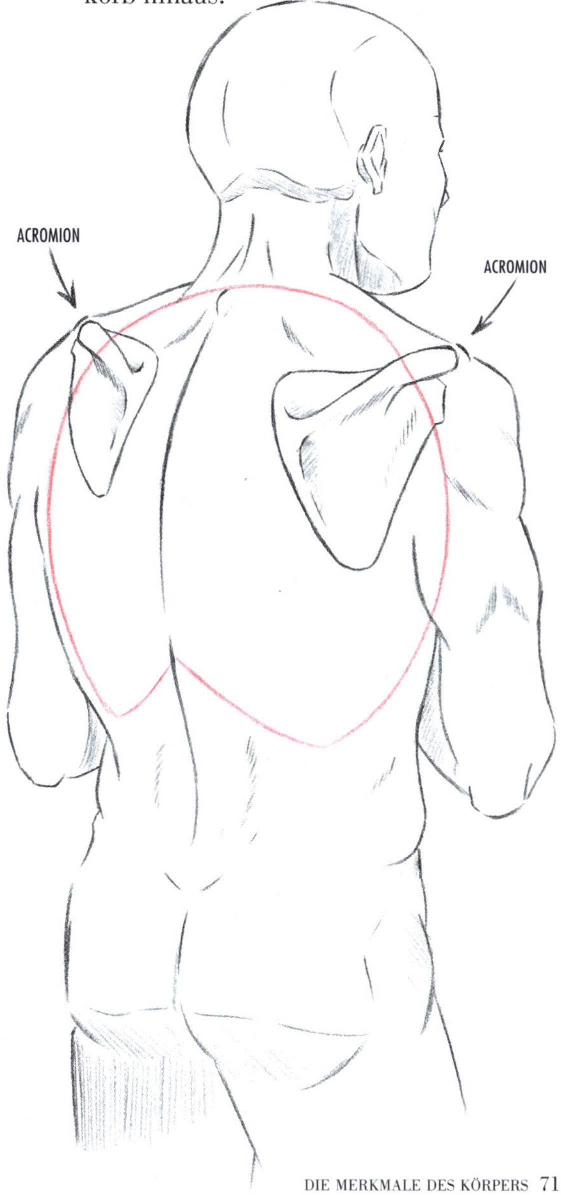

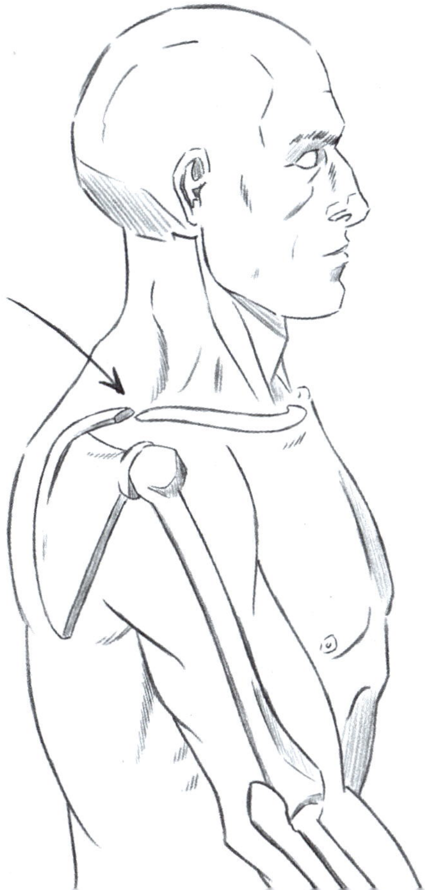

Das Schulterblatt ist am Schlüsselbein mit dem Skelett verbunden.

ANSATZ DES SCHULTERBLATTS AM SKELETT

Der einzige Knochen, der das Schulterblatt mit dem Skelett verbindet, ist das Schlüsselbein.

DIE BEWEGLICHEN SCHULTERBLÄTTER

Die Schulterblätter sind nicht fest am Rücken verankert und können sich daher mit dem Arm über eine relativ große Distanz bewegen.

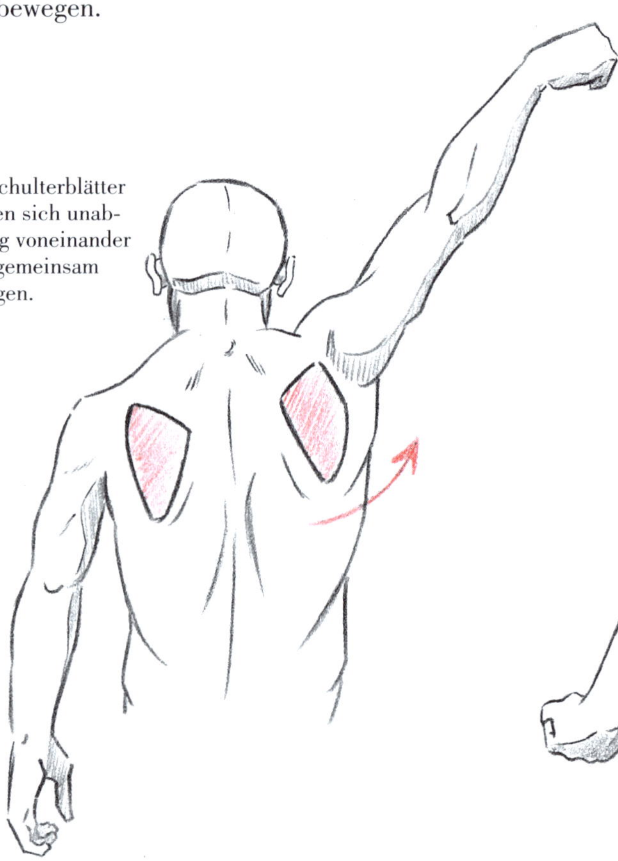

Die Schulterblätter können sich unabhängig voneinander oder gemeinsam bewegen.

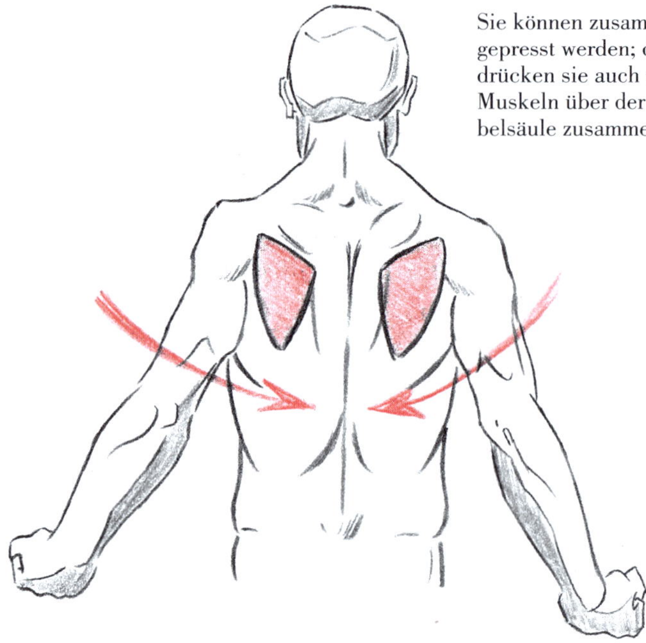

Sie können zusammengepresst werden; dabei drücken sie auch die Muskeln über der Wirbelsäule zusammen.

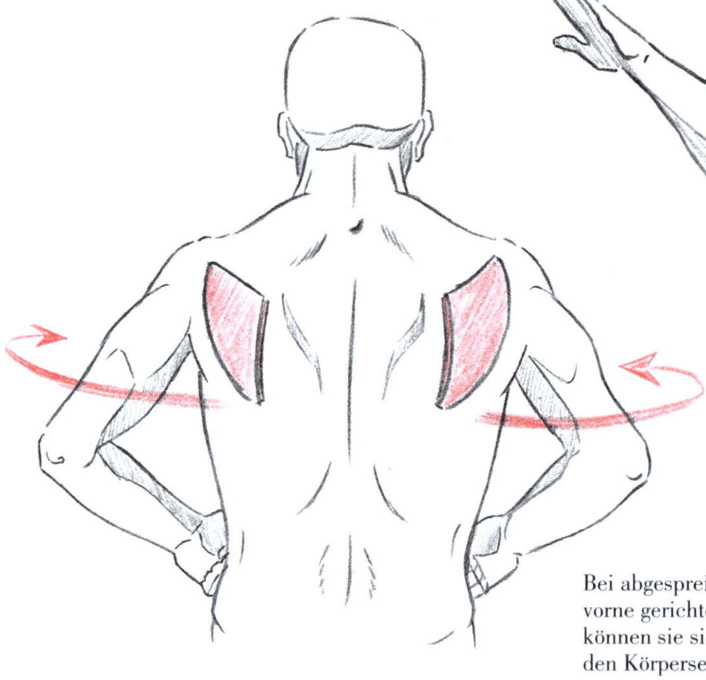

Bei abgespreizten und nach vorne gerichteten Armen können sie sich fast bis zu den Körperseiten bewegen.

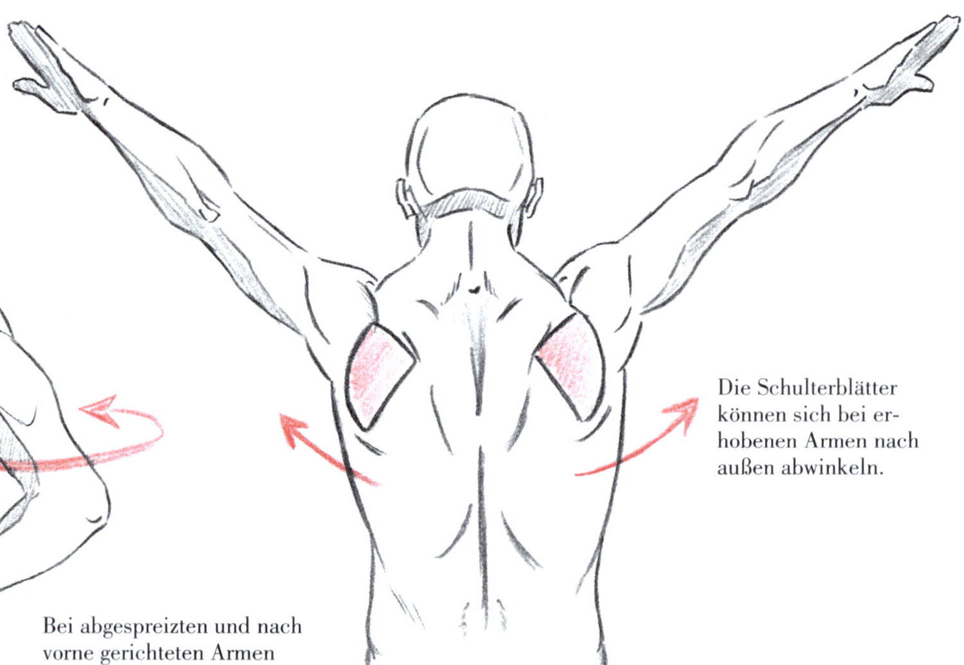

Die Schulterblätter können sich bei erhobenen Armen nach außen abwinkeln.

DER RÜCKEN OHNE MUSKELN

Der Rücken bildet eine Kombination aus vielen Muskeln. Die folgenden Seiten widmen sich den wichtigsten Muskeln. Schauen wir uns aber zunächst den Knochenaufbau an. Der Brustkorb wurde weggelassen, um die Zeichnung übersichtlicher zu machen. Betrachten wir die wichtigsten Knochenmerkmale des Rückens: Der siebte Halswirbel verbindet den Hals mit dem Rücken und tritt wie das Schulterblatt und das Becken, das sich am unteren Ende der Wirbelsäule befindet, hervor.

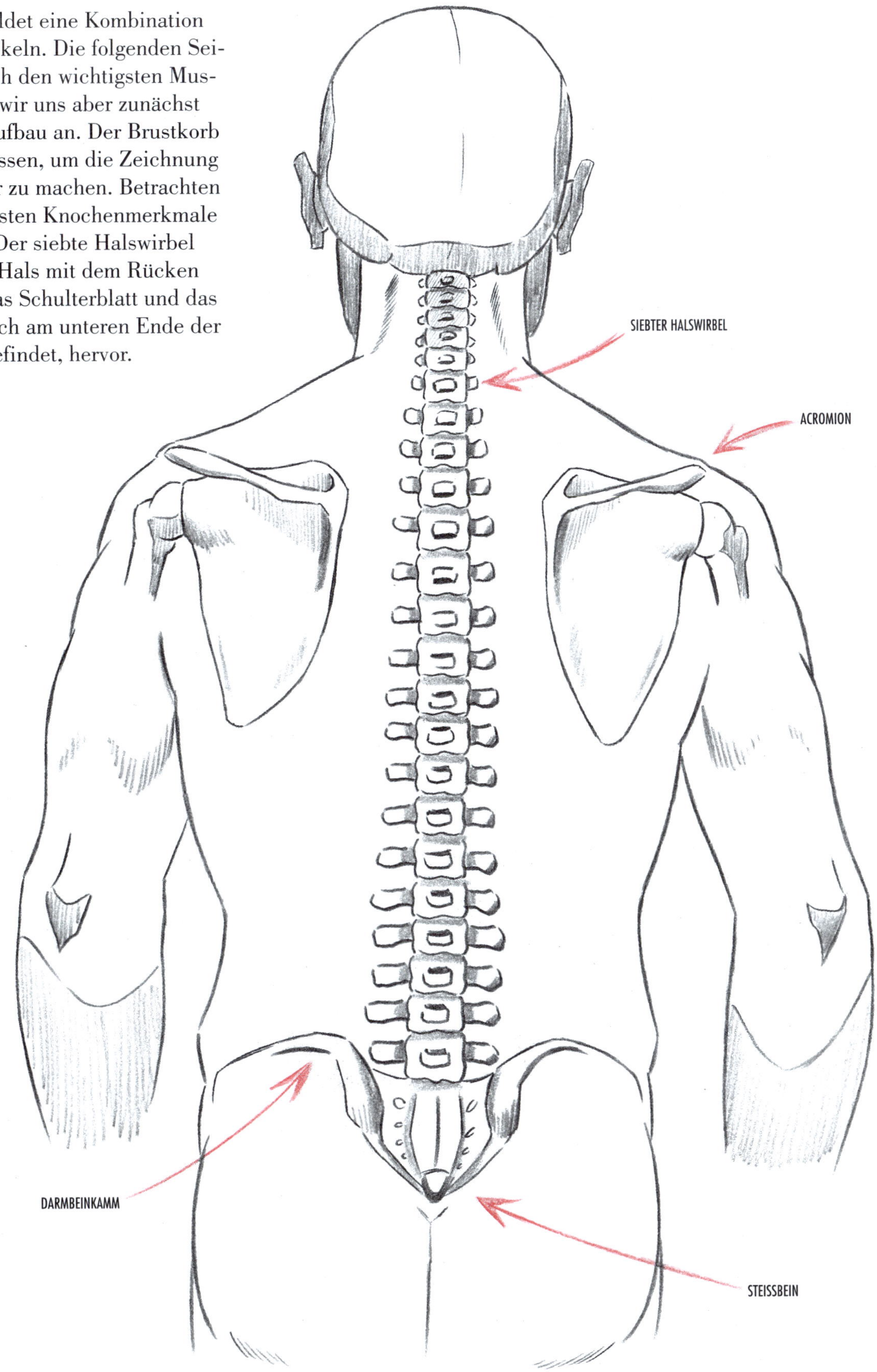

DIE GROSSEN RÜCKENMUSKELN

Fügen wir nun die obere Hälfte des Trapezmuskels hinzu, der ohne Unterbrechung von der Schädelbasis zur Rückenmitte verläuft. Anschließend zeichnen wir die breiten Rückenmuskeln, die größten Muskeln der Rückenmitte.

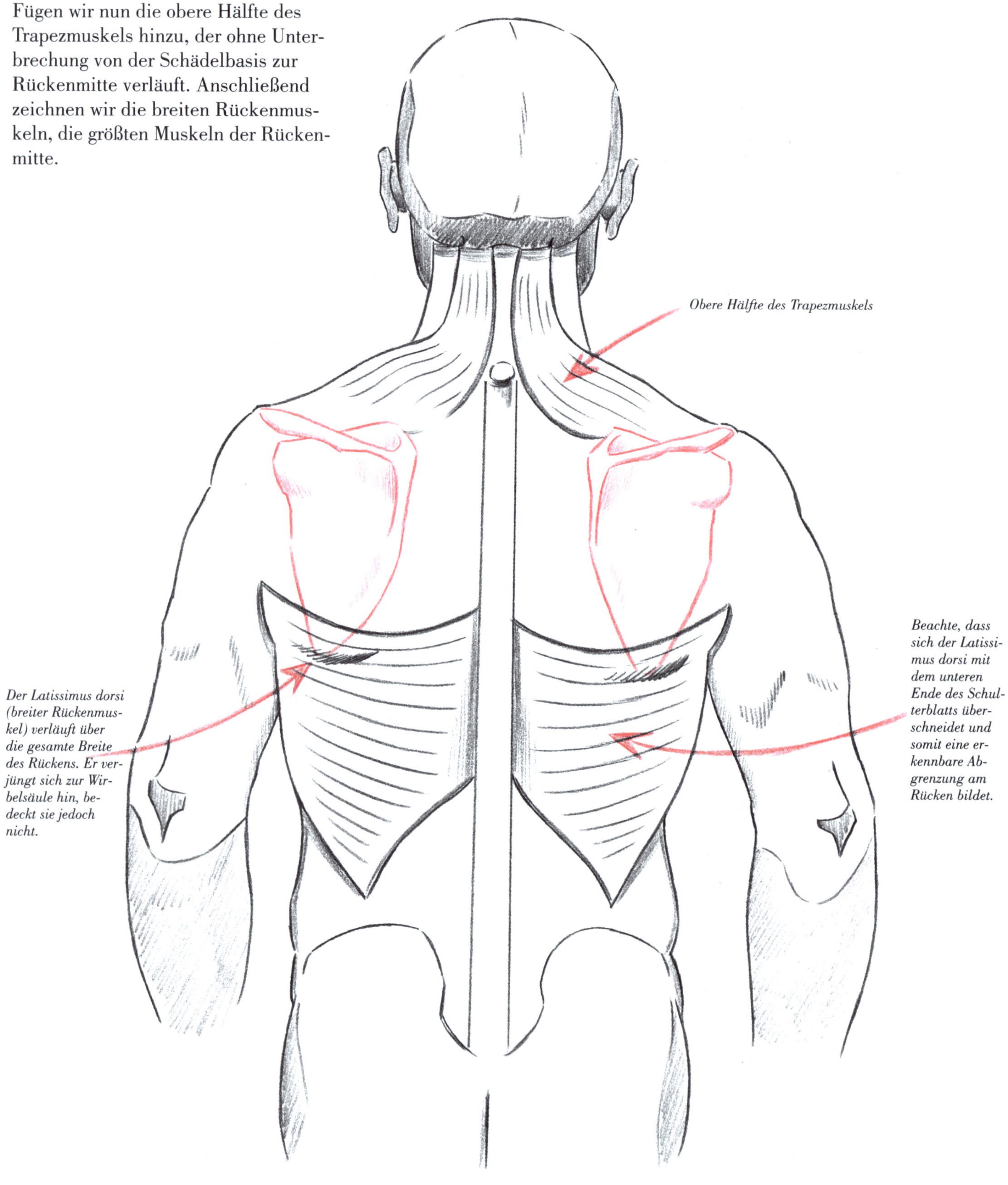

AUSGESTALTUNG DER RÜCKENMUSKELN

Nun ergänzen wir die untere Hälfte des Trapezmuskels. Beachte, dass die Region um den siebten Halswirbel herum eine Vertiefung in den Muskeln darstellt. Auch an den Schulterblättern setzen mehrere wichtige Muskeln an. Aber Vorsicht: Wenn die Figur, die du zeichnest, kein Athlet ist, lässt du die Muskeln der Schulterblätter am besten weg. Dies gilt insbesondere für Frauenfiguren, da diese Muskeln bei Frauen weniger stark ausgeprägt sind. Deute stattdessen einen Teil der Schulterblattkontur sowie die breiten Rückenmuskeln an, und zwar die Stelle, an der sie sich mit dem unteren Ende des Schulterblatts überschneiden.

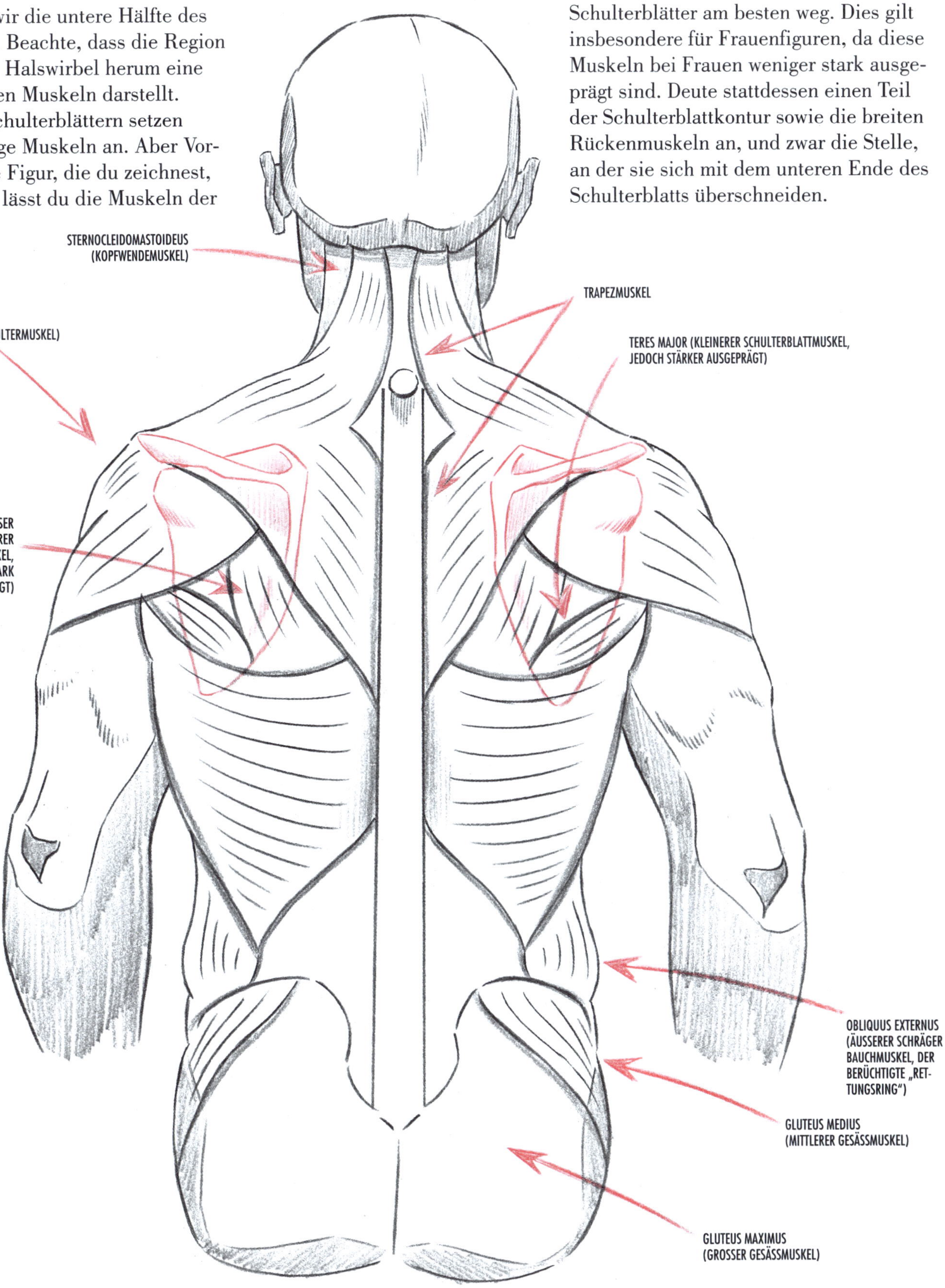

OBERFLÄCHLICHE RÜCKENMUSKELN: Der Athlet

So sehen die Rückenmuskeln bei einem durchtrainierten Menschen aus. Beachte, dass sich die Deltamuskeln bis auf den Rücken erstrecken. Die Muskeln, die das Schulterblatt bedecken, sind zwar nicht allzu kompliziert, doch sollte man ihre anatomische Struktur verstehen. Die breiten Rückenmuskeln bilden die größten Muskeln des Rückens. Teile der Wirbelsäule sind über den ganzen Rücken hinweg zu sehen. Am siebten Halswirbel ist eine kleine Vertiefung sichtbar. Dort beginnt der Hals.

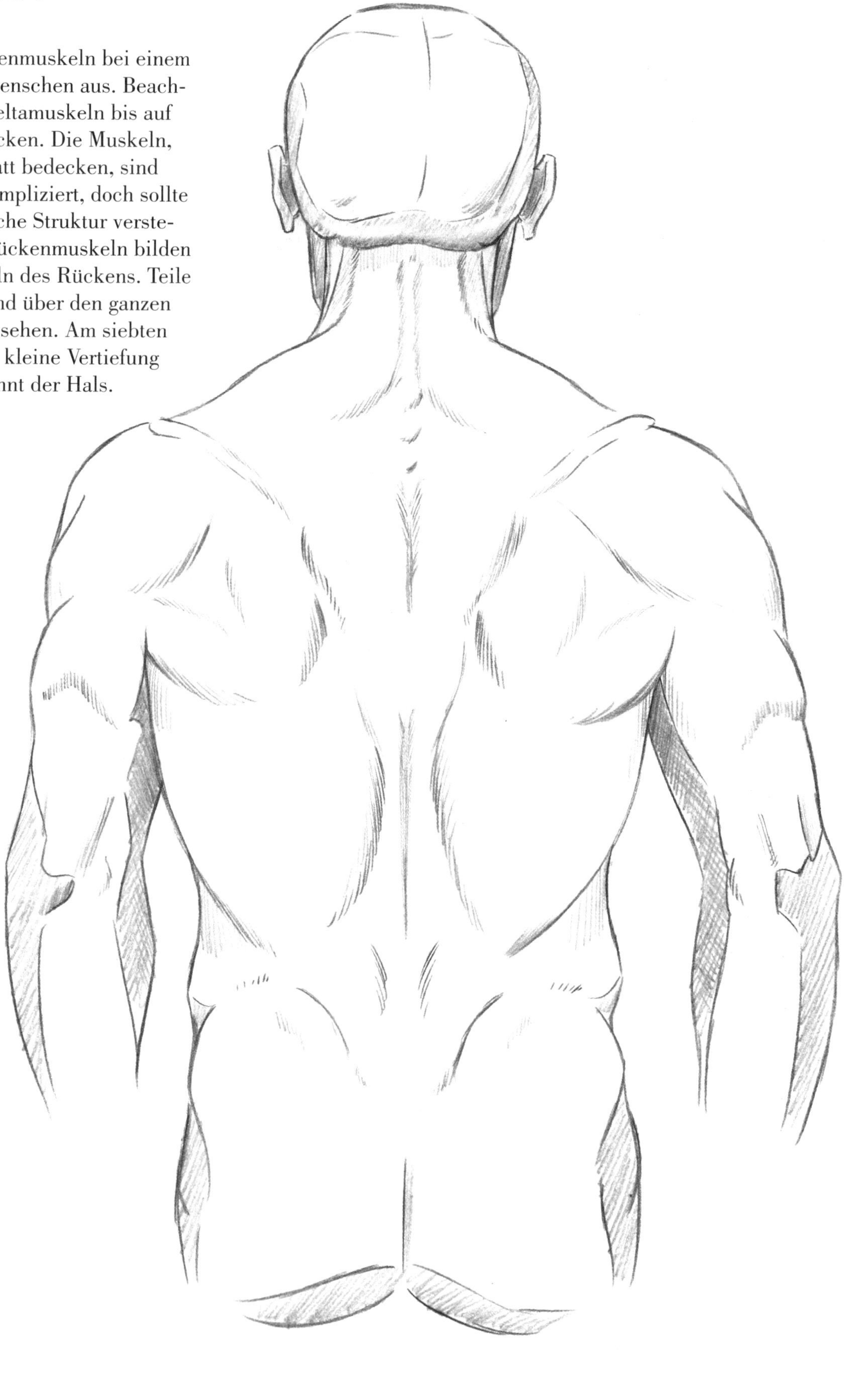

OBERFLÄCHENANATOMIE DES RÜCKENS: Der Durchschnittsmensch

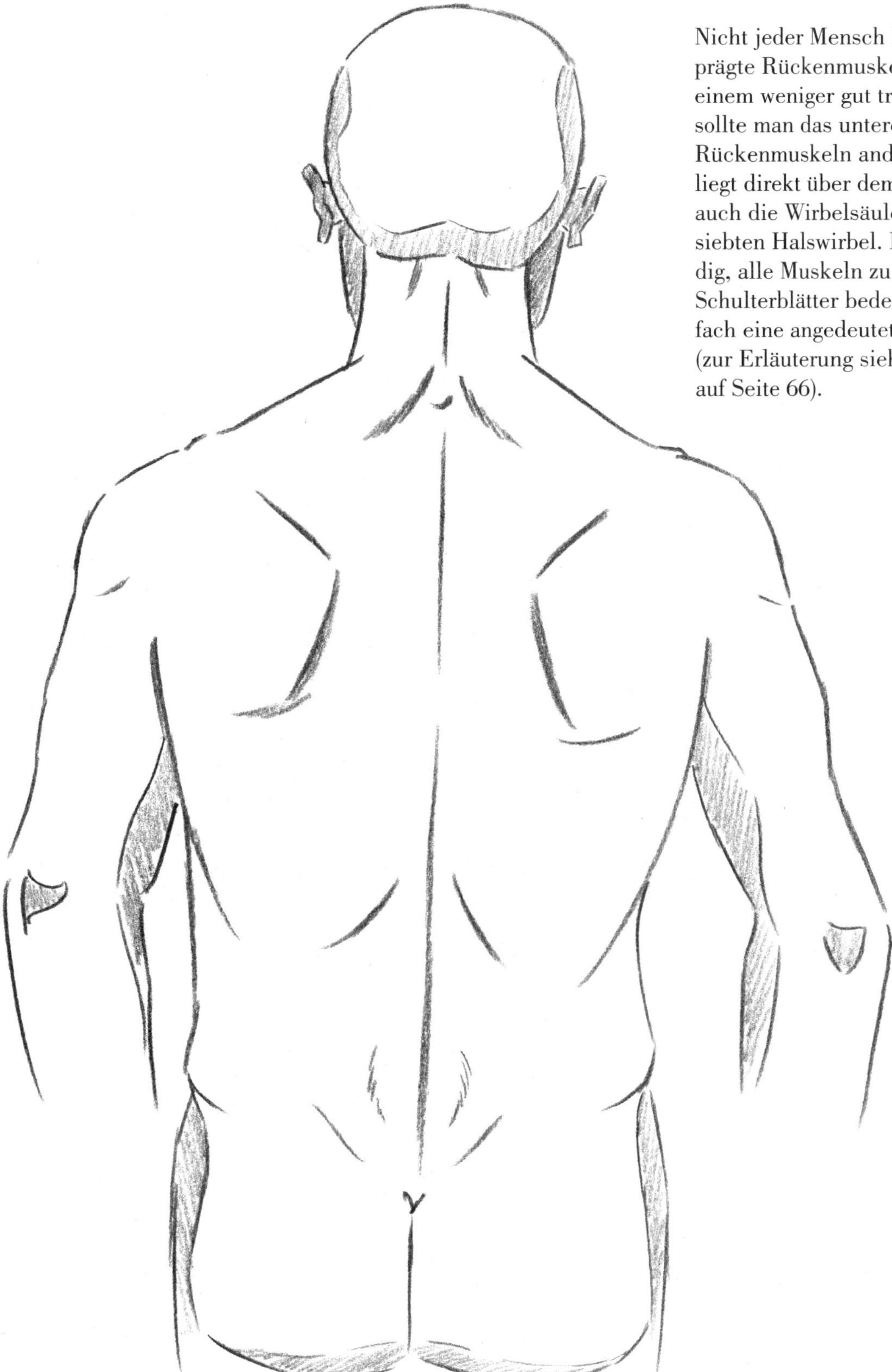

Nicht jeder Mensch hat so stark ausgeprägte Rückenmuskeln. Doch selbst bei einem weniger gut trainierten Körper sollte man das untere Ende der breiten Rückenmuskeln andeuten: Die Stelle liegt direkt über dem Kreuzbein. Deute auch die Wirbelsäule an, vor allem den siebten Halswirbel. Es ist nicht notwendig, alle Muskeln zu zeichnen, die die Schulterblätter bedecken. Zeichne einfach eine angedeutete Schultergräte (zur Erläuterung siehe Abbildungen auf Seite 66).

BRUST UND BRUSTKORB

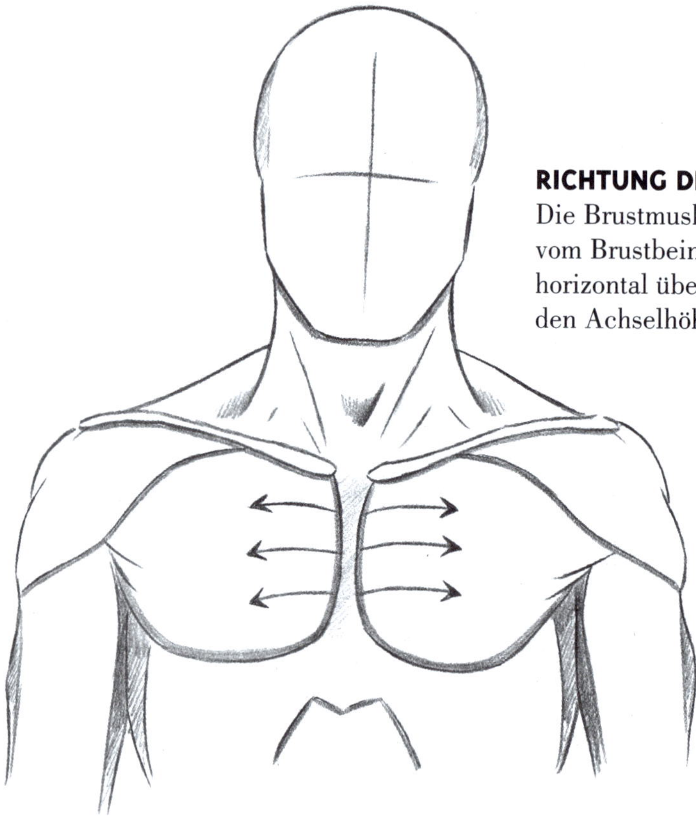

RICHTUNG DER BRUSTMUSKELN
Die Brustmuskeln dehnen sich vom Brustbein aus und verlaufen horizontal über die Brust bis zu den Achselhöhlen.

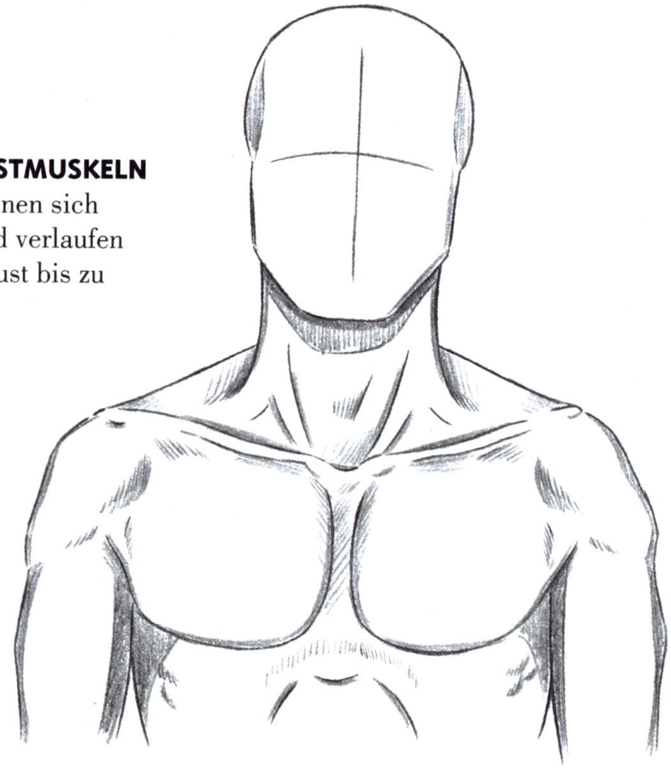

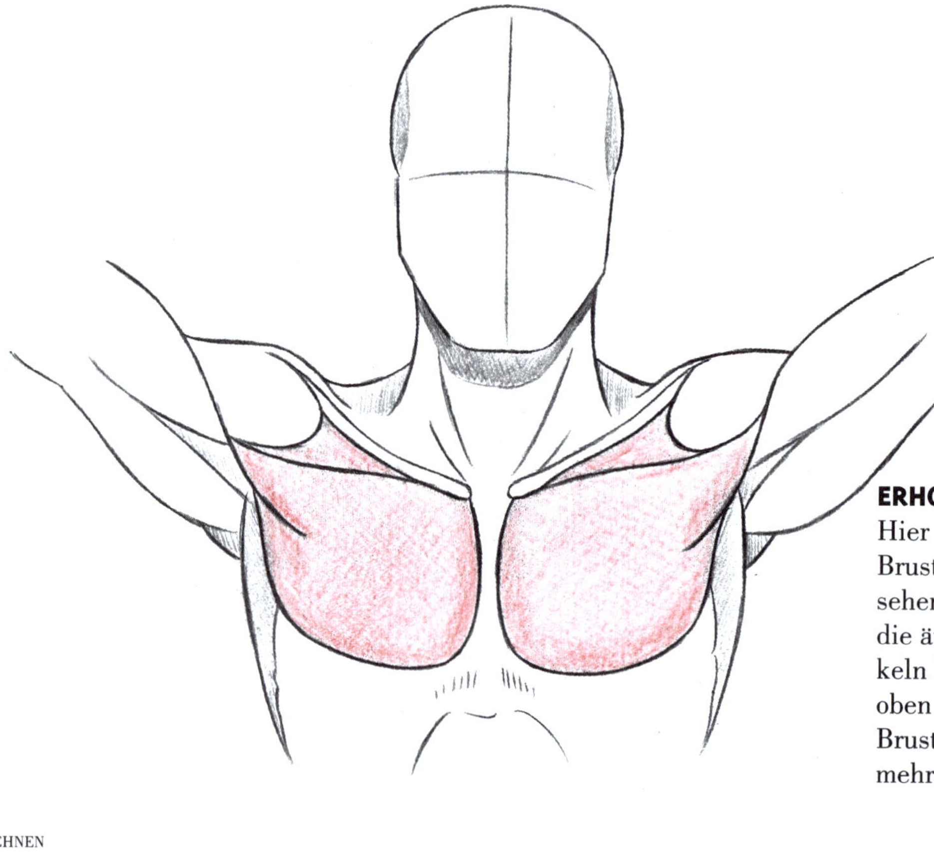

ERHOBENE ARME
Hier ist die Verbindung zwischen Brust- und Schultermuskeln zu sehen. Beachte, dass beim Mann die äußere Region der Brustmuskeln beim Heben der Arme nach oben gezogen wird und sich die Brustmuskeln dadurch nicht mehr so klar abzeichnen.

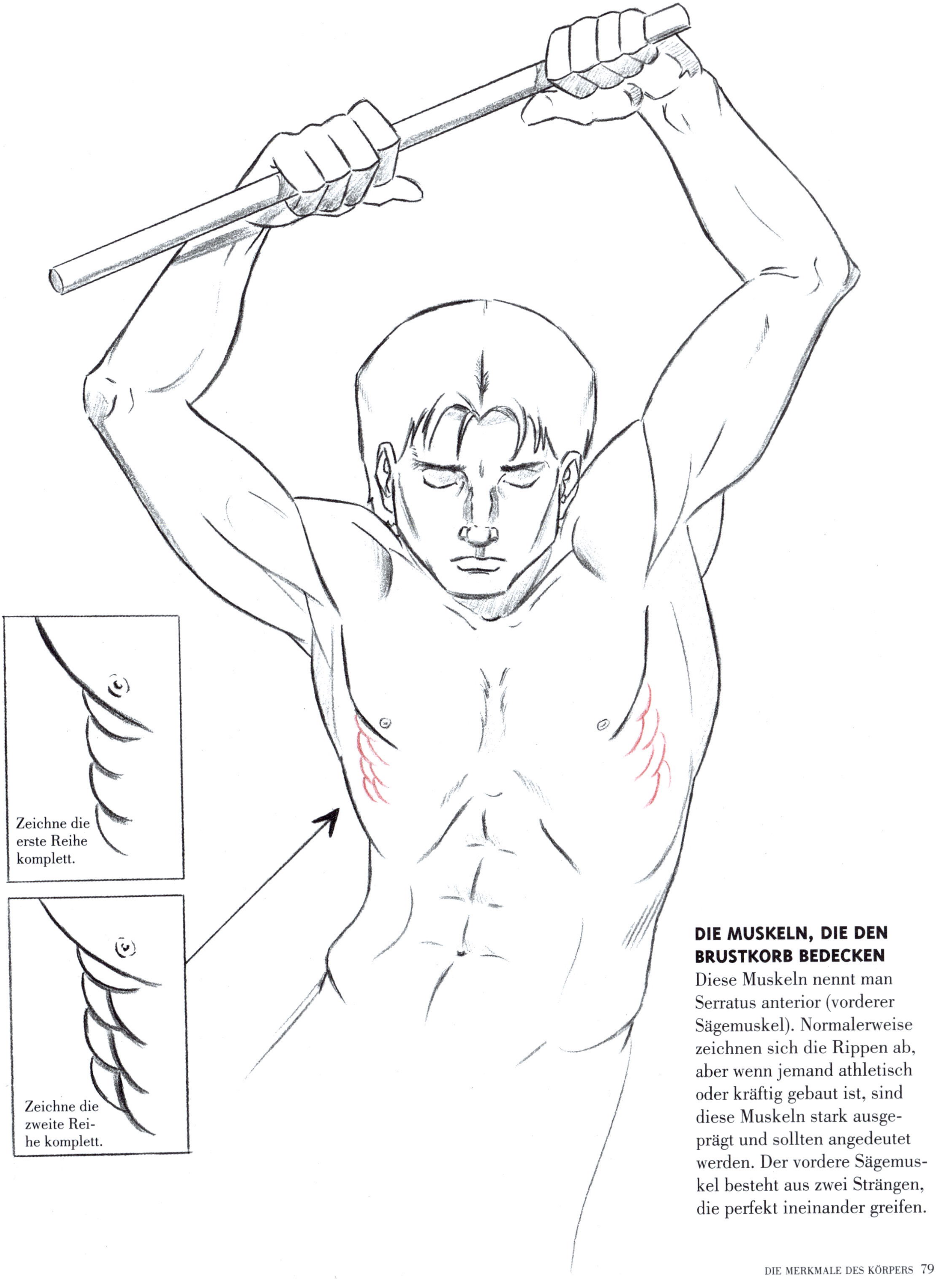

DIE MUSKELN, DIE DEN BRUSTKORB BEDECKEN

Diese Muskeln nennt man Serratus anterior (vorderer Sägemuskel). Normalerweise zeichnen sich die Rippen ab, aber wenn jemand athletisch oder kräftig gebaut ist, sind diese Muskeln stark ausgeprägt und sollten angedeutet werden. Der vordere Sägemuskel besteht aus zwei Strängen, die perfekt ineinander greifen.

DÜNNE MODELLE

Bei Frauen und durchschnittlich gebauten Männern genügt es in der Regel, nur die Rippen auf beiden Seiten des Brustkorbs anzudeuten. Indem dieses Modell die Luft anhält,wirkt der Brustkorb sehr ausgeprägt.

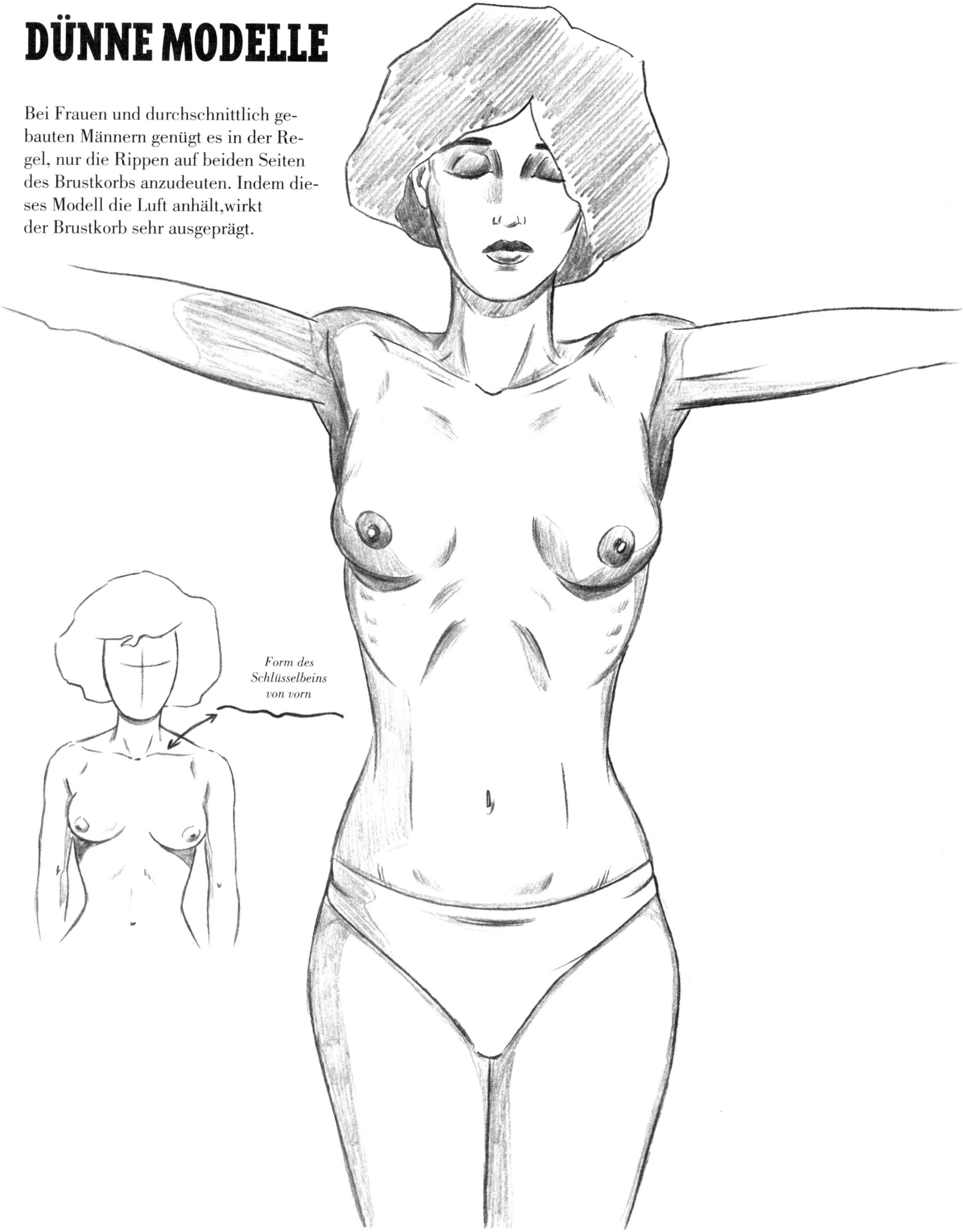

DIE GROSSEN BEINMUSKELN: Vorderansicht

Die Beinmuskeln sind lang und – außer bei Athleten – im Allgemeinen nicht so stark ausgeprägt wie die Armmuskeln. Sie bewirken die gebogene Form des Beins.

Der rot markierte Muskel ist der Sartorius (Schneidermuskel), der längste Muskel des Körpers. Er verleiht der Innenseite des Oberschenkels seinen geschwungenen Bogen von der Innenseite des Knies bis zur Hüfte. Der Unterschenkel ist nicht vollständig von Muskeln bedeckt. Das Schienbein liegt teilweise frei und ist daher so anfällig für Verletzungen.

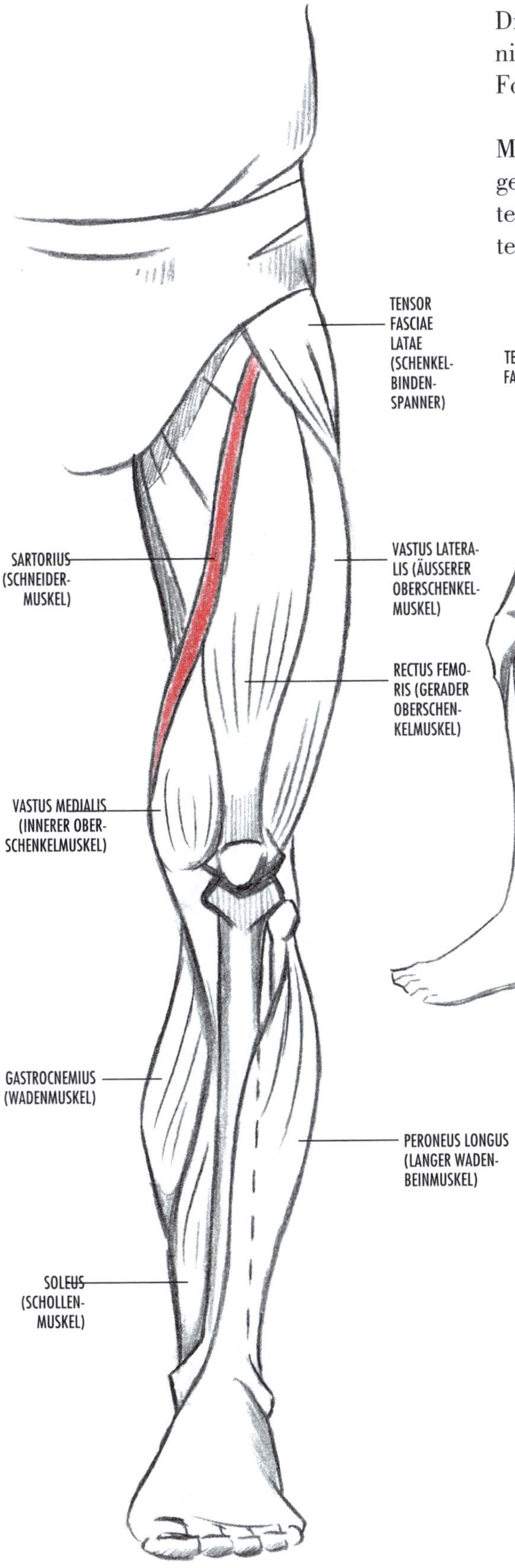

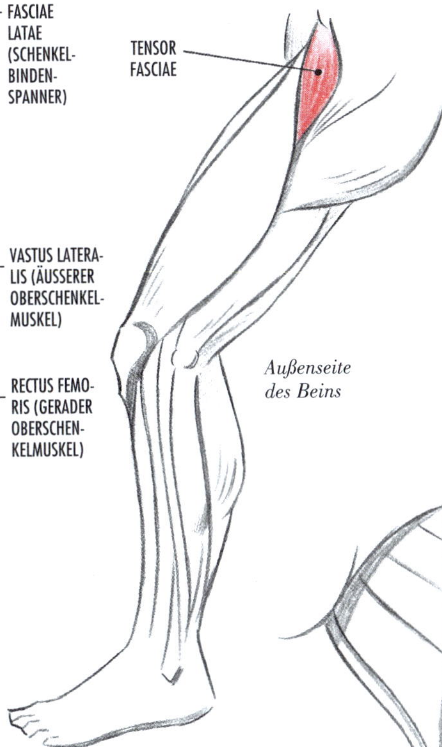

Außenseite des Beins

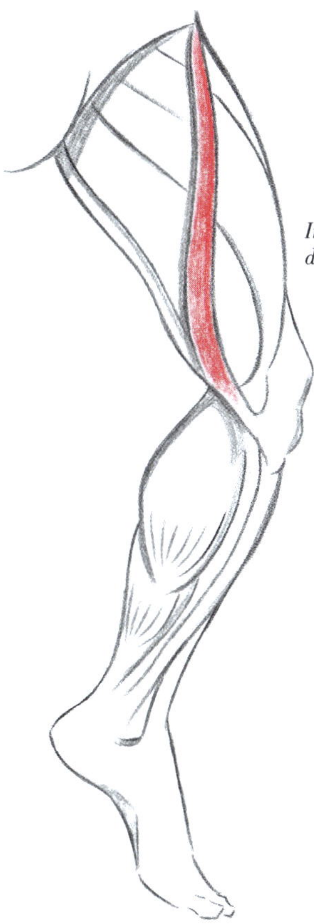

Innenseite des Beins

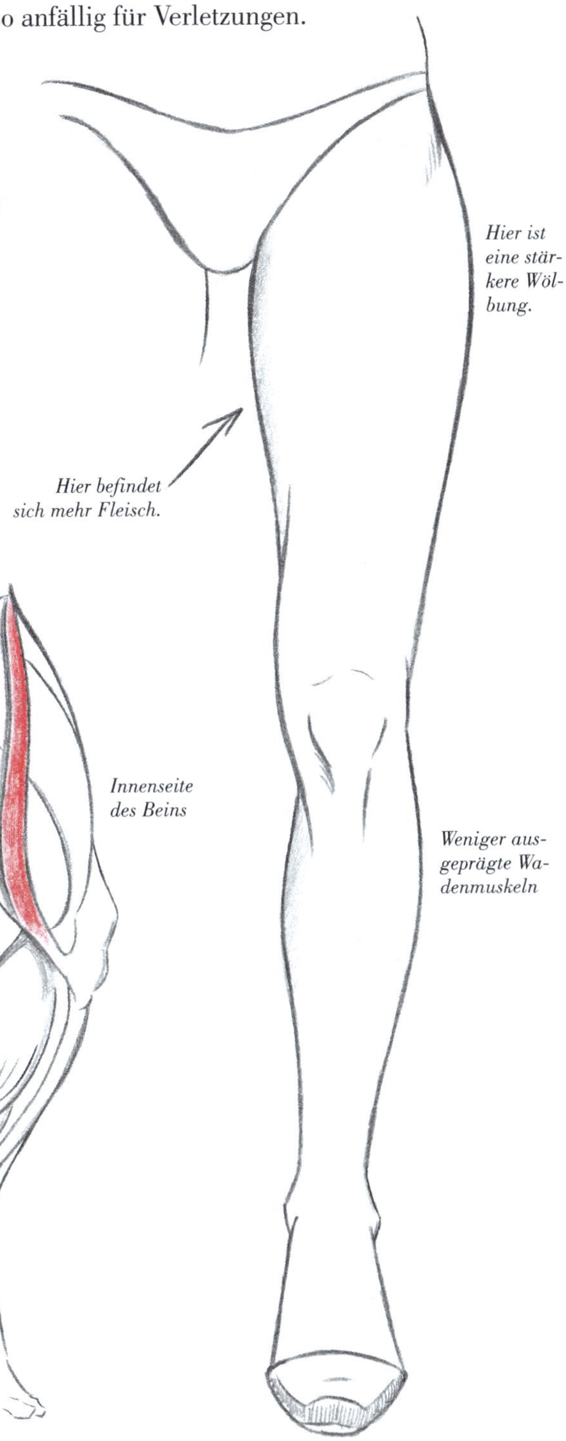

DIE GROSSEN BEINMUSKELN: Seitenansicht

Beachte, dass der Oberschenkel auf beiden Seiten gebogen und nicht gerade verläuft. Auch die Wade wölbt sich, während das Schienbein mehr oder weniger gerade ist, obwohl es zu den Zehen hin eine leichte Krümmung aufweist. Achte auf das Fettpolster über dem Knie, das entsteht, wenn das Knie durchgedrückt wird. Das Fibulaköpfchen befindet sich direkt unter dem Knie.

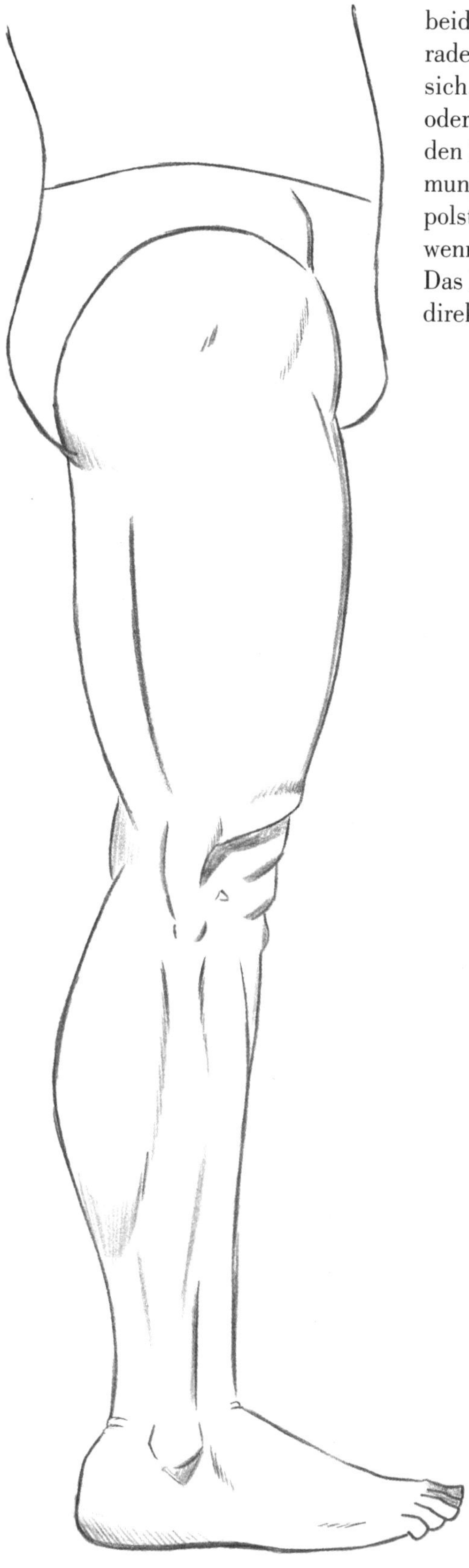

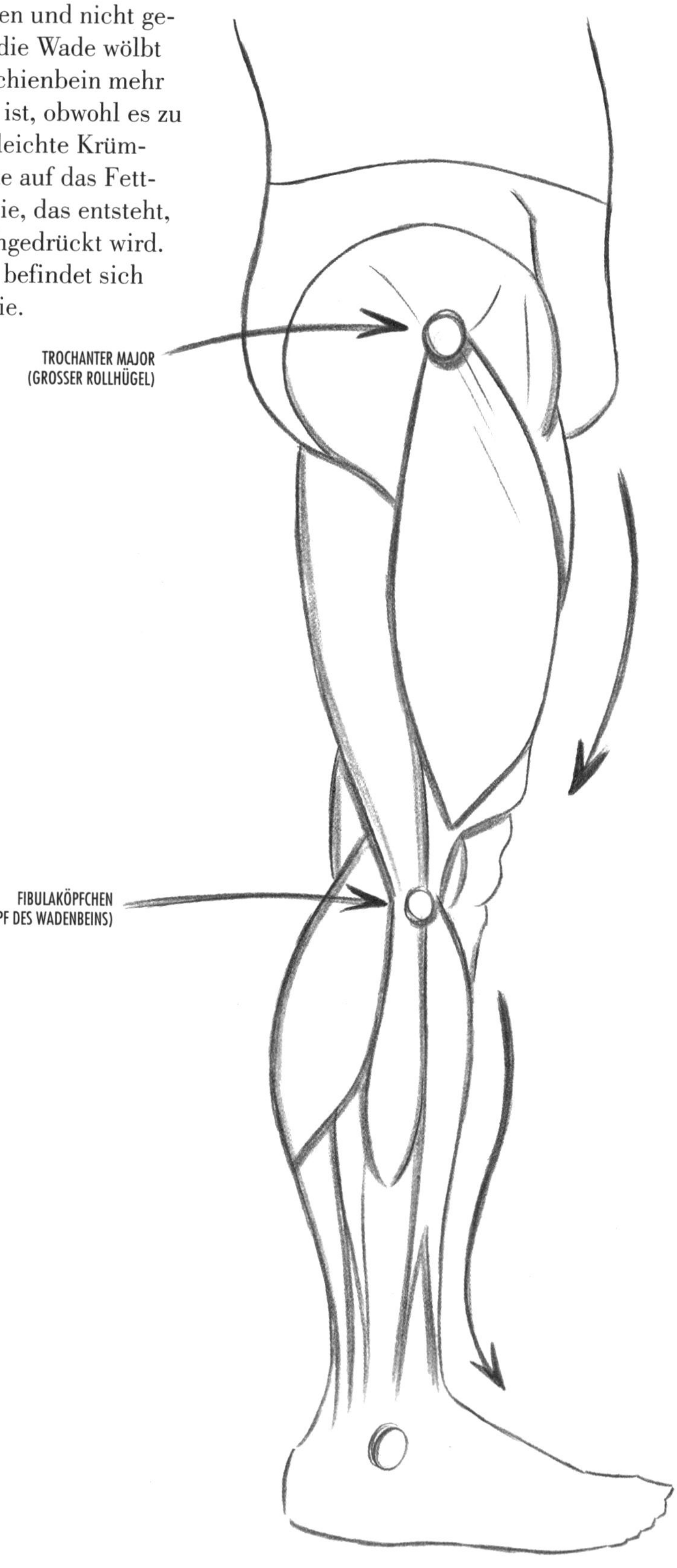

DIE GROSSEN BEINMUSKELN: Rückansicht

Betrachte den Verlauf der Unterschenkelsehnen von den Wadenmuskeln bis zur Ferse. Sehnen sind mit Muskeln verbunden, während Bänder an den Knochen ansetzen. Beachte, dass es zwei große Wadenmuskeln gibt, den äußeren und den inneren Strang des Gastrocnemius.

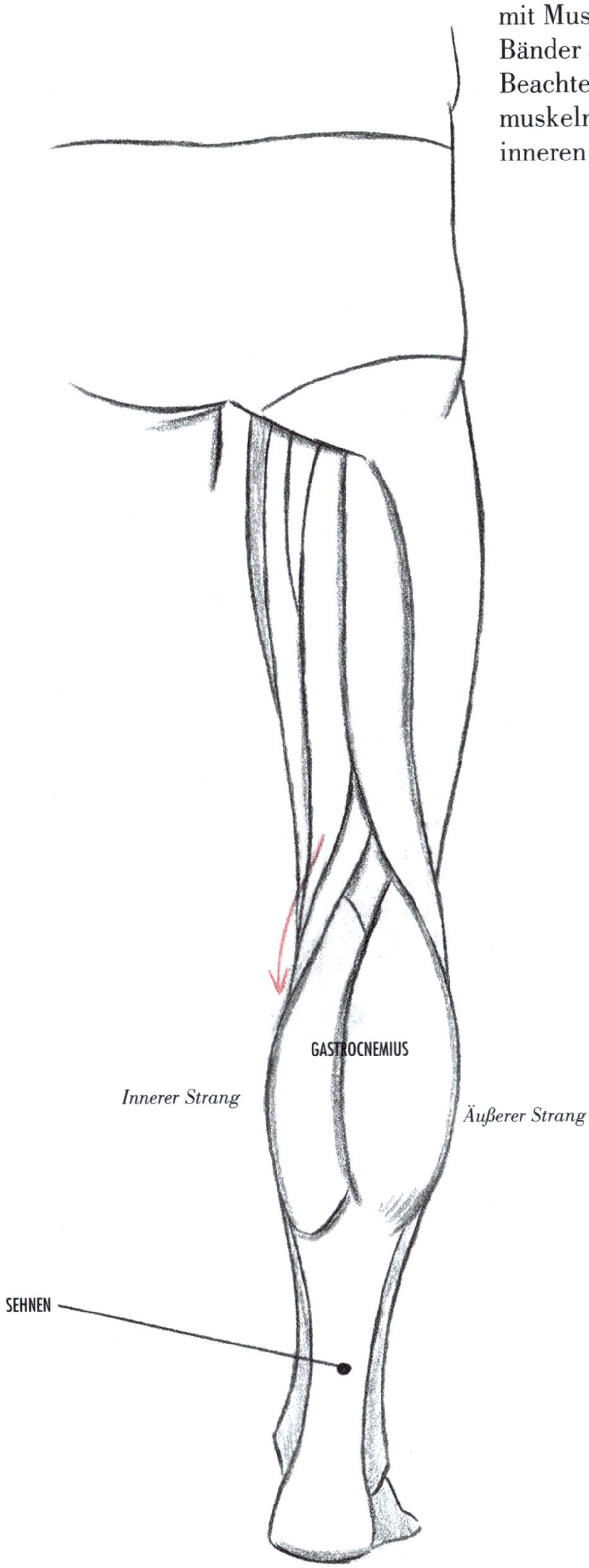

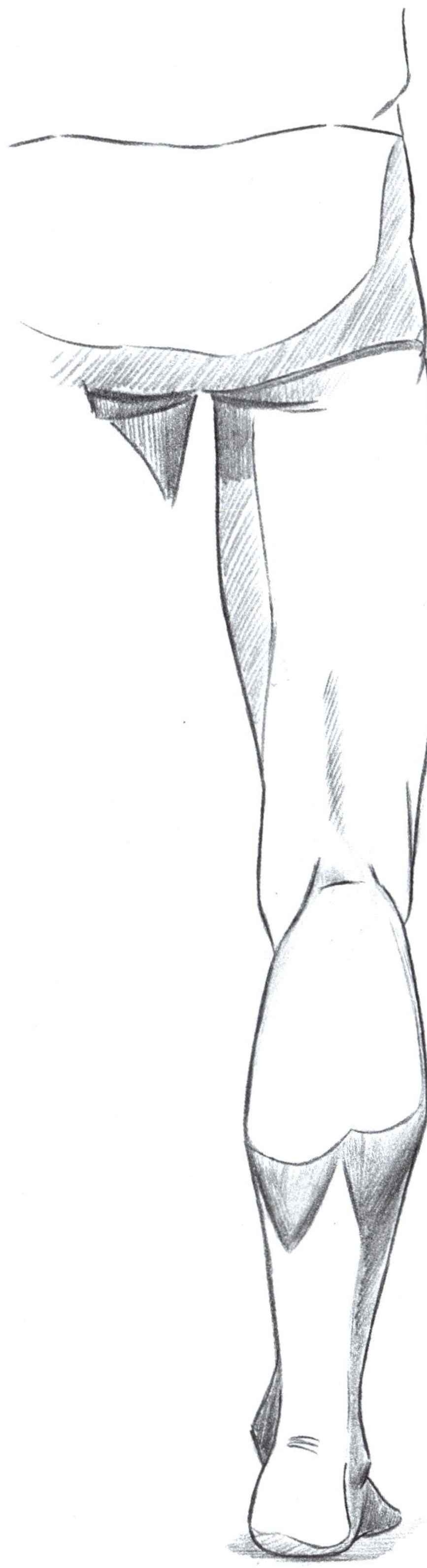

VERKÜRZUNGSLINIEN

Bei starker Beugung einer Extremität entsteht durch die kontrahierenden Muskeln am Gelenk eine Umrisslinie, die sich wie ein „S" zuerst in die eine Richtung und dann wieder in die Gegenrichtung biegt.

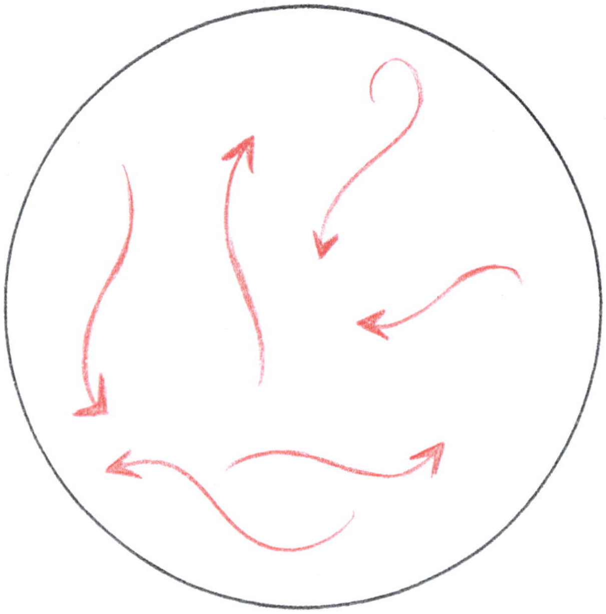

VERKÜRZUNGSLINIEN
Beachte die S-förmige Krümmung jeder Linie in zwei Richtungen.

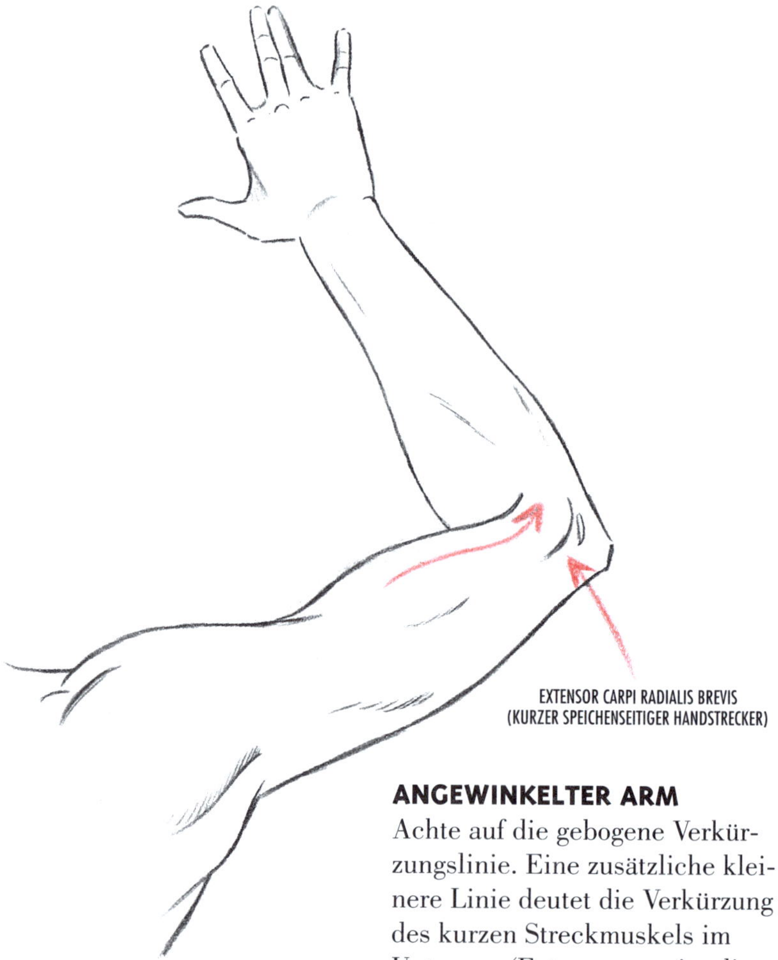

ANGEWINKELTER ARM
Achte auf die gebogene Verkürzungslinie. Eine zusätzliche kleinere Linie deutet die Verkürzung des kurzen Streckmuskels im Unterarm (Extensor carpi radialis brevis) an. Die Streckmuskeln dienen zum Strecken der Hand und Öffnen der Finger.

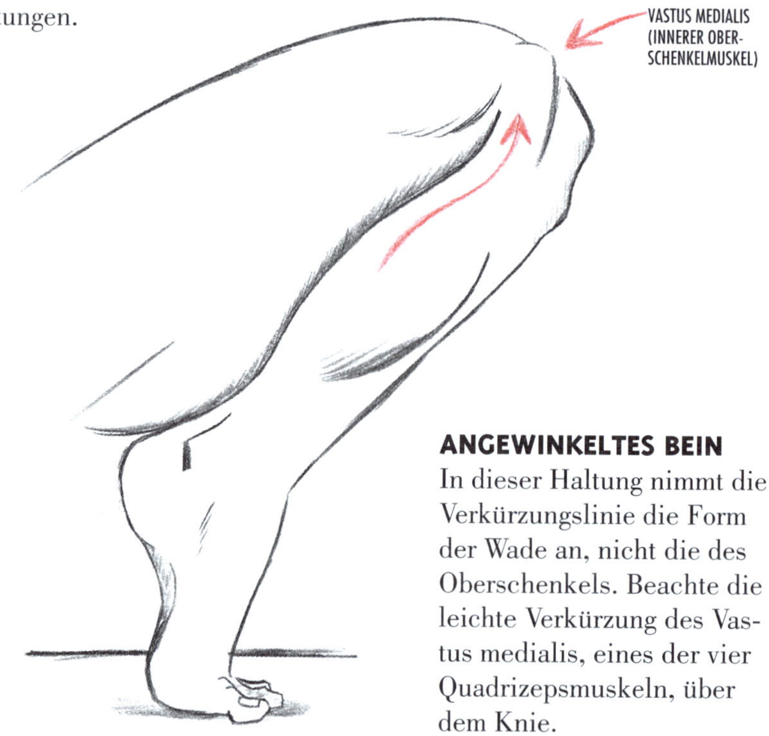

ANGEWINKELTES BEIN
In dieser Haltung nimmt die Verkürzungslinie die Form der Wade an, nicht die des Oberschenkels. Beachte die leichte Verkürzung des Vastus medialis, eines der vier Quadrizepsmuskeln, über dem Knie.

ANWENDUNG DER VERKÜRZUNGSLINIEN

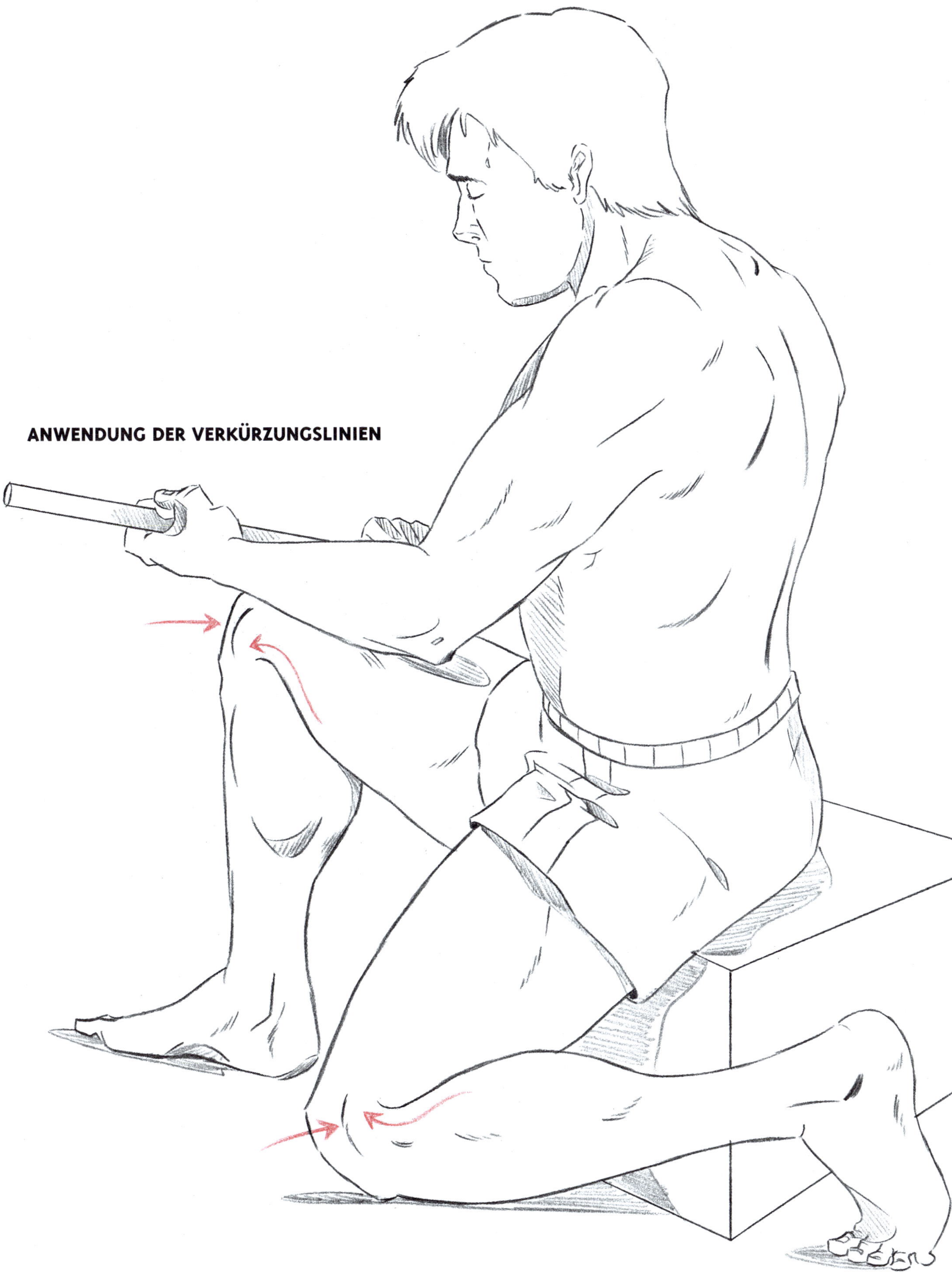

DAS KNIE

Um das Knie zu zeichnen, muss man sich eigentlich nur das Skelett ansehen. So einfach ist das. Das Kniegelenk besteht aus dem Gelenk zwischen Femur und Tibia, der Patella sowie Knochenvorsprüngen unterhalb und an der Außenseite des Knies.

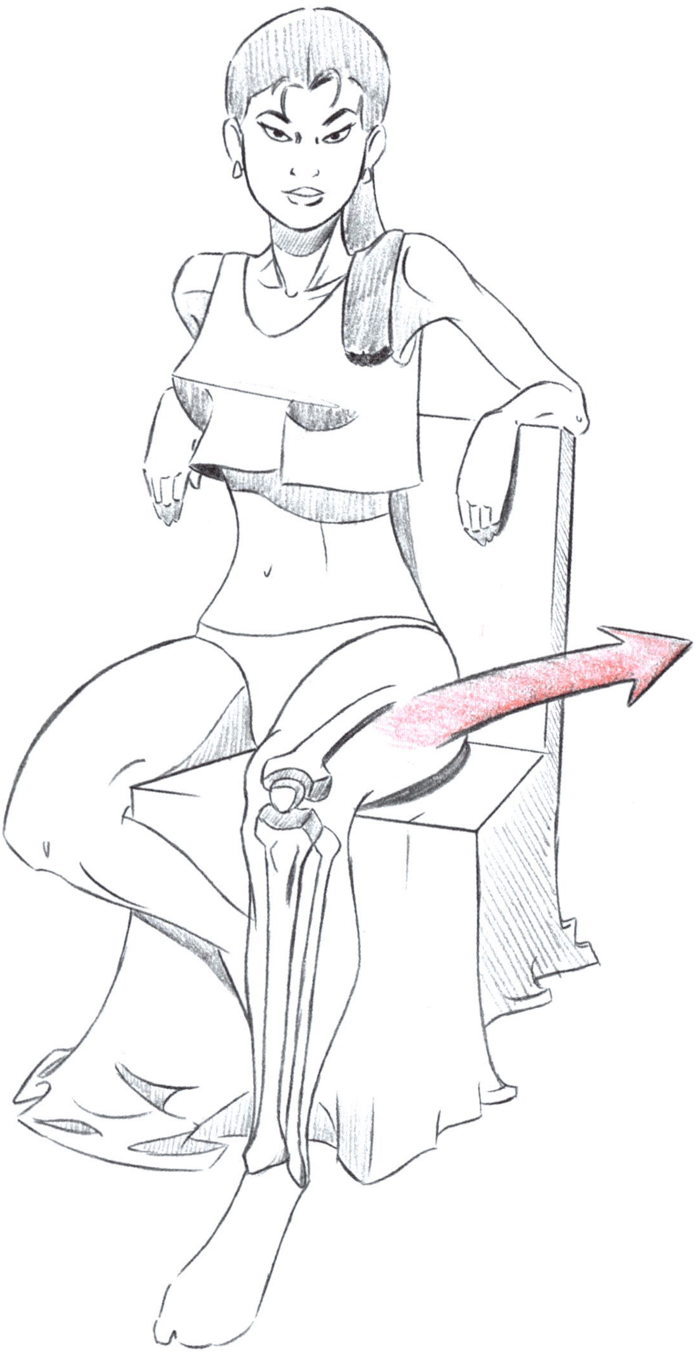

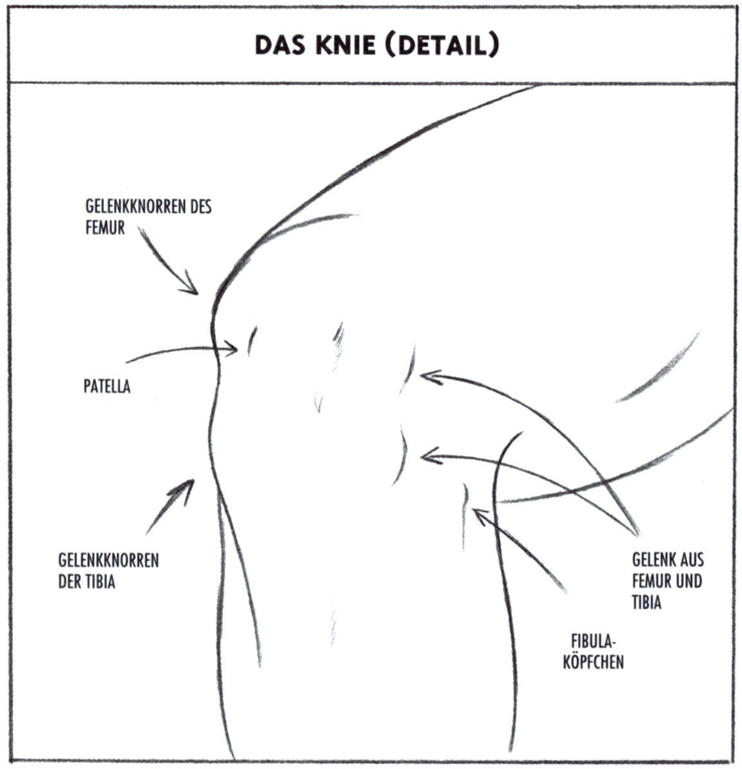

ZEICHNEN DES KNIES: VARIATIONEN

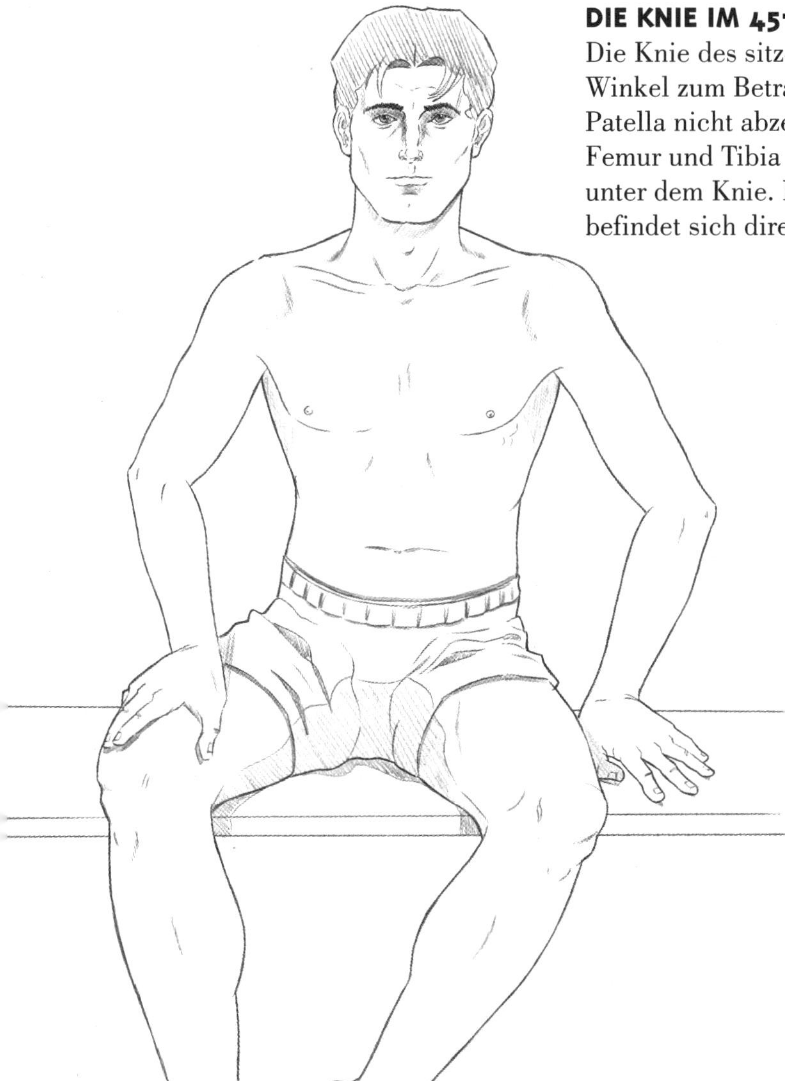

DIE KNIE IM 45-GRAD-WINKEL

Die Knie des sitzenden Mannes befinden sich im 45-Grad-Winkel zum Betrachter. Bei diesem Winkel muss sich die Patella nicht abzeichnen. Deute nur die Gelenkknorren von Femur und Tibia an. Achte auf die kleine Erhebung direkt unter dem Knie. Diese Erhebung ist ein Teil der Tibia und befindet sich direkt unterhalb des Gelenks.

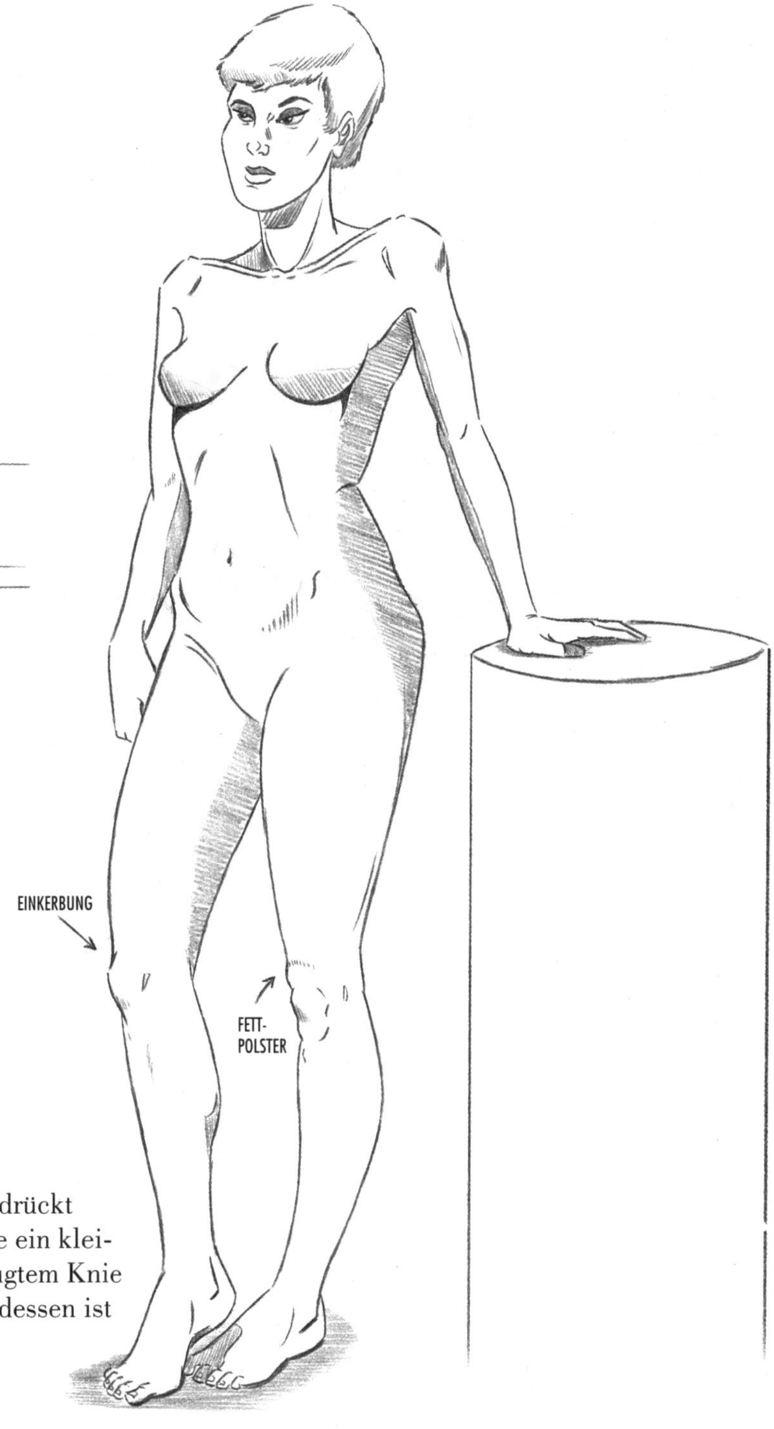

FETTPOLSTER ÜBER DEM KNIE

Wenn die Knie im Stehen durchgedrückt werden, wird direkt über dem Knie ein kleines Fettpolster sichtbar. Bei gebeugtem Knie verschwindet das Fettpolster; stattdessen ist eine Einkerbung zu sehen.

DIE HAND

Hier solltest du besonders sorgfältig vorgehen, da falsch gezeichnete Hände unerwünschte Aufmerksamkeit auf sich ziehen. Intuitiv weißt du bereits vieles über die Hand, was du dir beim Zeichnen nur noch bewusst machen musst, z. B. dass der Mittelfinger am längsten ist, gefolgt von Ringfinger, Zeigefinger und kleinem Finger. Dies muss erkennbar sein, genauso wie die vorstehenden Knöchel und Gelenke.

Betrachte die Fingerkuppen. Sie sind wie kleine Polster, runder und weicher als der Rest der Finger. Beachte, wie klein und schwach der kleine Finger im Vergleich zu den anderen vier Fingern ist. Sieh dir die großen Linien an, die über die Handfläche verlaufen, sowie die Falten zwischen den Fingergelenken und die Krümmung des Daumens.

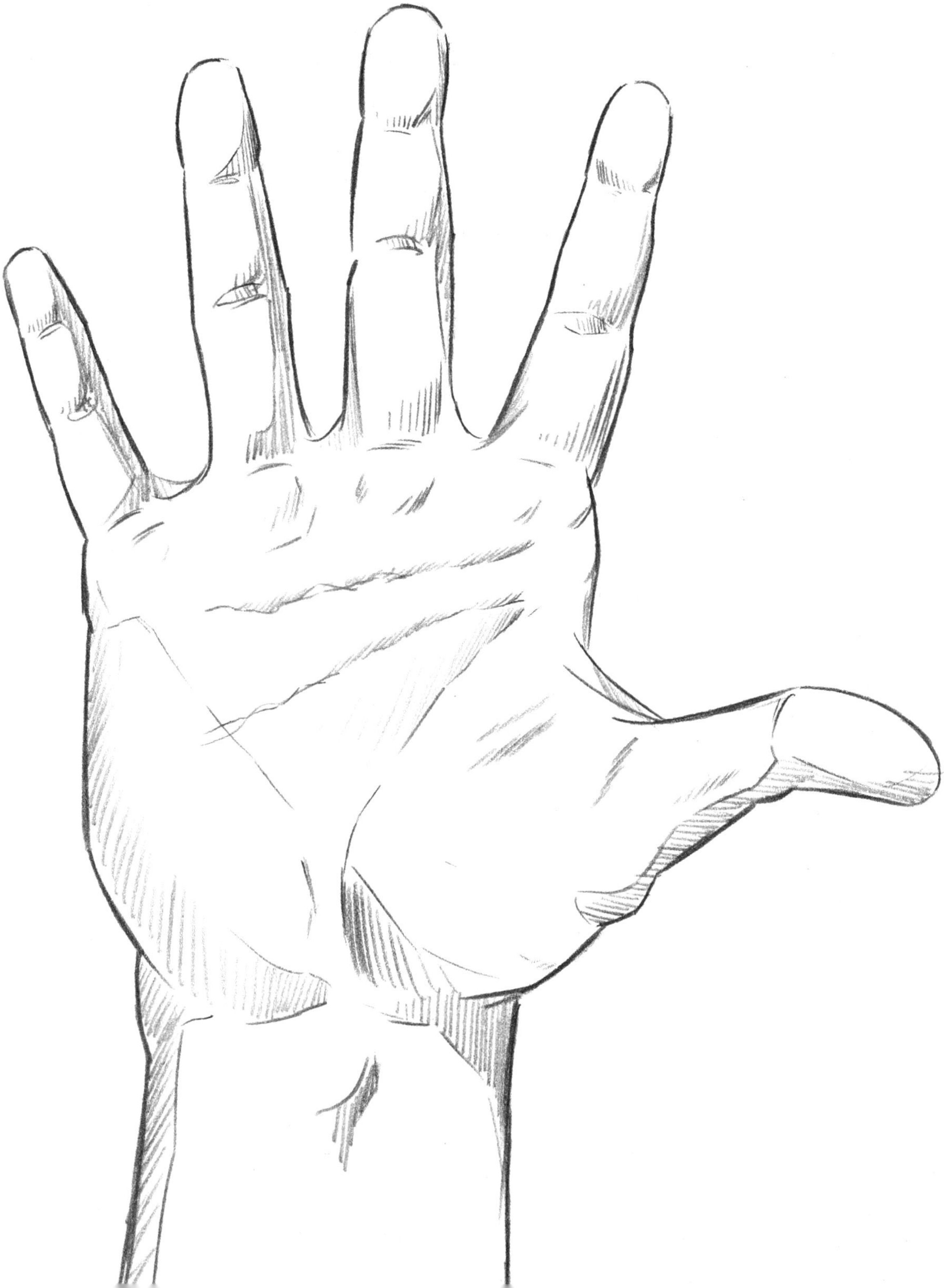

DER HANDRÜCKEN

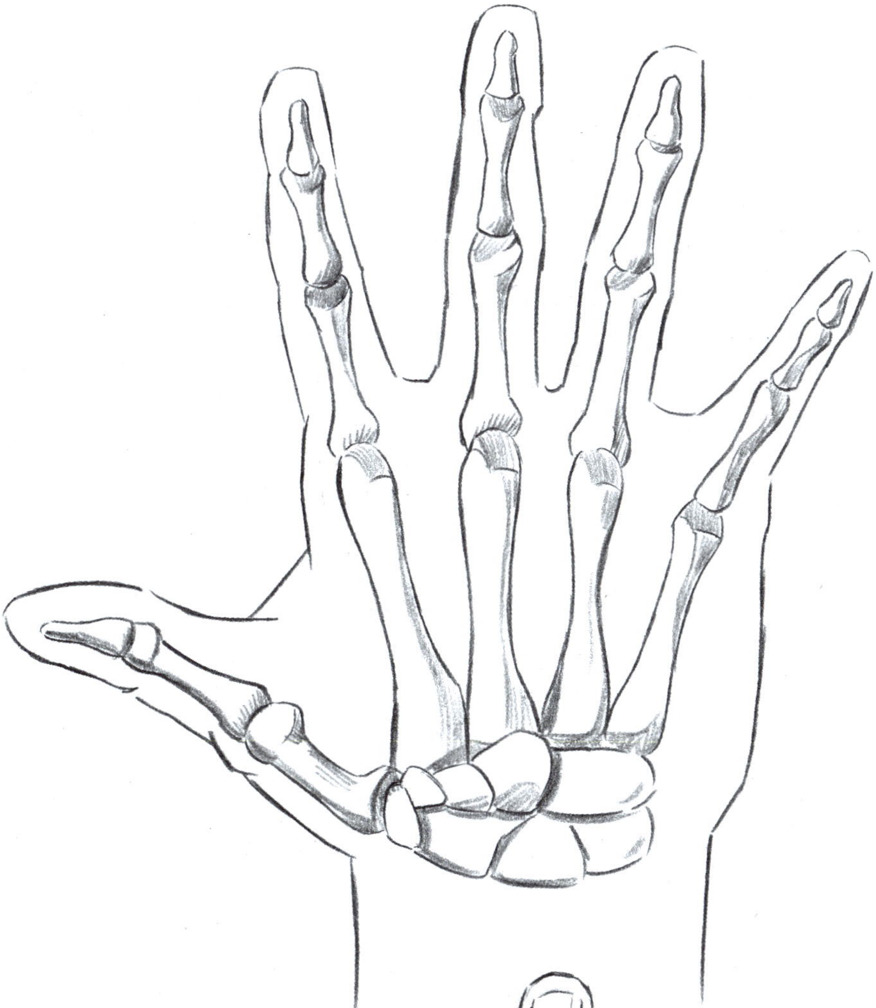

DIE KNOCHEN

Beachte, dass die Hand aus zahlreichen Knochen und Gelenken besteht, dass sogar die Handfläche im Grunde eine Verlängerung der Finger darstellt und dass das knöcherne Handgelenk sehr schmal ist.

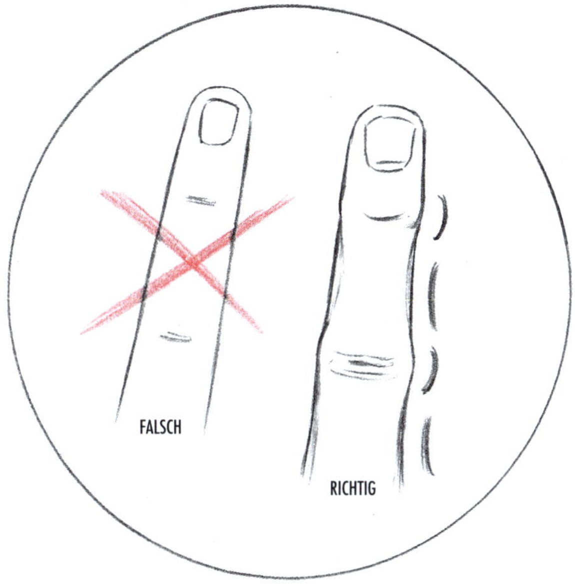

DIE FINGER (DETAIL)

Die Finger sind nicht kerzengerade. Wie beim übrigen Skelett befinden sich an den Gelenken die breitesten Stellen des Knochens.

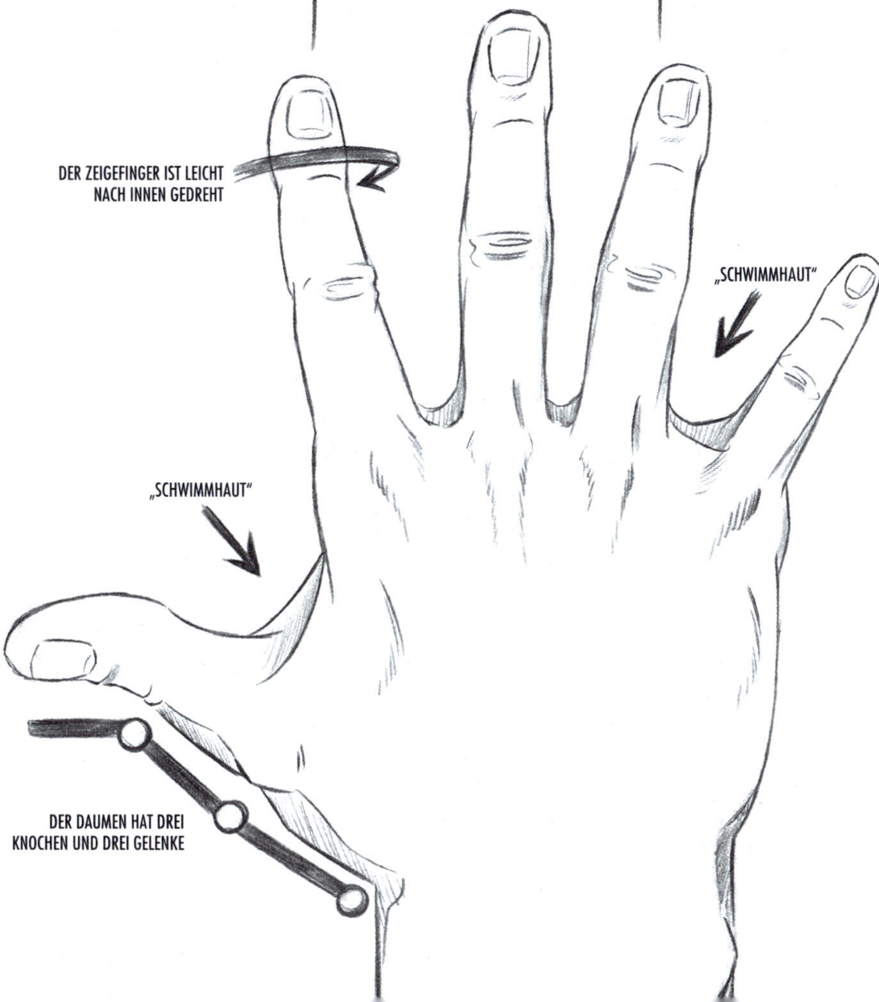

ANWENDUNG

Der Zeigefinger ist leicht nach innen gedreht. Zwischen den Fingern sowie zwischen Zeigefinger und Daumen befinden sich die so genannten Schwimmhäute, die bei gespreizter Hand auffallend zum Vorschein kommen. Das Wichtigste ist aber, dass der Daumen nicht aus zwei, sondern aus drei Knochen besteht und seine Krümmung nach hinten nur durch den letzten Knochen erhält.

WEITERE TIPPS FÜR DIE HÄNDE

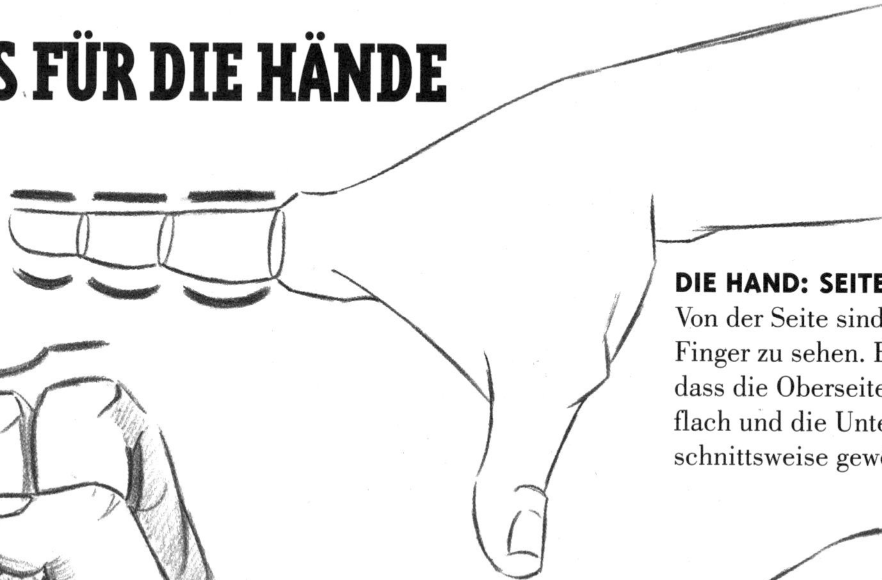

DIE HAND: SEITENANSICHT

Von der Seite sind nicht alle Finger zu sehen. Beachte, dass die Oberseite der Finger flach und die Unterseite abschnittsweise gewölbt ist.

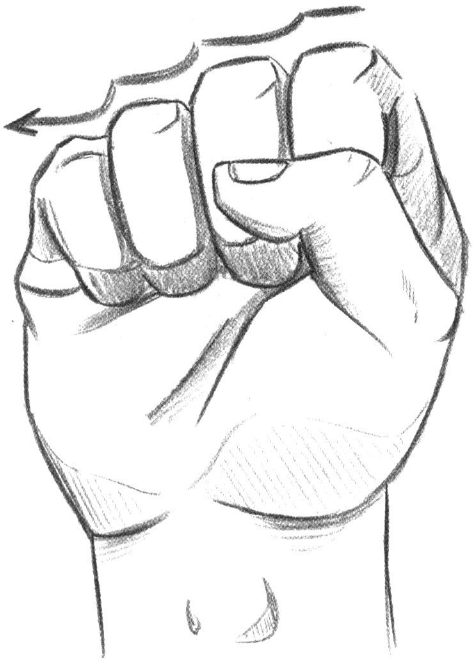

Achte auf den Vorsprung, der durch eine Hautfalte entsteht.

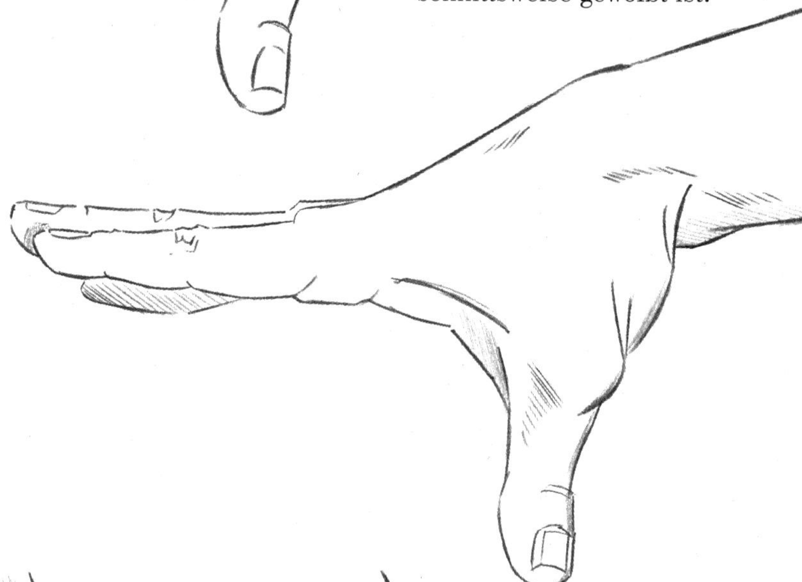

DIE FAUST

Die Faust besteht aus geballten Fingern in absteigender Größe. Du fragst dich vielleicht, warum der Mittelfinger bei der Faust nicht höher liegt als die anderen Finger, da er doch der längste ist? Die Antwort lautet, dass die Länge nur wenig mit der Höhe der Finger bei einer geballten Faust zu tun hat. Die Höhe der Finger entsteht durch den angespannten Daumenmuskel darunter. Dieser erreicht neben dem Daumen seinen höchsten Punkt, und je weiter die Finger vom Daumen weg sind, desto kleiner wird der Daumenmuskel. Die Höhe der Finger nimmt ab.

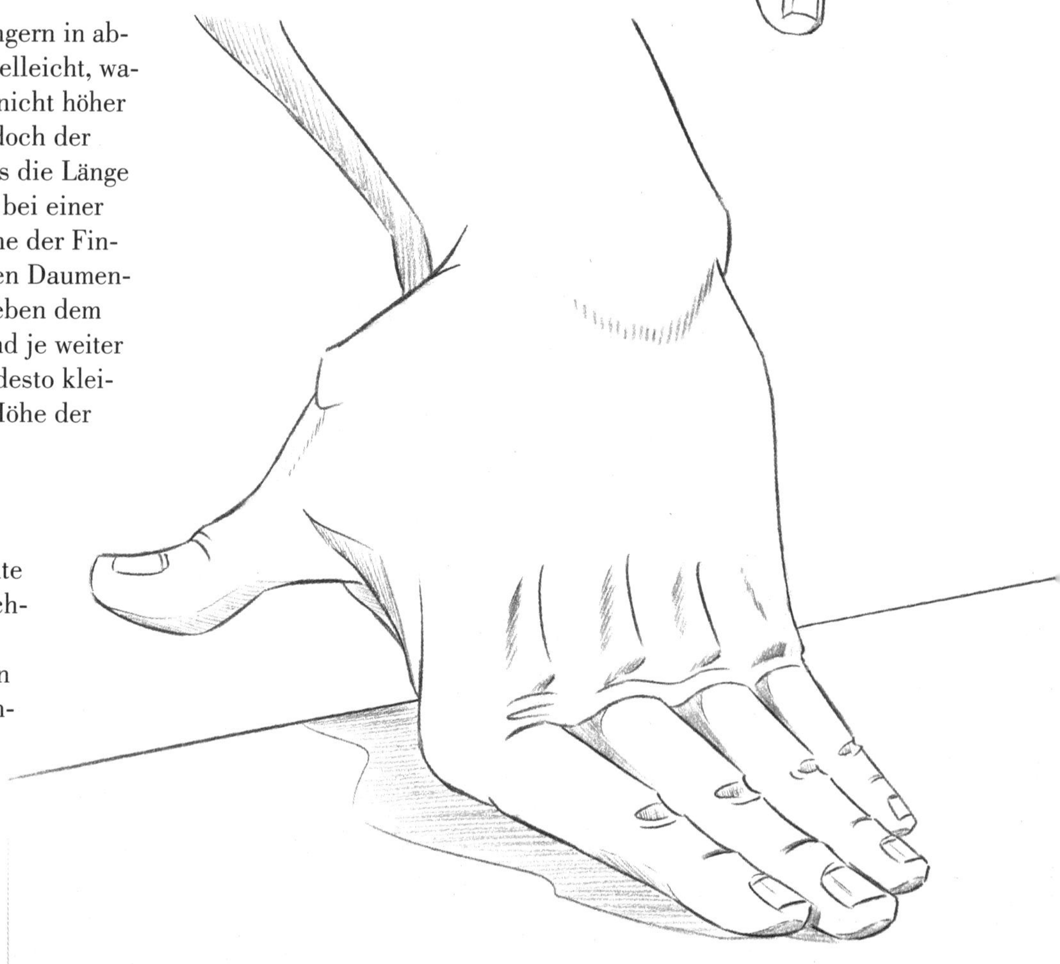

BEWEGLICHKEIT DER HAND

Die Hand kann auf viele interessante Arten ge- und verbogen werden. Achte bei dieser Handhaltung auf zwei Dinge: Die Haut über den Knöcheln ist locker und legt sich beim Zusammenziehen in Falten; das zweite Daumengelenk ist das auffälligste Gelenk der Hand.

FRAUENHÄNDE

Beim Zeichnen von Frauenhänden ist zu beachten, dass sie weichere Knöchel, spitzer zulaufende Finger sowie weniger Falten und Linien aufweisen. Außerdem haben Frauen oft lange Fingernägel.

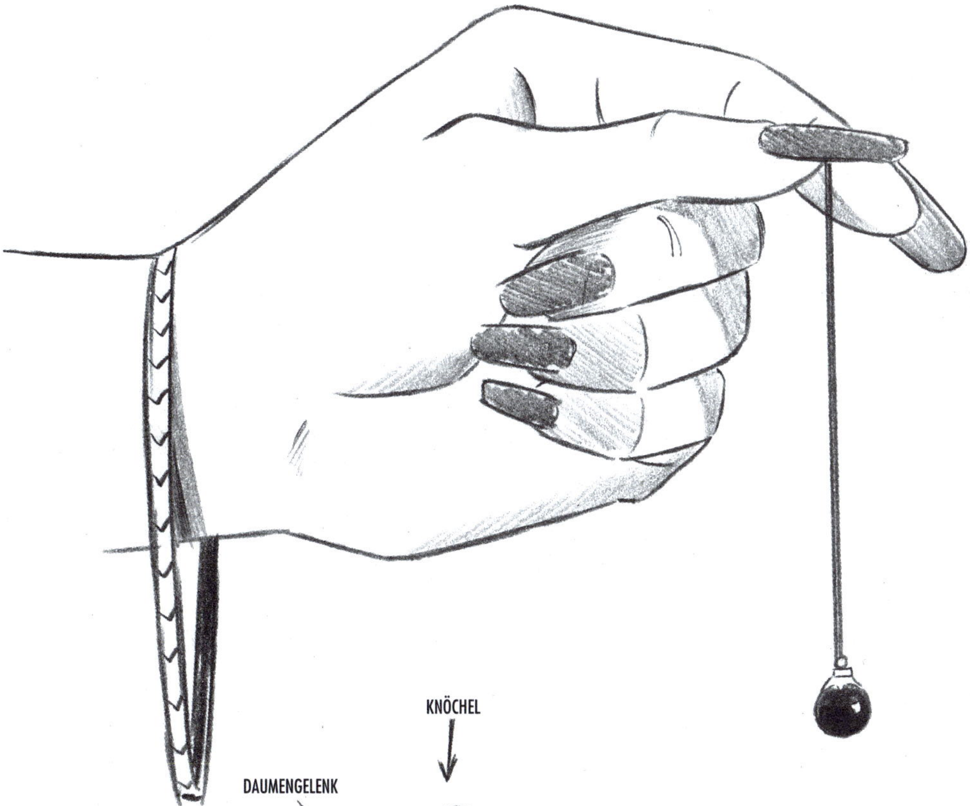

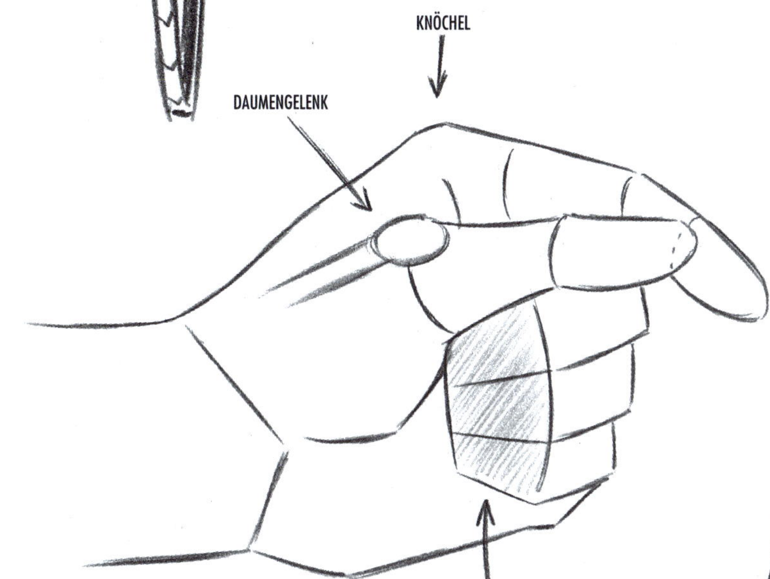

Eine Krümmung der Finger verursacht Schatten.

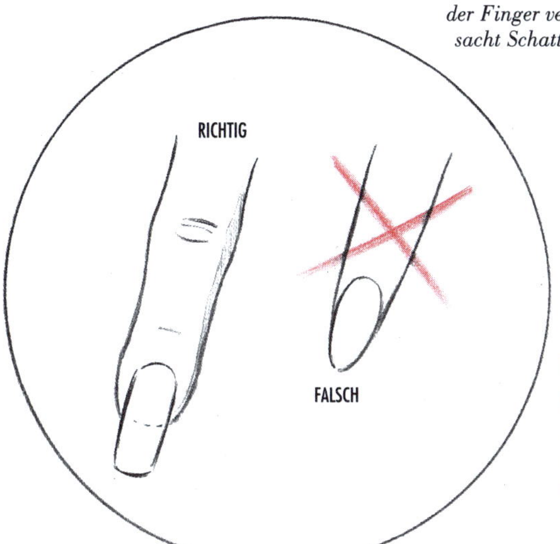

FINGERNÄGEL (DETAIL)
An den Seiten der Fingernägel sollte noch etwas vom Finger zu sehen sein.

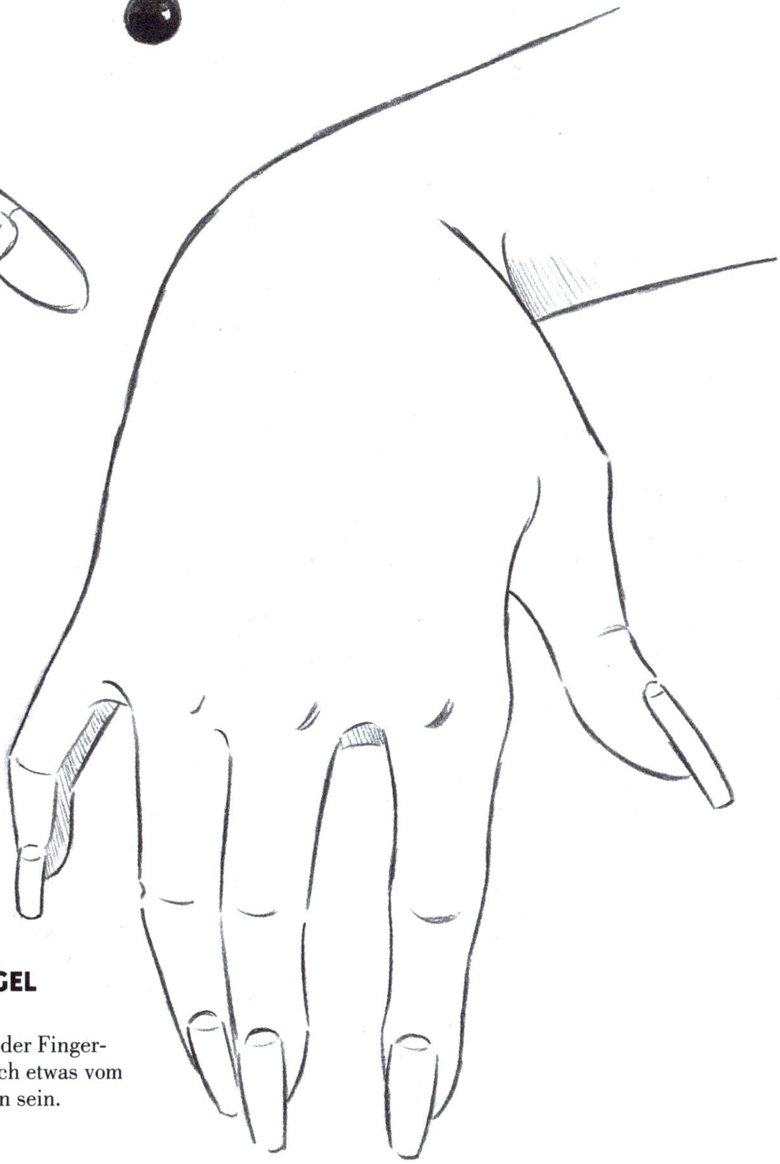

DIE FÜSSE

Zum Glück sind die Füße relativ unbeweglich, sodass man den Bogen schnell heraus hat, wenn man erst einmal die Form versteht. Die Füße können jedoch je nach Fußhaltung ganz unterschiedlich aussehen – schauen wir sie uns genauer an.

INNENSEITE DES FUSSES
Achte auf die fünf Hauptabschnitte: Ferse, Knöchel, Fußrücken, Ballen, Fußgewölbe, Zehen.

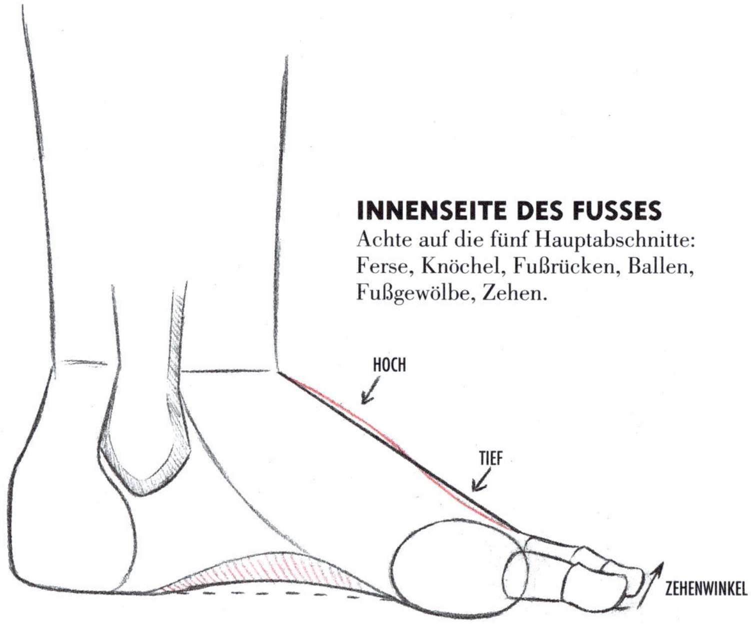

Eigentlich gibt es zwei Fußgewölbe: den Teil, der ständigen Bodenkontakt hat, und den Teil, der sich in den Fuß hinein wölbt. Beachte außerdem, dass der zweite Zeh länger ist als der große Zeh.

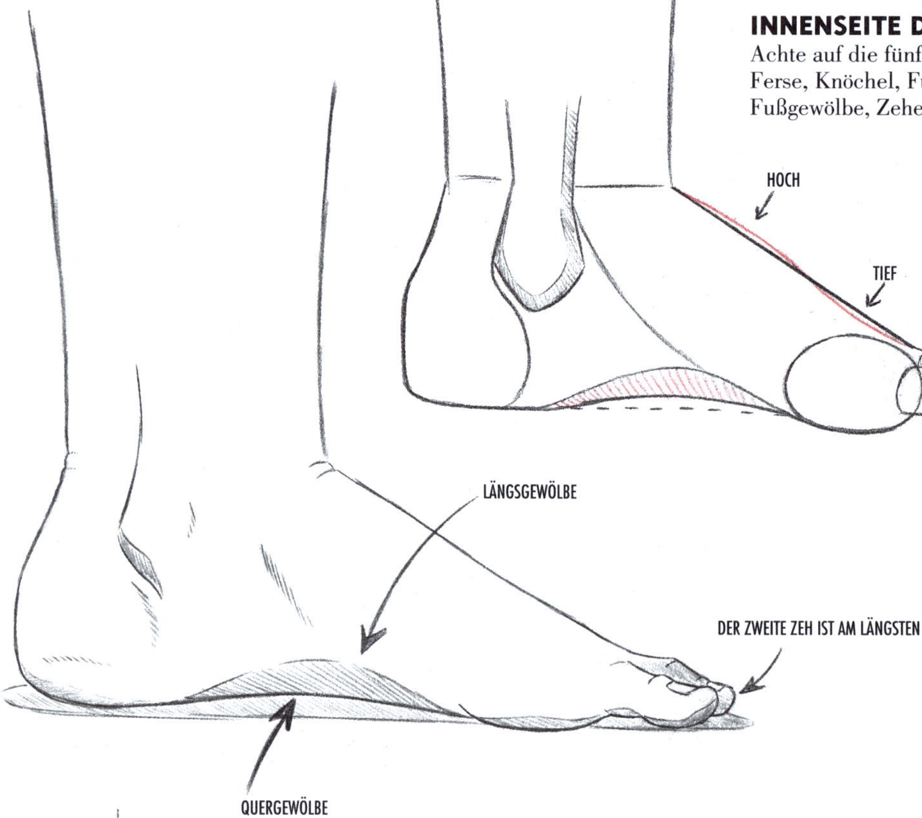

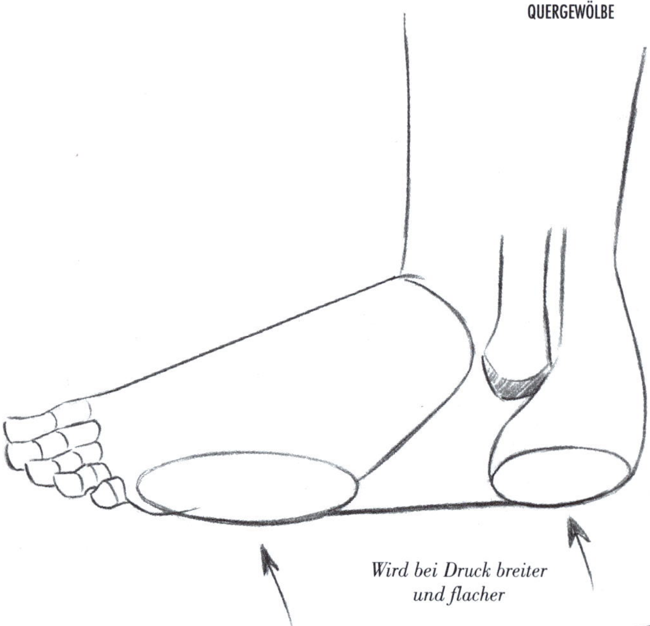

Wird bei Druck breiter und flacher

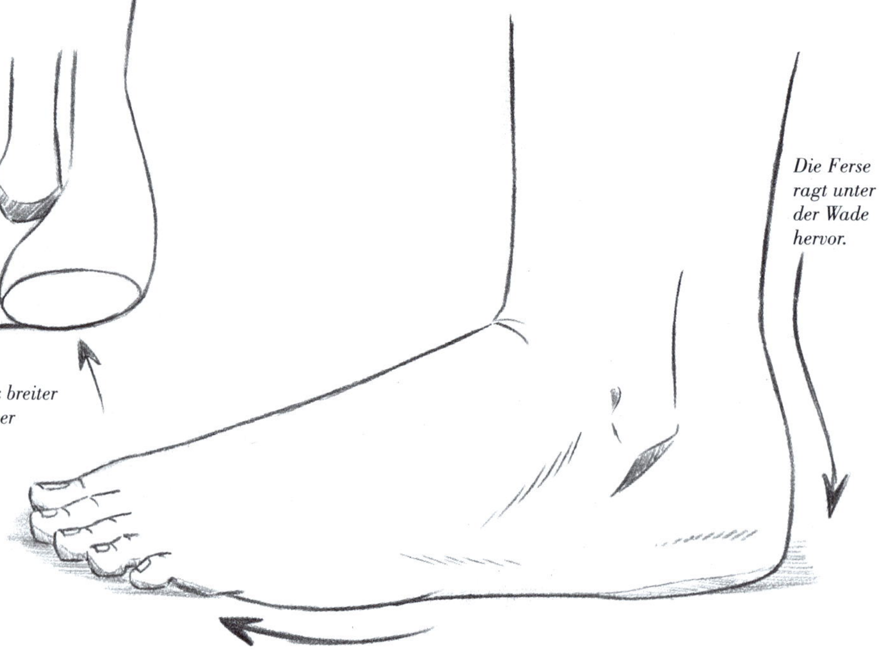

Die Ferse ragt unter der Wade hervor.

Der Bereich von der Fußmitte bis zum kleinen Zeh ist leicht gewölbt.

AUSSENSEITE DES FUSSES
In dieser Ansicht hat der Fuß zwar kein Gewölbe, bildet aber dennoch keine gerade Linie. Durch ein Polster an der Ferse und die Breite der Knochen direkt vor dem kleinen Zeh entstehen mehrere ganz leichte Wölbungen.

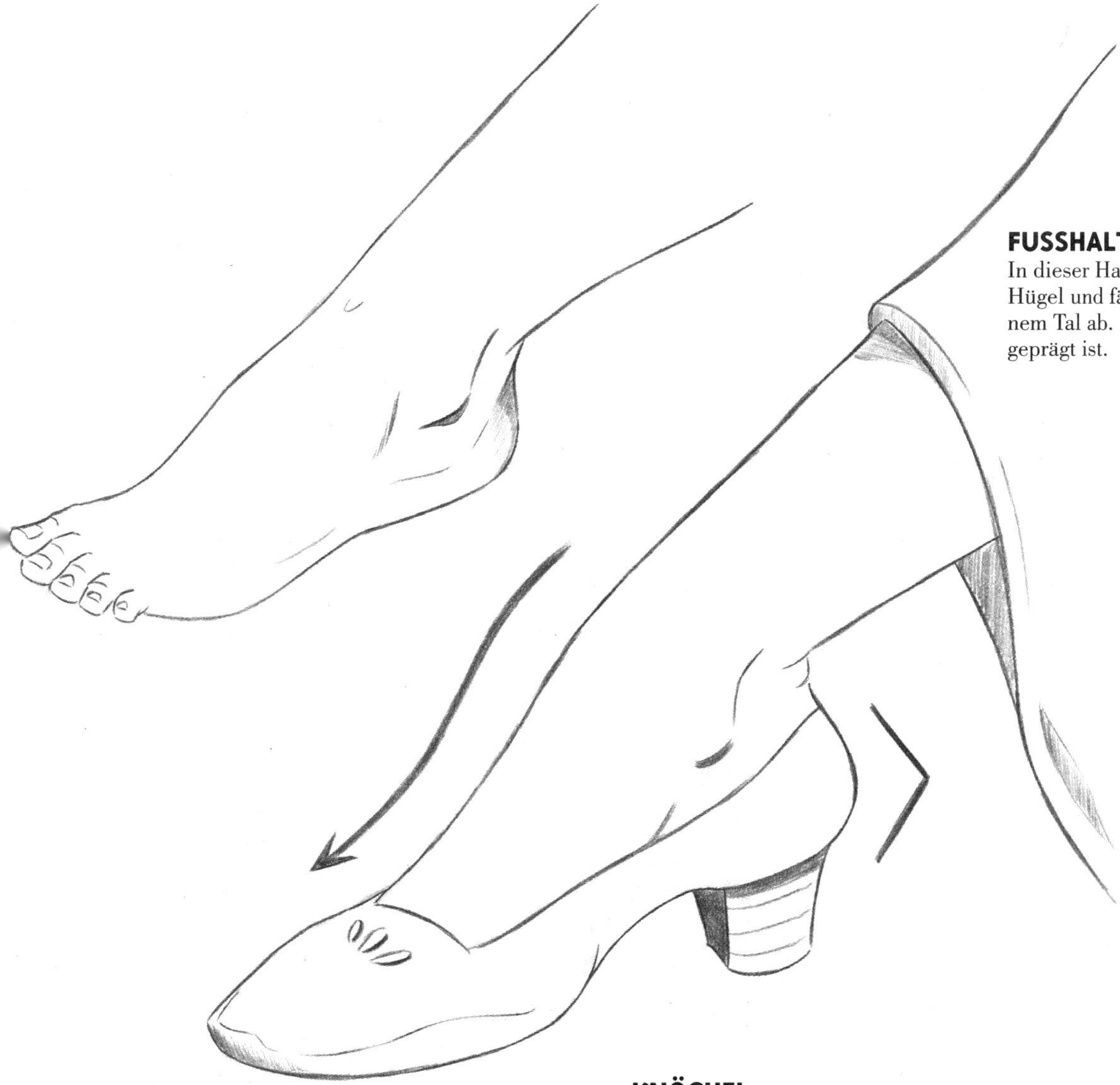

FUSSHALTUNG

In dieser Haltung bildet der Fußrücken einen Hügel und fällt dann zu den Zehen hin zu einem Tal ab. Beachte, wie stark die Ferse ausgeprägt ist.

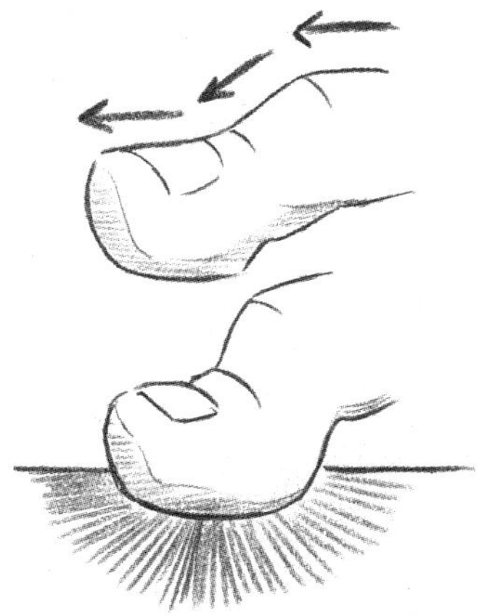

DIE ZEHENGELENKE

Mit Ausnahme des großen Zehs, der zwei Gelenke hat, besitzen alle Zehen drei Gelenke und bilden somit drei Ebenen.

KNÖCHEL

Achte auf die Position der Knöchel: Der Außenknöchel liegt weiter hinten als der Innenknöchel.

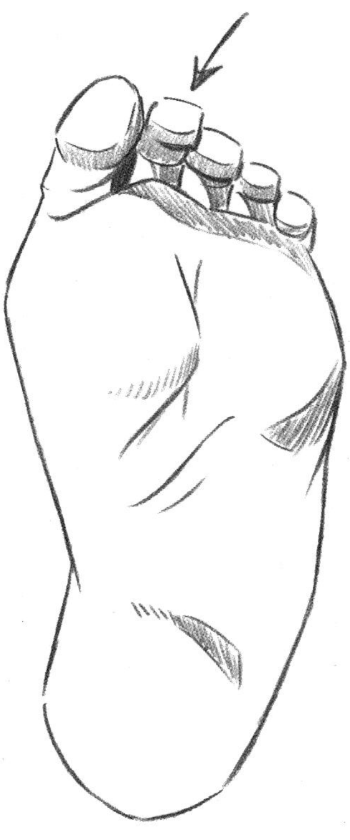

FUSSSOHLE

In entspannter Haltung sieht der zweite – und längste – Zeh kürzer aus als der große Zeh, da er etwas stärker angewinkelt ist. Beachte den spitzen Winkel, der durch das Fußgewölbe entsteht.

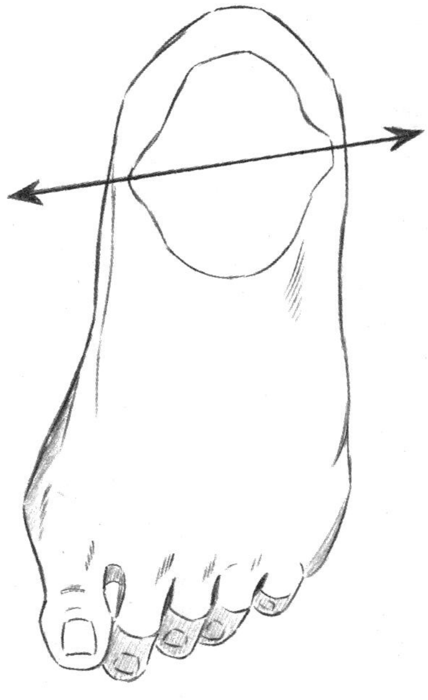

Ein Knochenvorsprung fällt an der Seite des Fußes neben dem großen Zeh auf …

… und ein weiterer kleinerer Knochenvorsprung befindet sich an der Seite des Fußes neben dem kleinen Zeh.

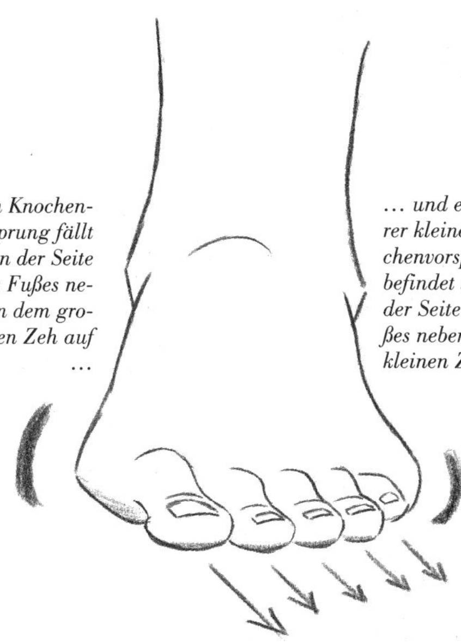

RICHTUNG DER ZEHEN

Die Zehen sind nicht genau nach vorn gerichtet, auch wenn der Fuß direkt nach vorn zeigt, wie in der Abbildung. Die Zehen neigen sich in einem Winkel von etwas weniger als 45 Grad nach außen.

DIE DYNAMIK DES KÖRPERS

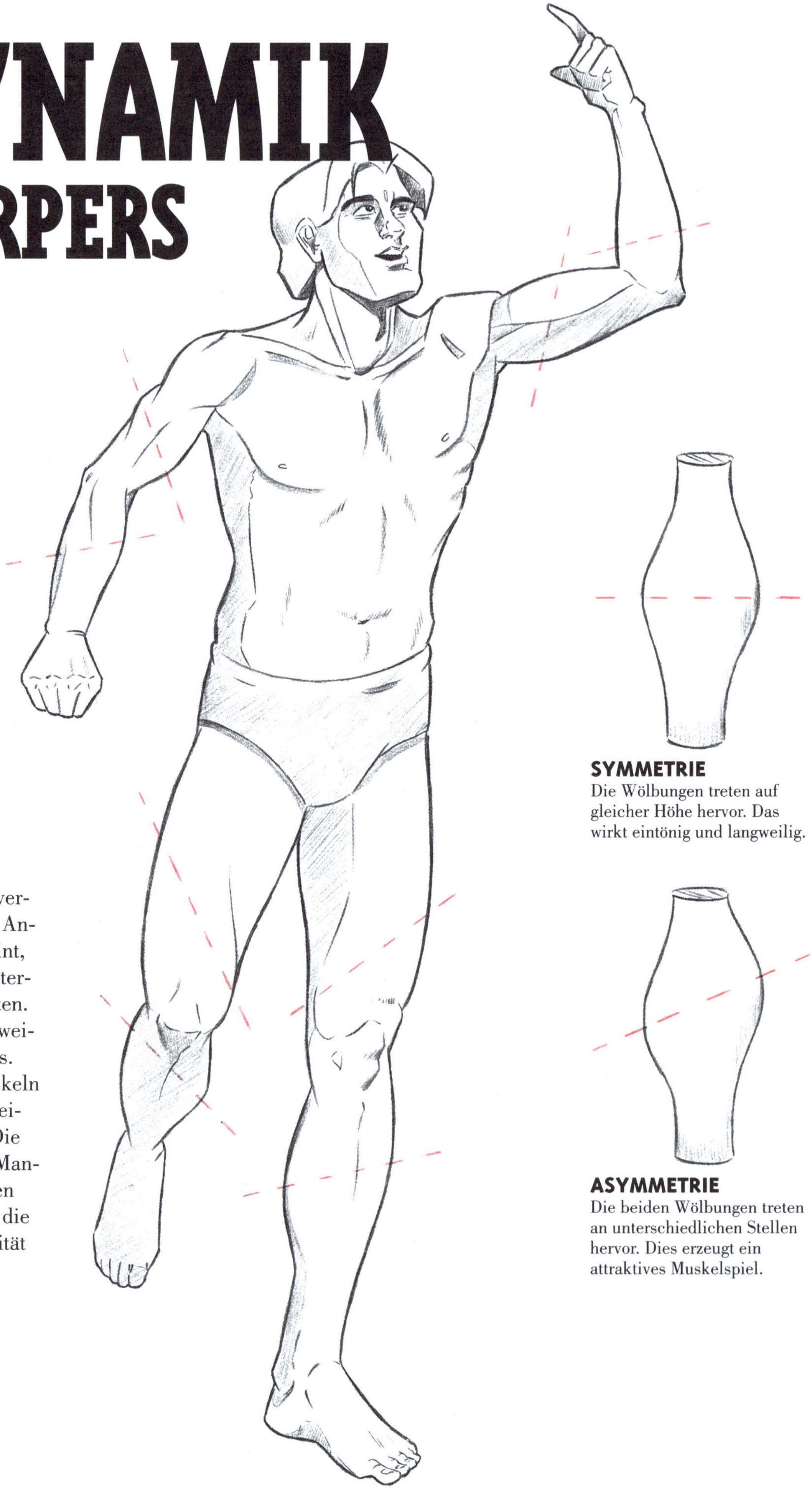

SYMMETRIE
Die Wölbungen treten auf gleicher Höhe hervor. Das wirkt eintönig und langweilig.

ASYMMETRIE

Die Asymmetrie der Muskeln verleiht dem Körper eine gewisse Anmut. Mit Asymmetrie ist gemeint, dass die Muskelgruppen an unterschiedlichen Stellen hervortreten. So wölbt sich z.B. der Trizeps weiter oben am Arm als der Bizeps. Daraus folgt, dass die Armmuskeln nicht gleichförmig, sondern zueinander versetzt hervortreten. Die Asymmetrie dieses gehenden Mannes wird durch die gestrichelten Linien ausgedrückt, die durch die höchsten Punkte einer Extremität oder Muskelgruppe verlaufen.

ASYMMETRIE
Die beiden Wölbungen treten an unterschiedlichen Stellen hervor. Dies erzeugt ein attraktives Muskelspiel.

ASYMMETRIE DES OBERARMS

Der Trizeps tritt weiter oben am Arm hervor als der Bizeps.

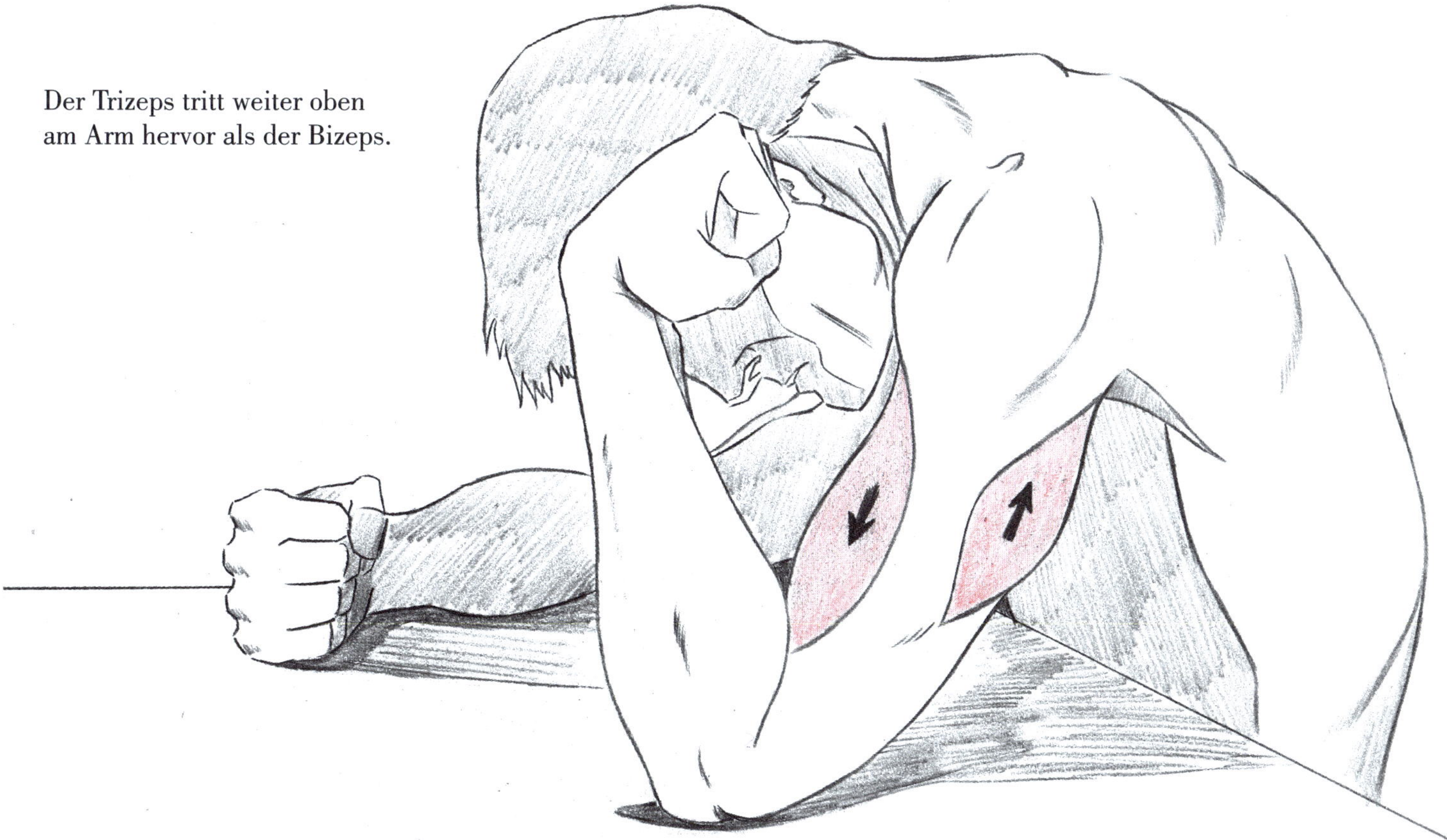

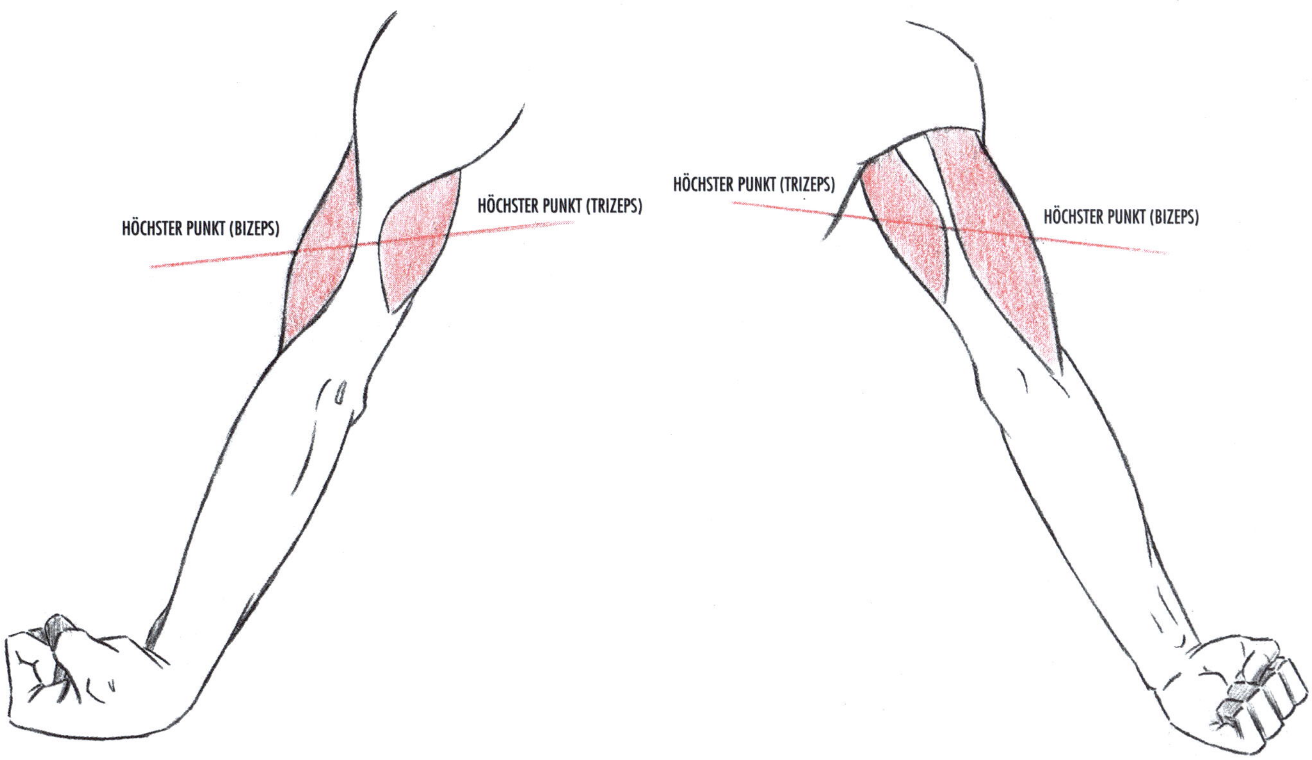

ASYMMETRIE DES TRIZEPS

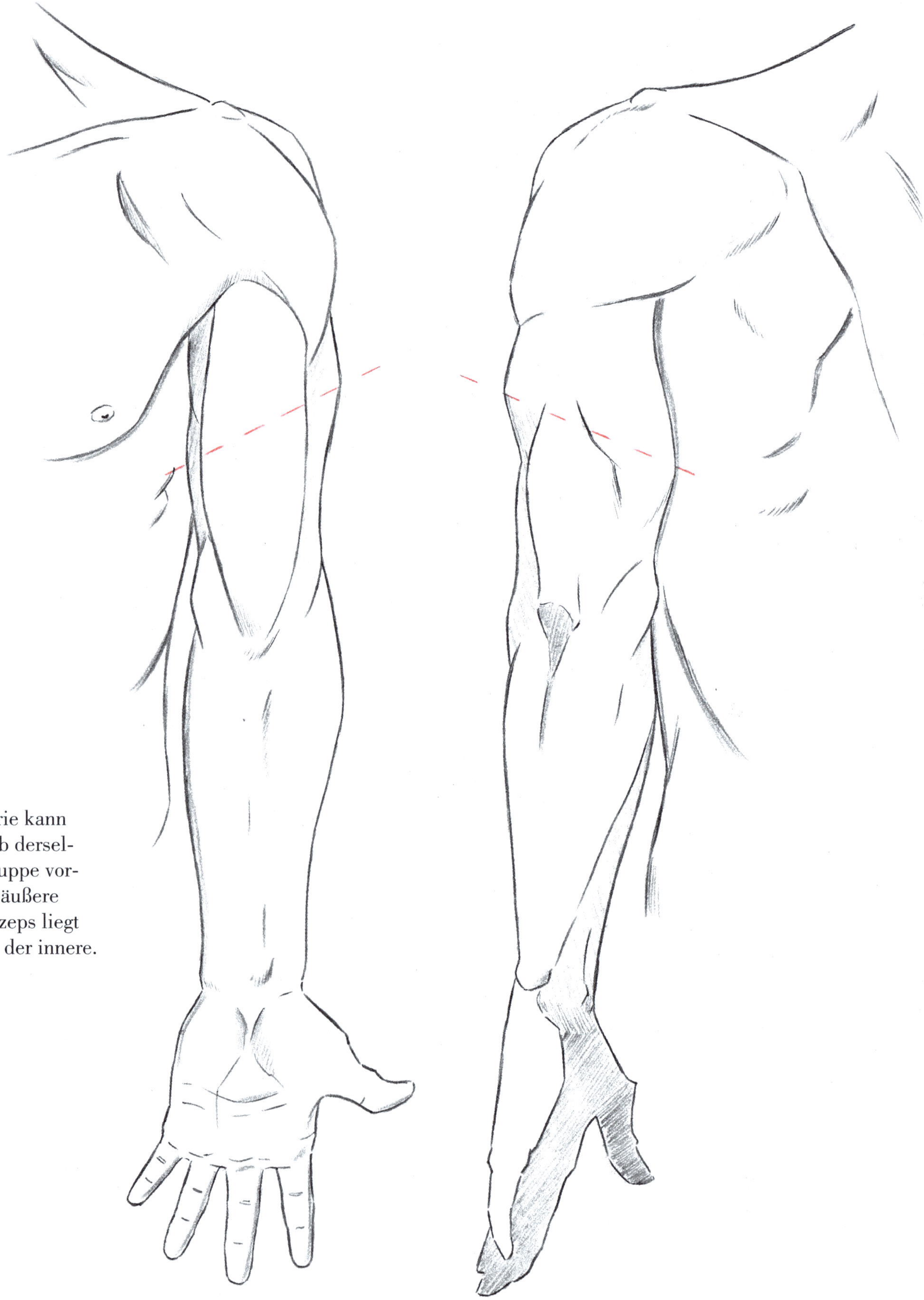

Die Asymmetrie kann auch innerhalb derselben Muskelgruppe vorkommen. Der äußere Strang des Trizeps liegt z. B. höher als der innere.

ASYMMETRIE DES UNTERARMS

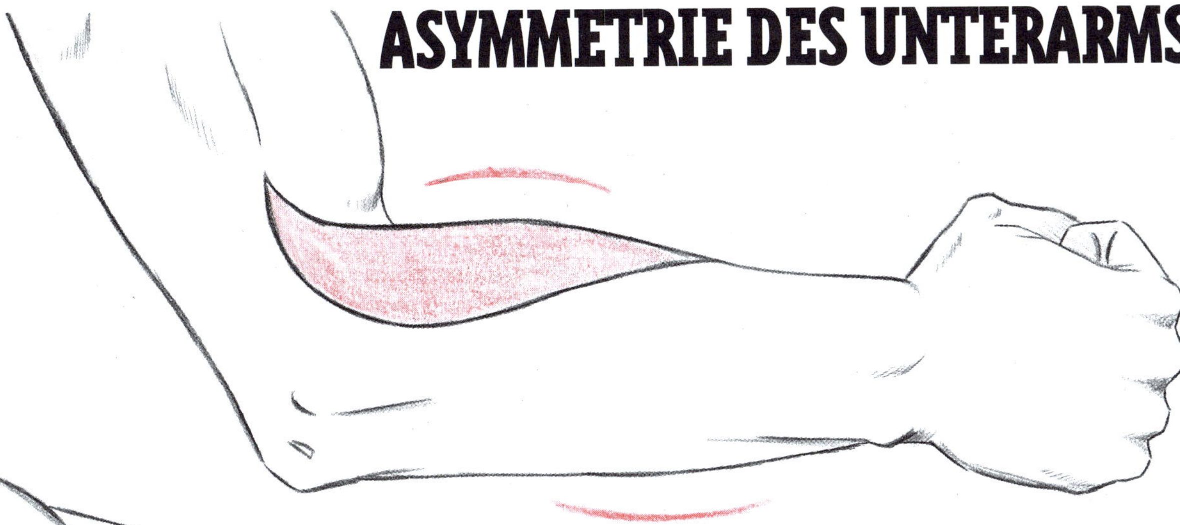

Die markierte Muskelgruppe des Unterarms dreht sich bei einer Hand- und Armdrehung mit. Beachte, in welchem Ausmaß diese Muskelgruppe die Asymmetrie des Unterarms bestimmt.

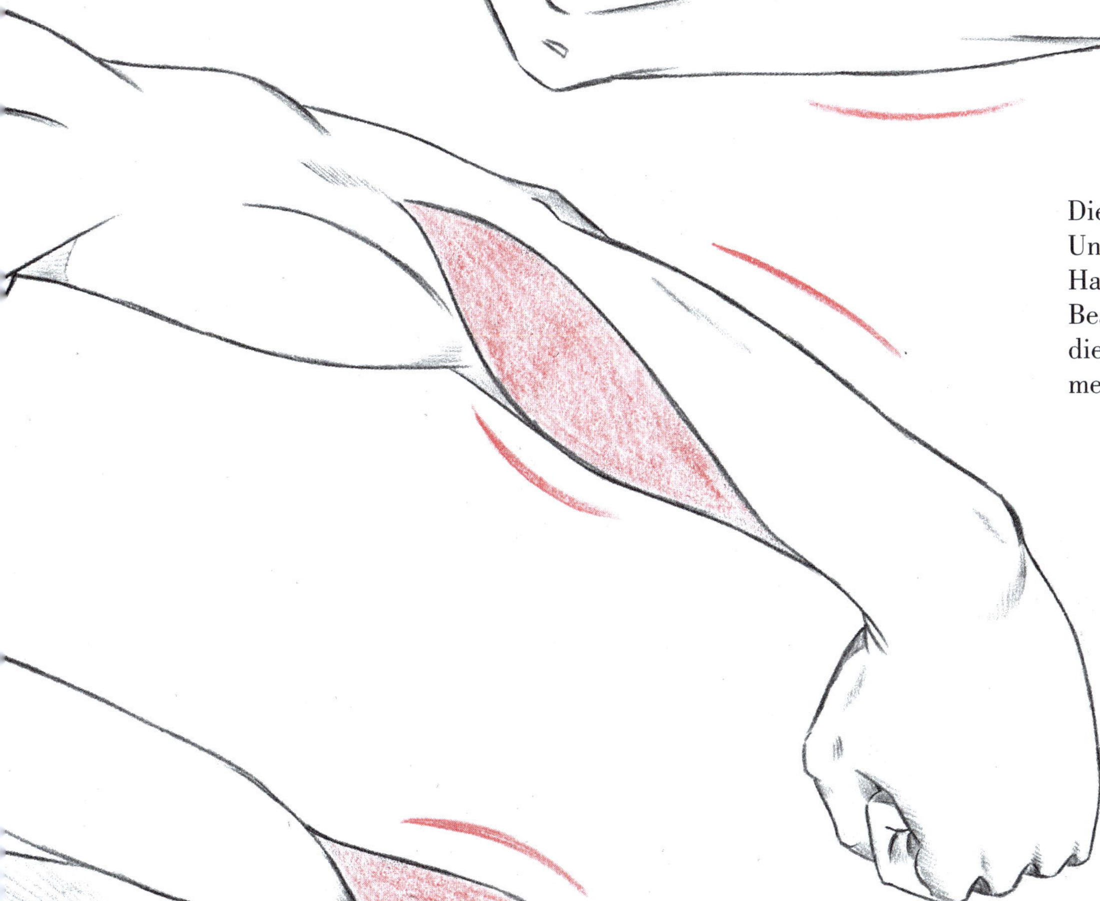

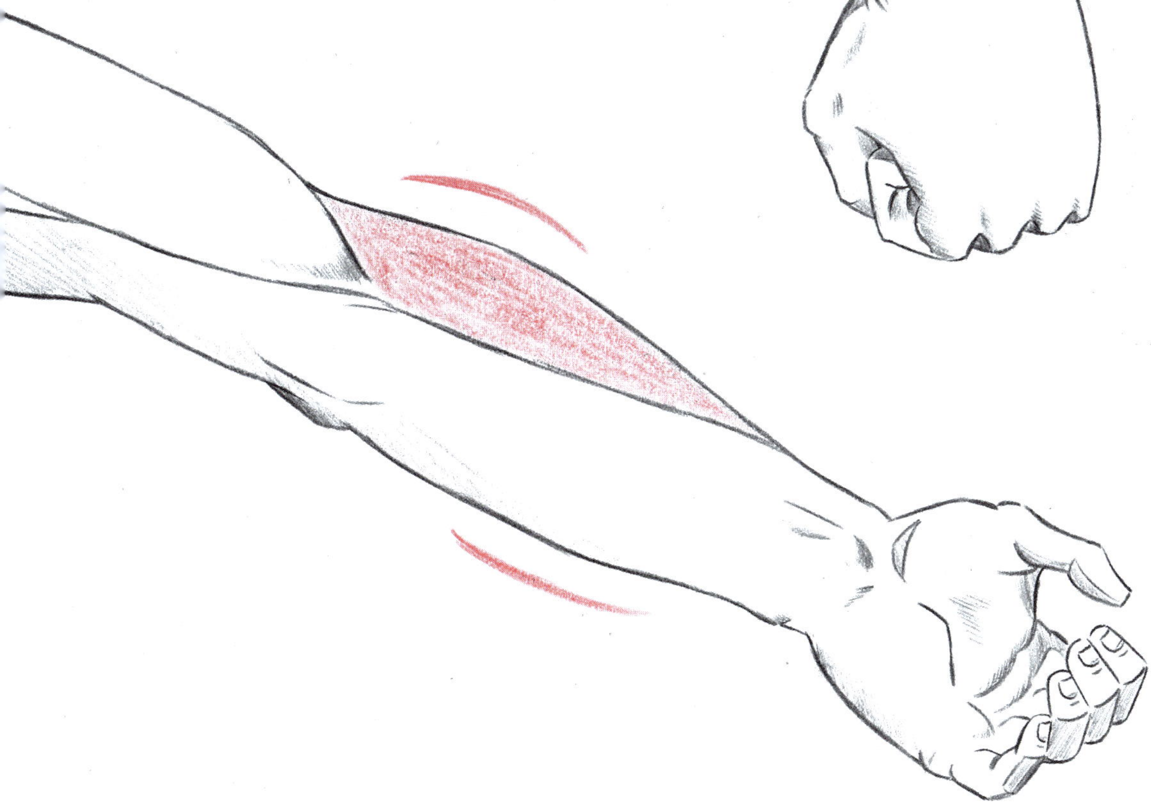

ASYMMETRIE DES KNIES UND DER WADE

Der äußere Wadenmuskel tritt weiter oben hervor als der innere. Das Knie scheint seinen höchsten Punkt vorn am Bein weiter oben zu haben, da die Patella mit dem Femur verbunden ist.

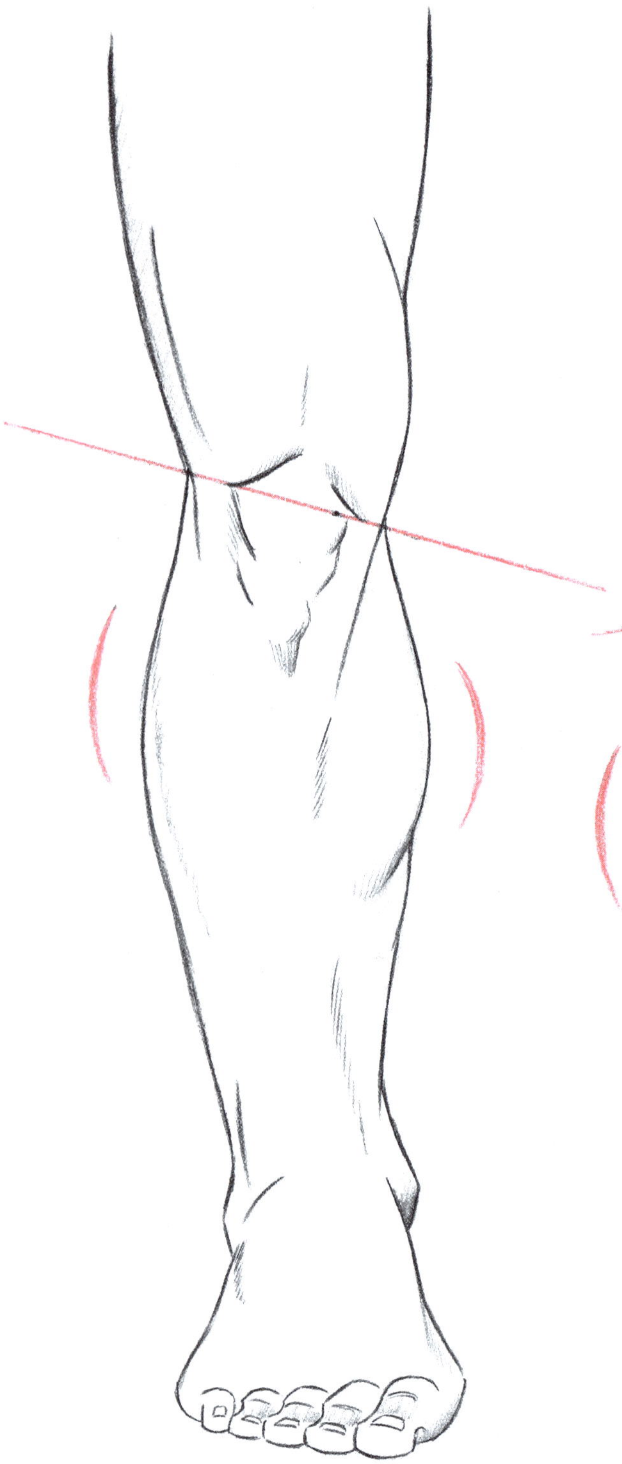

VORN

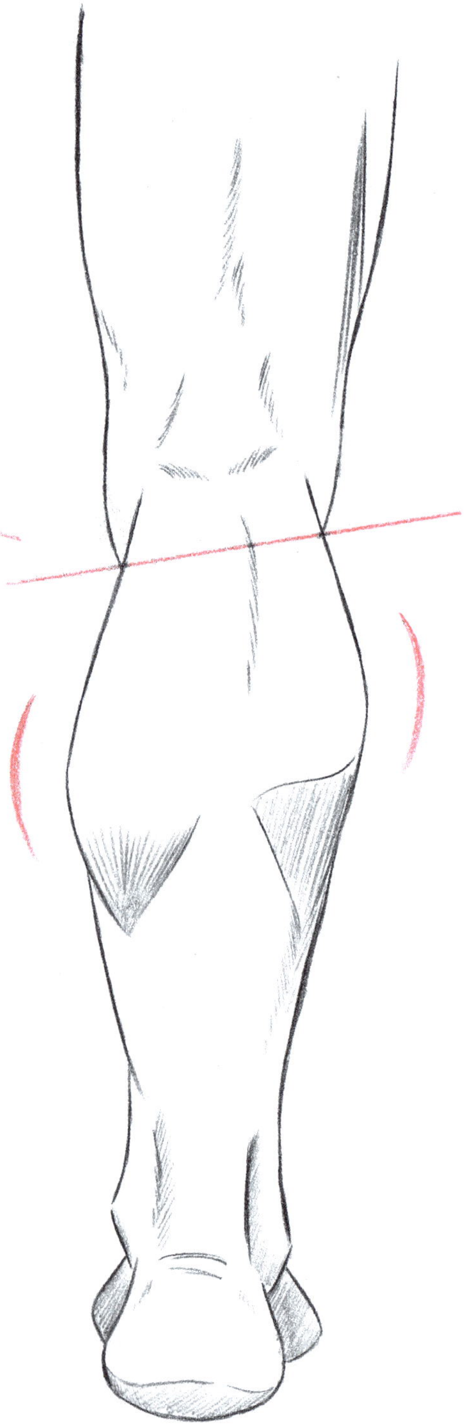

HINTEN

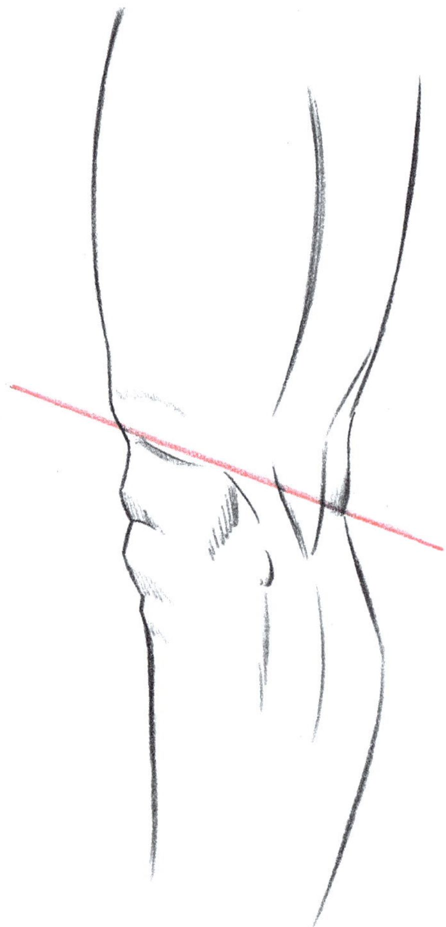

SEITE

ASYMMETRIE DER KNÖCHEL

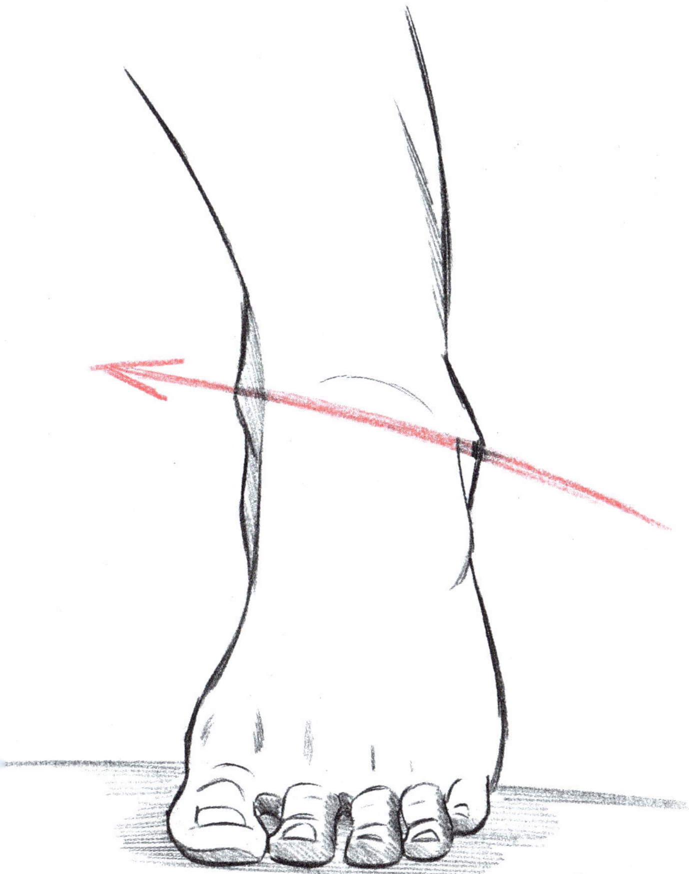

Der Innenknöchel liegt immer höher als der Außenknöchel.

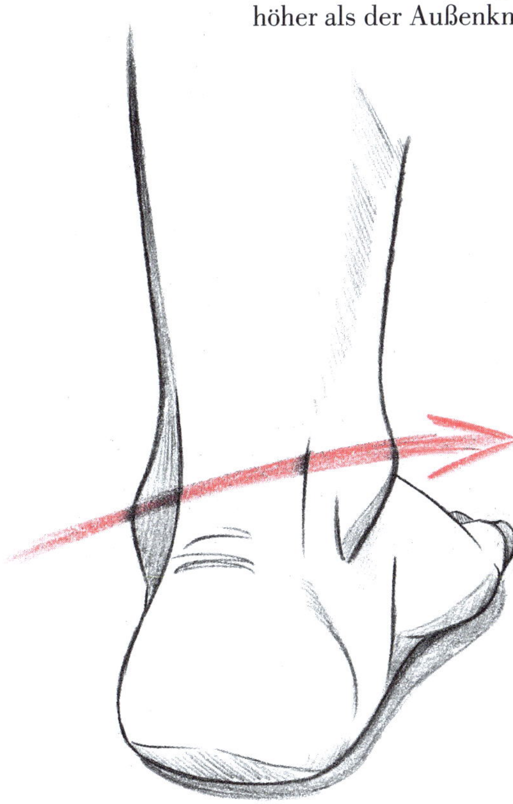

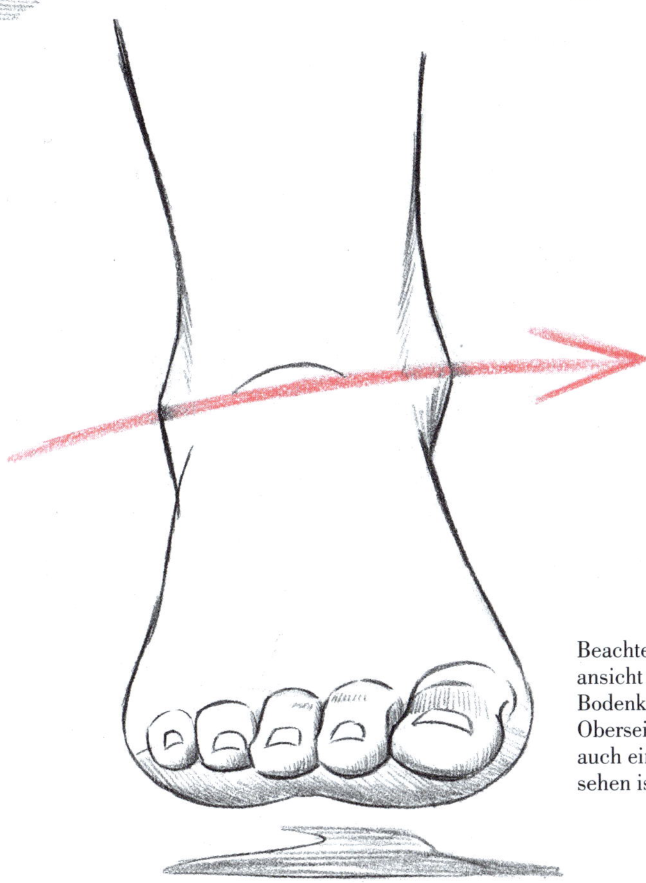

Beachte, dass bei der Vorderansicht eines Fußes ohne Bodenkontakt nicht nur die Oberseite des Fußes, sondern auch ein Stück Fußsohle zu sehen ist.

MUSKELN: Dehnen und Beugen

Beim Beugen einer Extremität kontrahieren die Muskeln auf der Seite, die gebeugt wird, und wölben sich hervor, während sie sich auf der gegenüberliegenden Seite dehnen und länger werden.

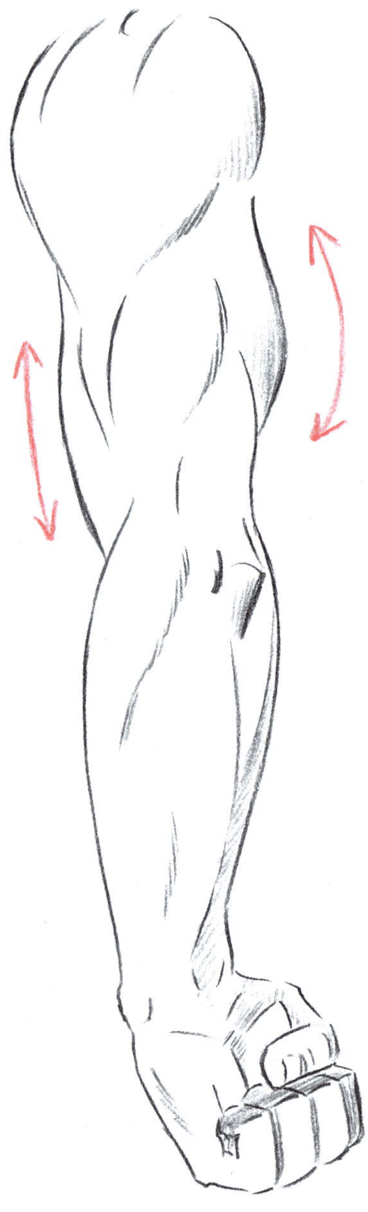

GESTRECKTER ARM
Bei ausgestrecktem Arm kontrahiert der Trizeps, der Bizeps streckt und dehnt sich.

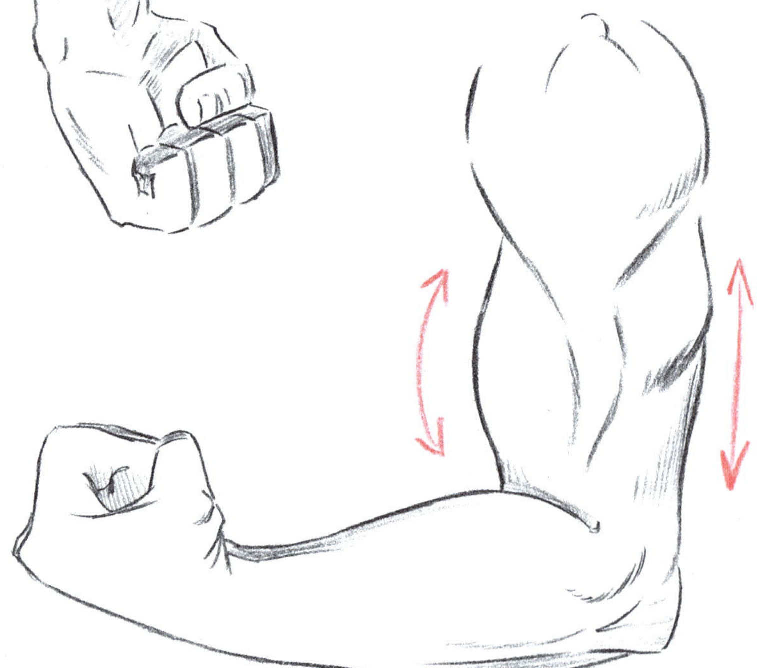

GEBEUGTER ARM
Bei gebeugtem Arm wölbt sich der Bizeps, während sich der Trizeps streckt und dehnt.

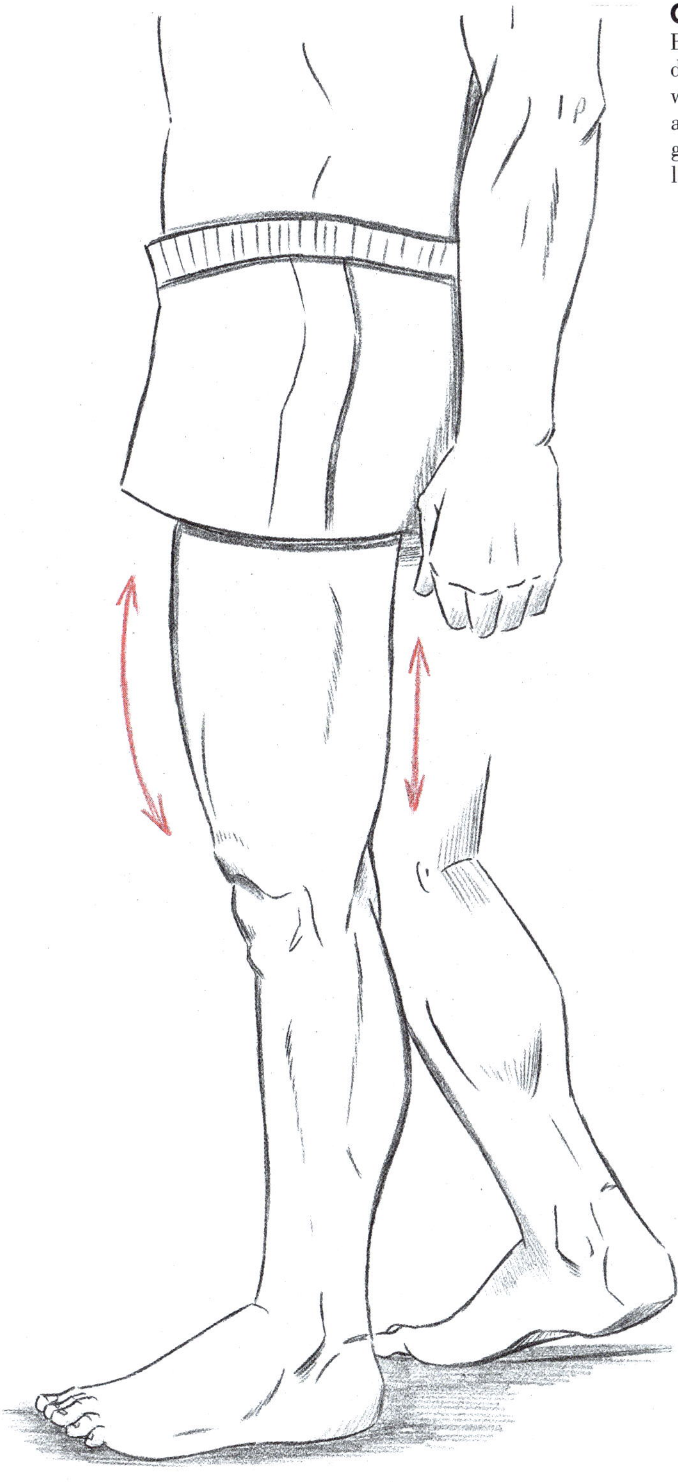

GESTRECKTES BEIN

Bei durchgedrücktem Knie kontrahiert die Vorderseite des Oberschenkels und wölbt sich hervor, während die Muskeln auf der Rückseite des Beins, die Kniegelenksbeuger, gedehnt und dadurch länger werden.

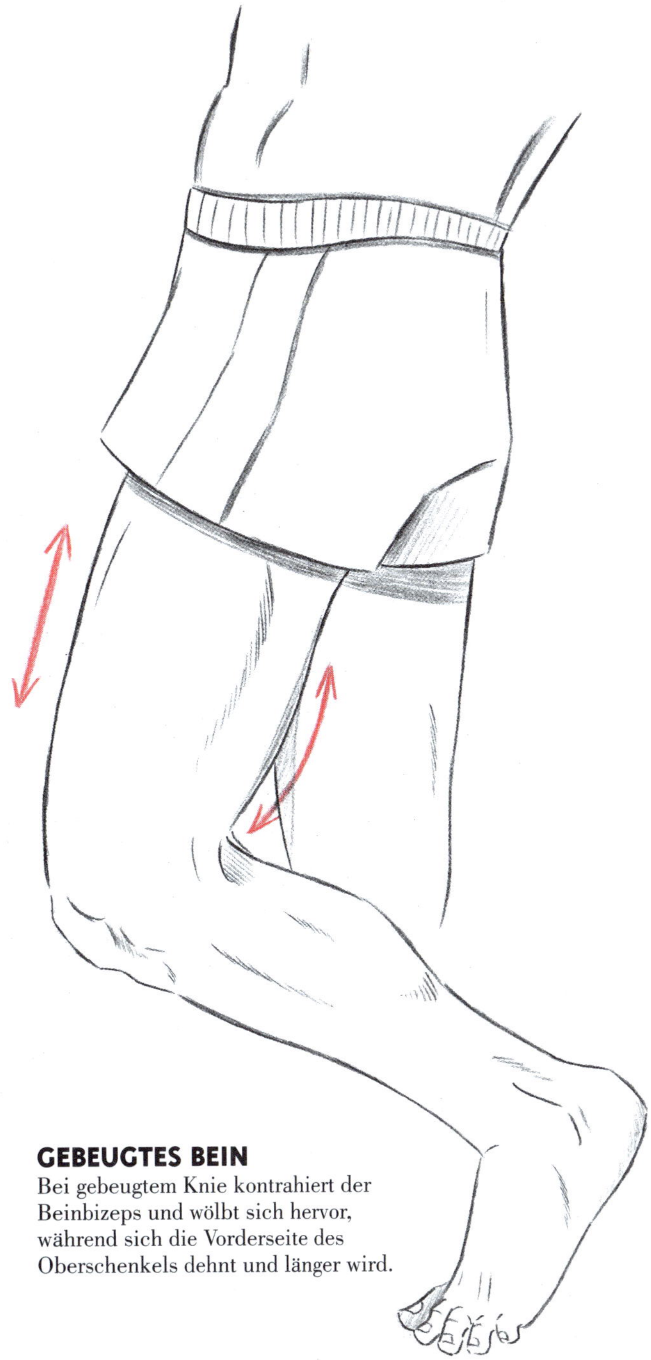

GEBEUGTES BEIN

Bei gebeugtem Knie kontrahiert der Beinbizeps und wölbt sich hervor, während sich die Vorderseite des Oberschenkels dehnt und länger wird.

VERKLEINERUNG

Ein Objekt wird kleiner, wenn es sich vom Betrachter entfernt. Bestes Beispiel hierfür sind Eisenbahnschienen, die mit zunehmender Entfernung immer kleiner werden.

VERKLEINERUNG: DER ARM

Ein unerfahrener Künstler würde diese stehende Frau wahrscheinlich mit gleich langen angewinkelten Armen zeichnen und nicht erkennen, dass der hintere Arm kleiner und der vordere Arm länger sein muss, weil die Frau in einem bestimmten Winkel zum Betrachter steht.

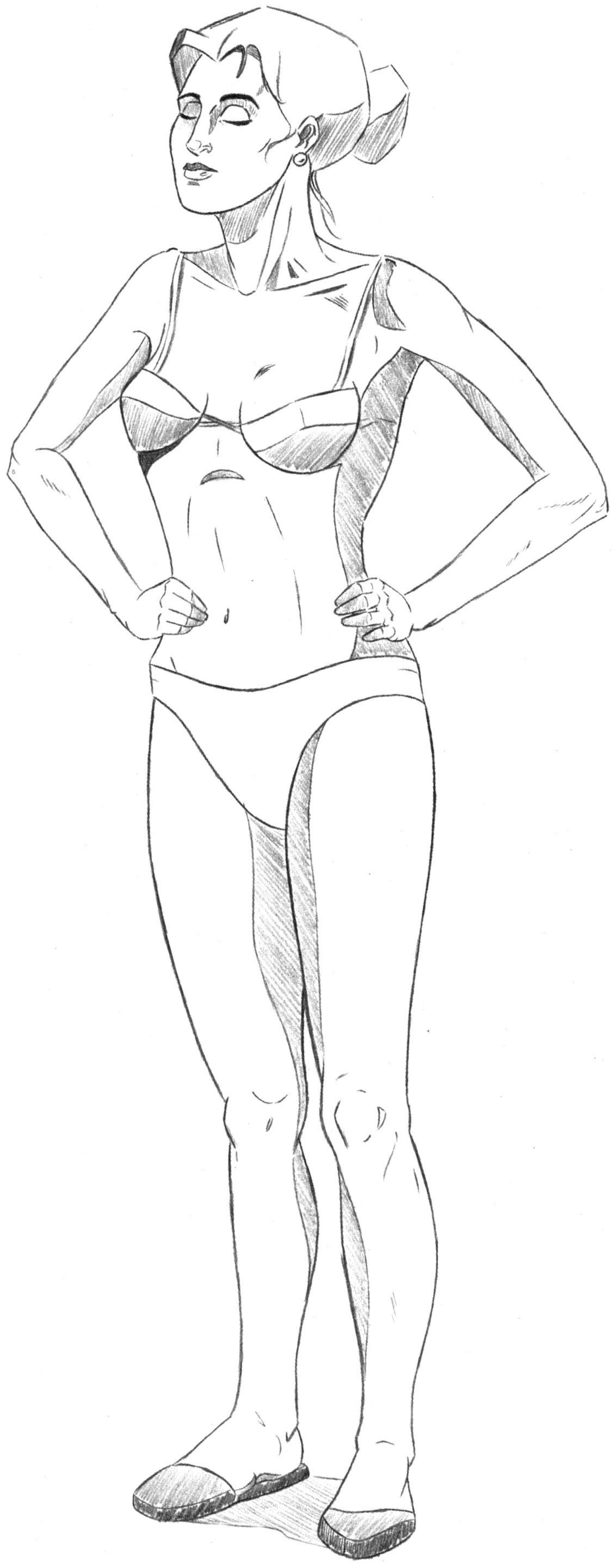

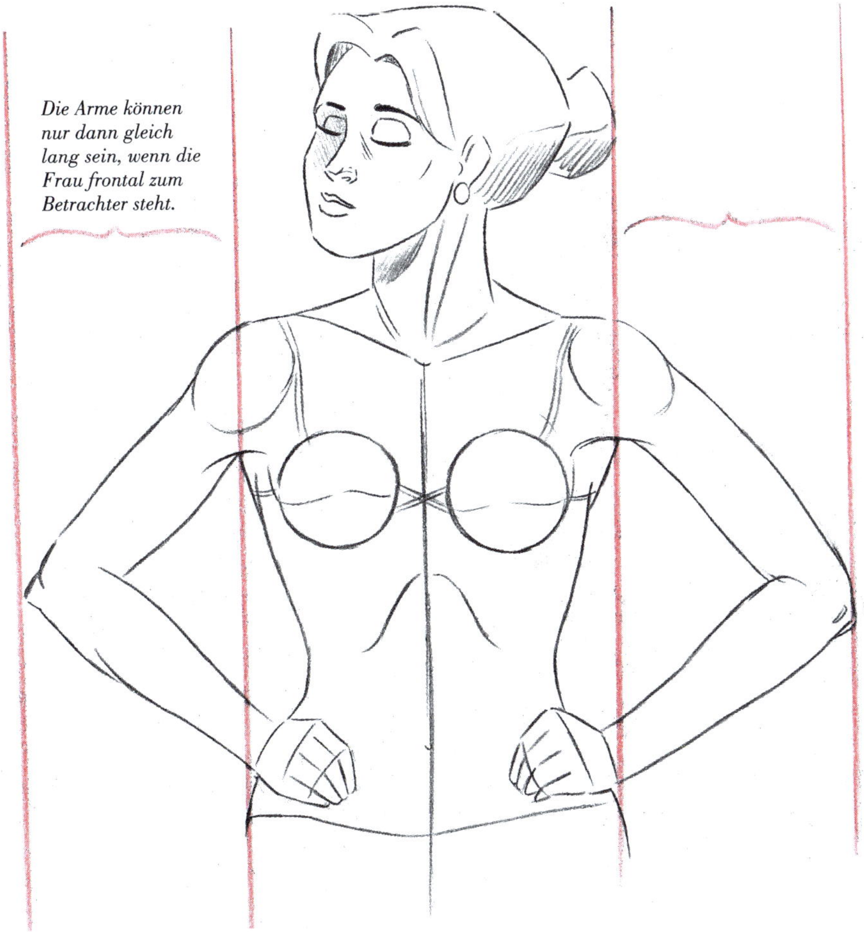

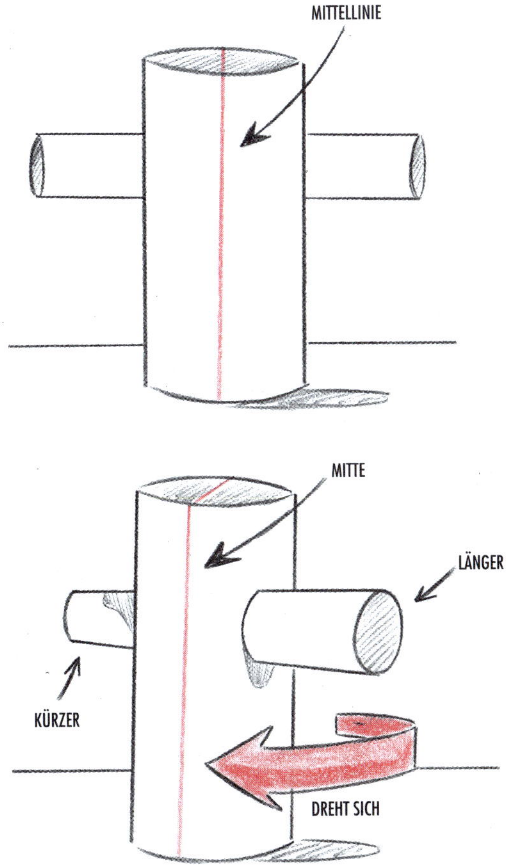

Ein Beispiel für die Mechanik der Verkleinerung

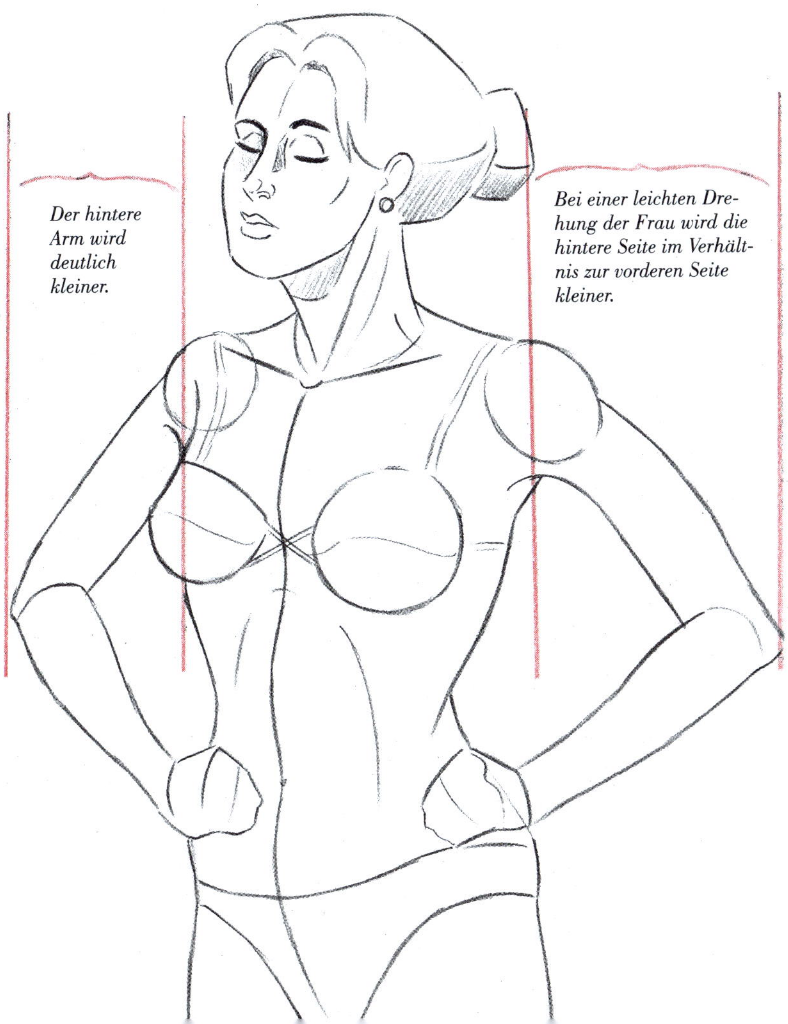

Wegen seines starken Winkels wird der hintere Arm kürzer gezeichnet. Er sieht nur deshalb nicht falsch aus, weil er mit zunehmender Entfernung vom Betrachter deutlich kleiner wird. Beachte, dass sich die rechte Hand der Figur am Handgelenk mit dem rechten Unterarm und der rechte Unterarm in der Ellbogenbeuge mit dem rechten Oberarm überschneiden.

VERKÜRZUNG

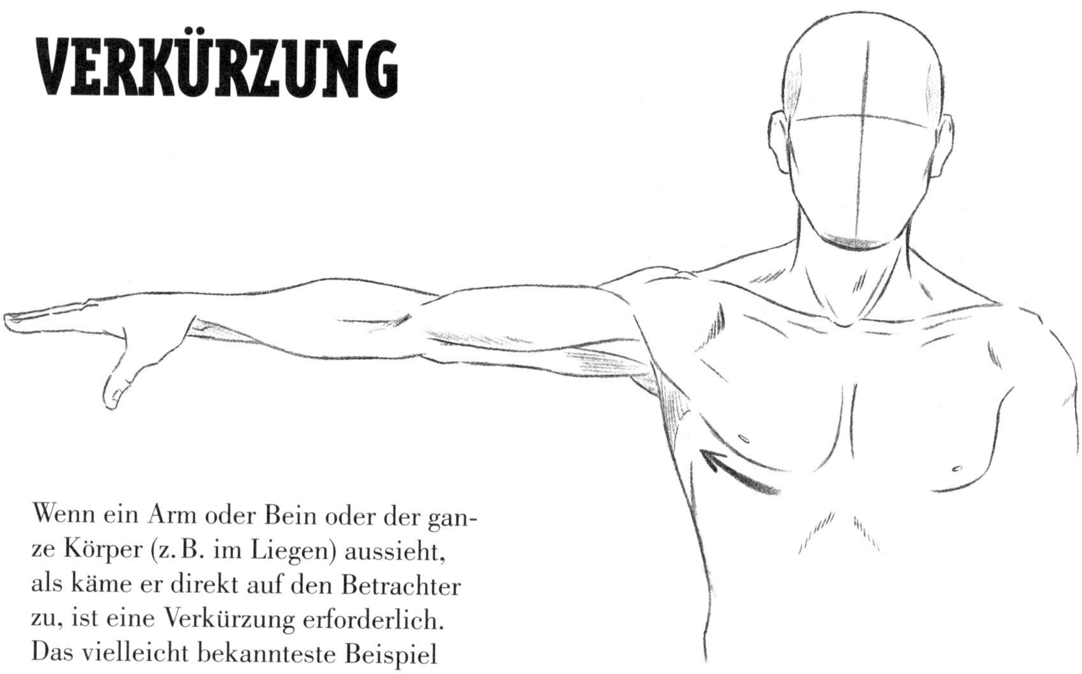

DER ARM
In dieser Haltung wird nicht verkürzt, da der Arm parallel zur Bildfläche verläuft. Er ist weder auf den Betrachter hin noch vom Betrachter weg gerichtet. Beachte, dass sich die Brustmuskeln bei einer Hebung des Arms ebenfalls heben.

Wenn ein Arm oder Bein oder der ganze Körper (z. B. im Liegen) aussieht, als käme er direkt auf den Betrachter zu, ist eine Verkürzung erforderlich. Das vielleicht bekannteste Beispiel ist jenes Poster, auf dem „Uncle Sam", die Symbolfigur Amerikas, direkt mit dem Finger auf den Betrachter zeigt. Die Verkürzung flacht ein Objekt ab und reduziert seine Länge, wodurch der Eindruck von Tiefe entsteht.

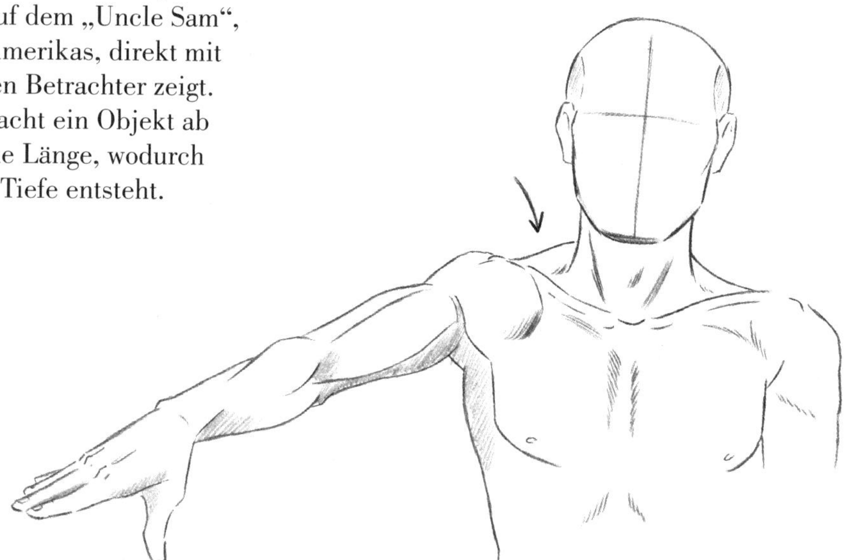

Da die Figur den Arm nach vorn zum Betrachter richtet, wird er leicht verkürzt gezeichnet. Die Muskeln überschneiden sich ein wenig. Der Trapezmuskel ist angespannt, um das Heben des Arms zu unterstützen.

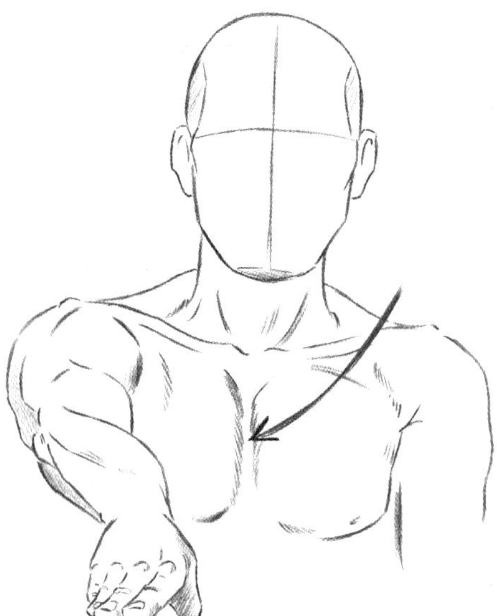

Diese Haltung erfordert eine erhebliche Verkürzung. Die Armmuskeln überschneiden sich zwar deutlich, doch sind die Merkmale des Arms noch immer gut zu erkennen: die Schulter- und Oberarmmuskeln, das Ellenbogengelenk, die Unterarmmuskeln sowie die Hand. Der Brustmuskel, der dem angehobenen Arm am nächsten liegt, ist angespannt.

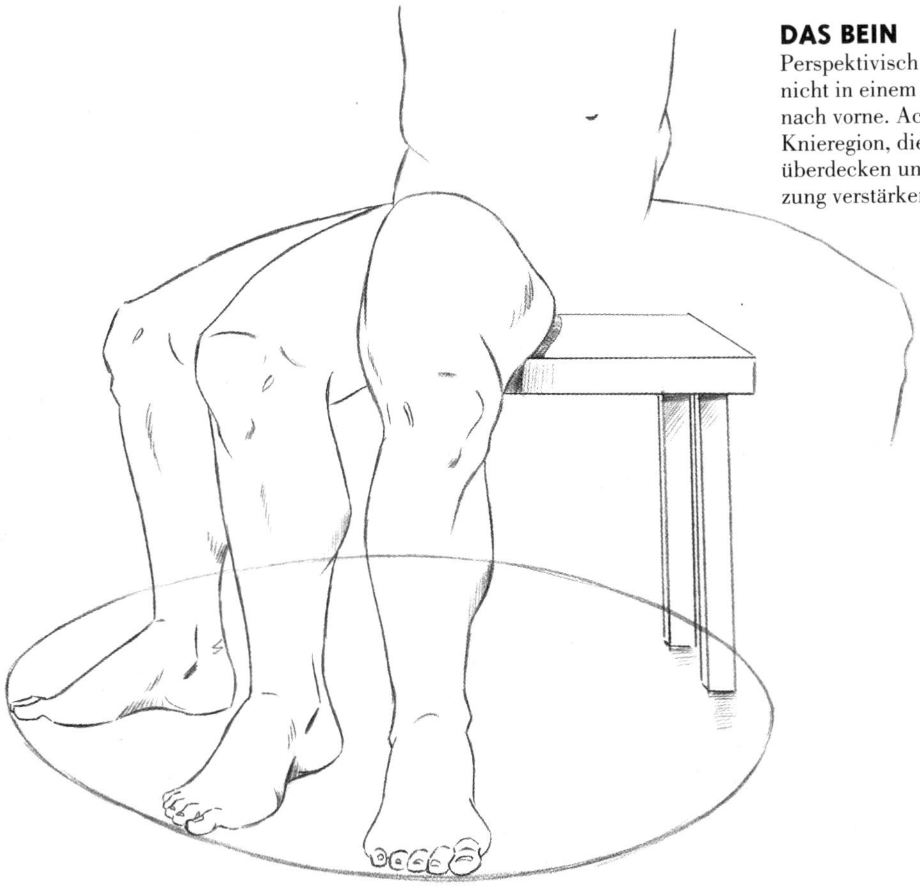

DAS BEIN

Perspektivisch gesehen bewegt sich das Bein nicht in einem Kreis, sondern in einem Oval nach vorne. Achte auf die Muskeln der inneren Knieregion, die den Ober- und Unterschenkel überdecken und somit die Wirkung der Verkürzung verstärken.

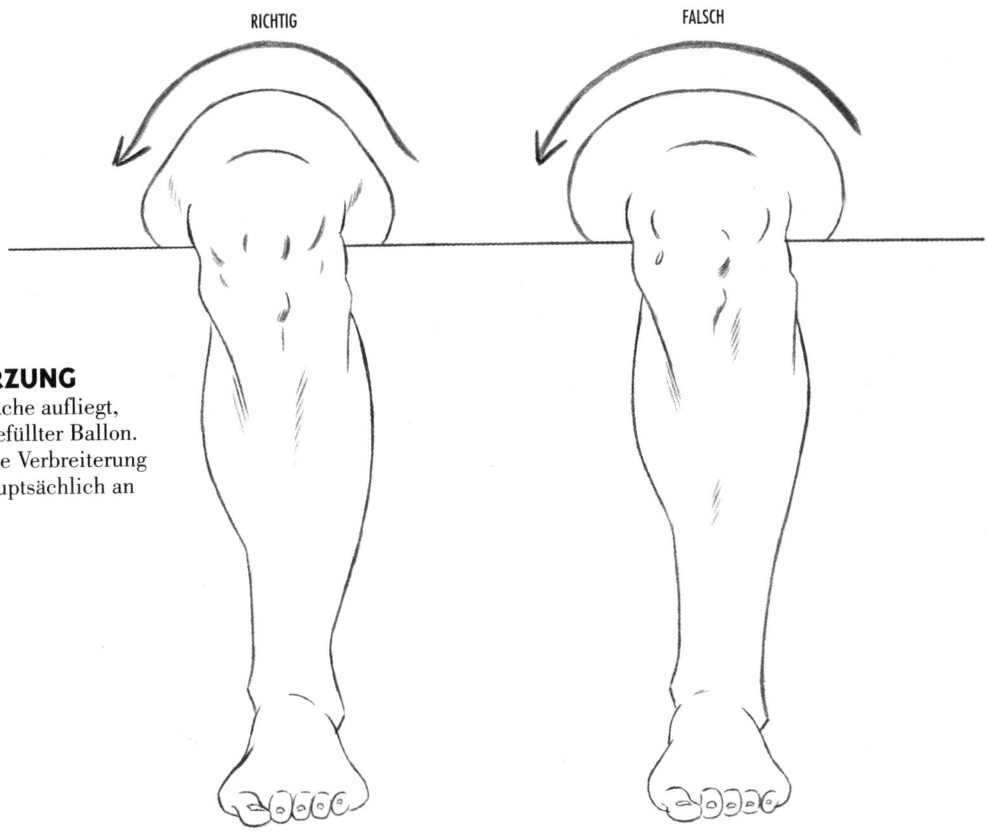

KOMPRESSION UND VERKÜRZUNG

Wenn das Bein flach auf einer Oberfläche aufliegt, wird es breiter – wie ein mit Wasser gefüllter Ballon. Aufgrund seiner Muskulatur erfolgt die Verbreiterung jedoch nicht gleichmäßig, sondern hauptsächlich an der Unterseite des Beins.

VERKÜRZUNG UND AUSLASSUNG

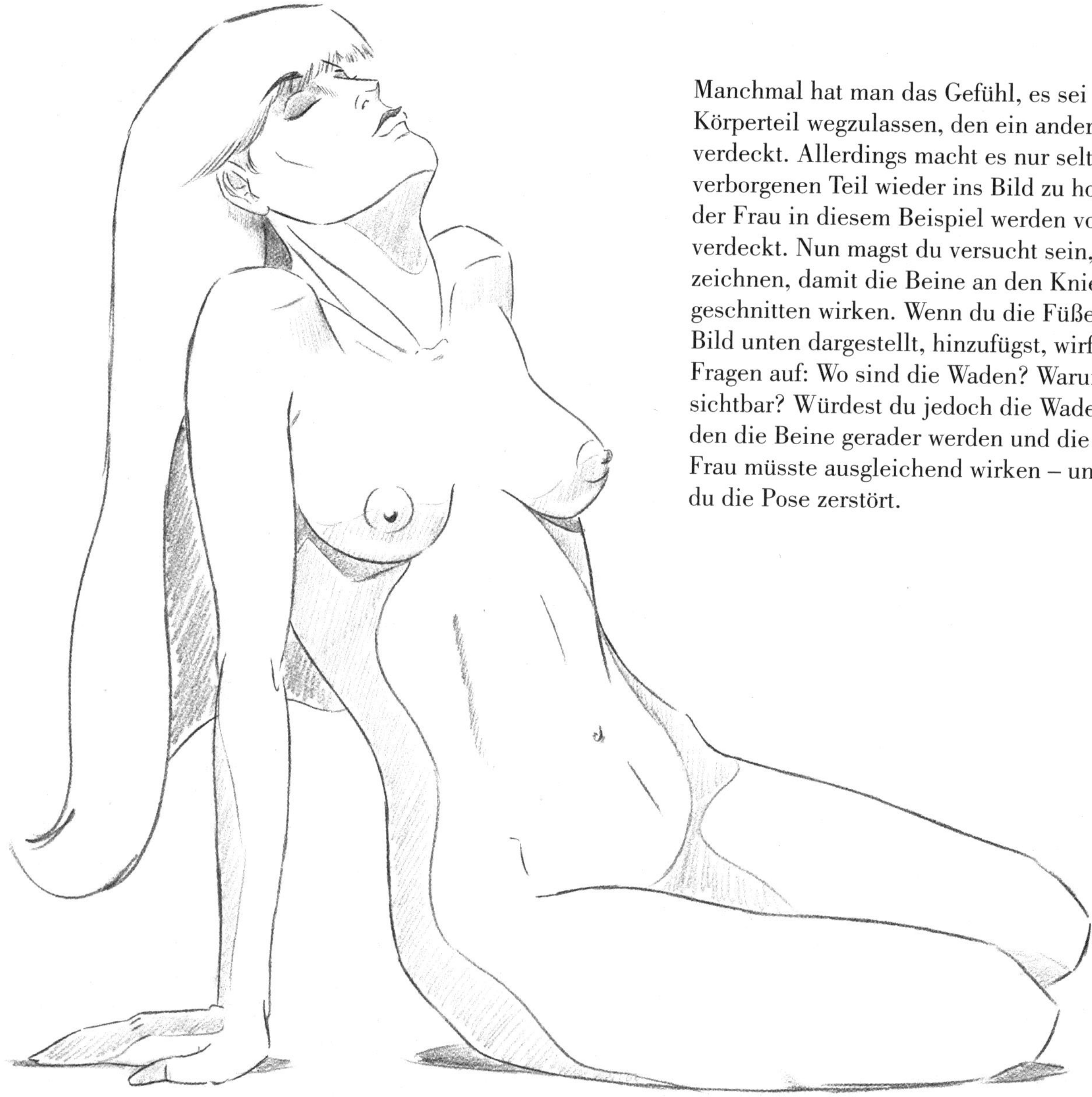

Manchmal hat man das Gefühl, es sei falsch, einen Körperteil wegzulassen, den ein anderer Körperteil verdeckt. Allerdings macht es nur selten Sinn, den verborgenen Teil wieder ins Bild zu holen. Die Füße der Frau in diesem Beispiel werden von den Beinen verdeckt. Nun magst du versucht sein, die Füße zu zeichnen, damit die Beine an den Knien nicht wie abgeschnitten wirken. Wenn du die Füße aber, wie im Bild unten dargestellt, hinzufügst, wirft das noch mehr Fragen auf: Wo sind die Waden? Warum sind sie nicht sichtbar? Würdest du jedoch die Waden zeichnen, würden die Beine gerader werden und die Haltung der Frau müsste ausgleichend wirken – und schon hättest du die Pose zerstört.

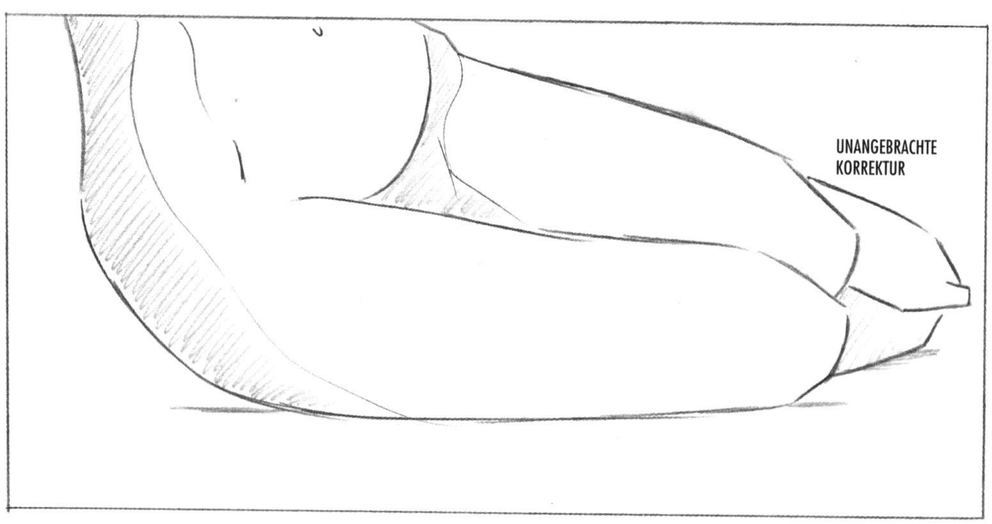

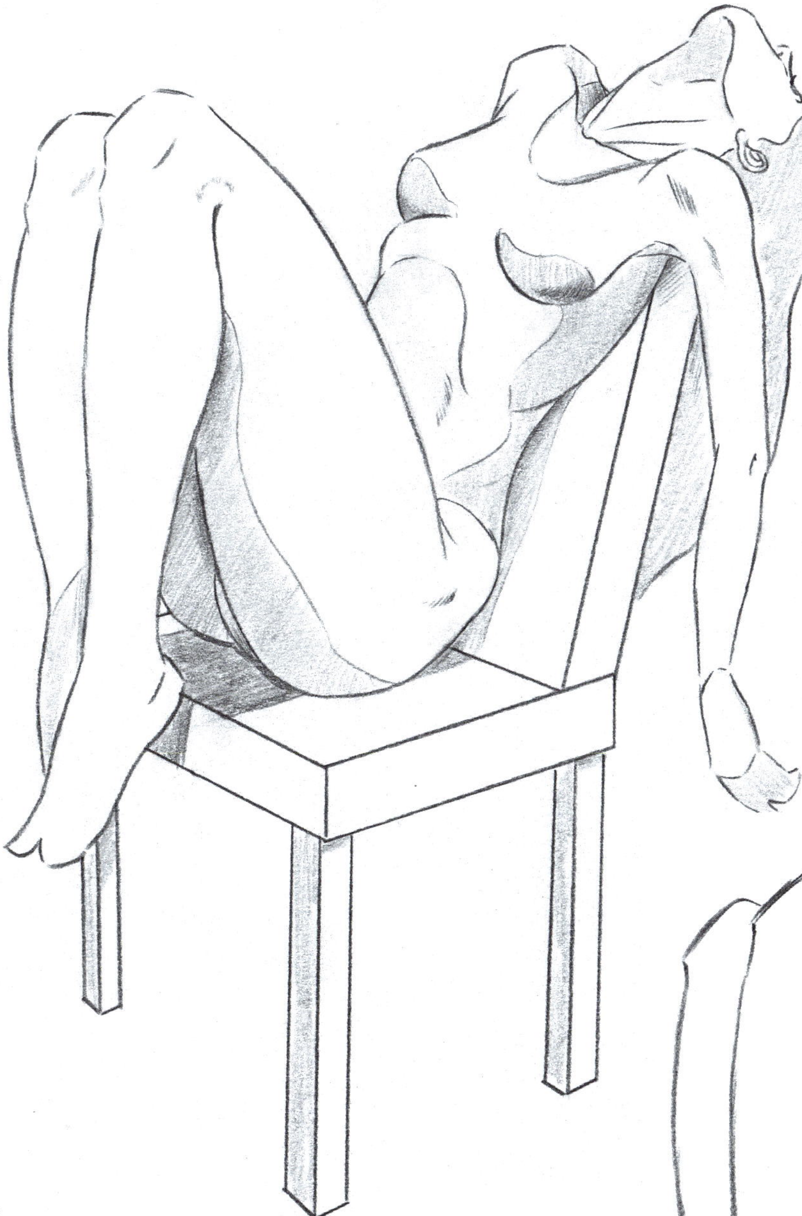

In diesem Beispiel wurde ein Großteil des Körpers weggelassen, da er von den Beinen verdeckt ist. Dadurch sieht es so aus, als seien die Beine näher am Betrachter. In der Vorzeichnung sollte man den für den Betrachter unsichtbaren Teil des Körpers unbedingt zeichnen. Übergeht man diesen Schritt, stimmen später häufig die Proportionen und das Verhältnis der Gelenke zueinander nicht mehr.

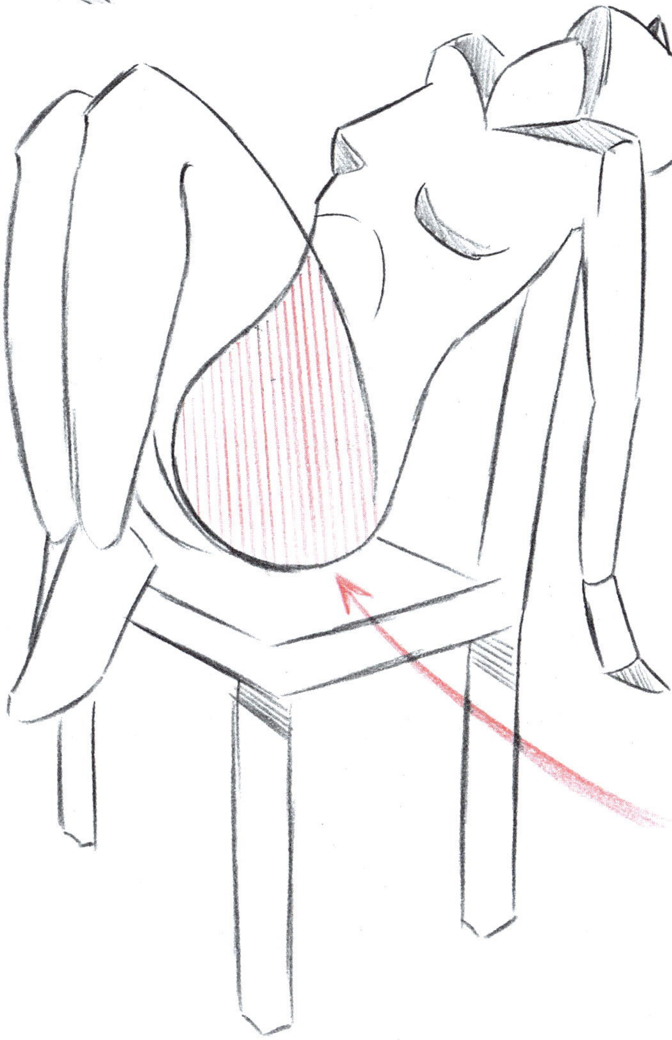

ALLES, WAS NICHT PARALLEL ZUR BILDFLÄCHE VERLÄUFT, MUSS KLEINER WERDEN

Jede Extremität in dieser Zeichnung, die nicht von rechts nach links über die Bildfläche verläuft, sondern sich vom Betrachter entfernt (siehe Pfeile), muss kleiner werden. Als Faustregel gilt: Je größer der Entfernungswinkel vom Betrachter, desto kleiner muss die Extremität gezeichnet werden.

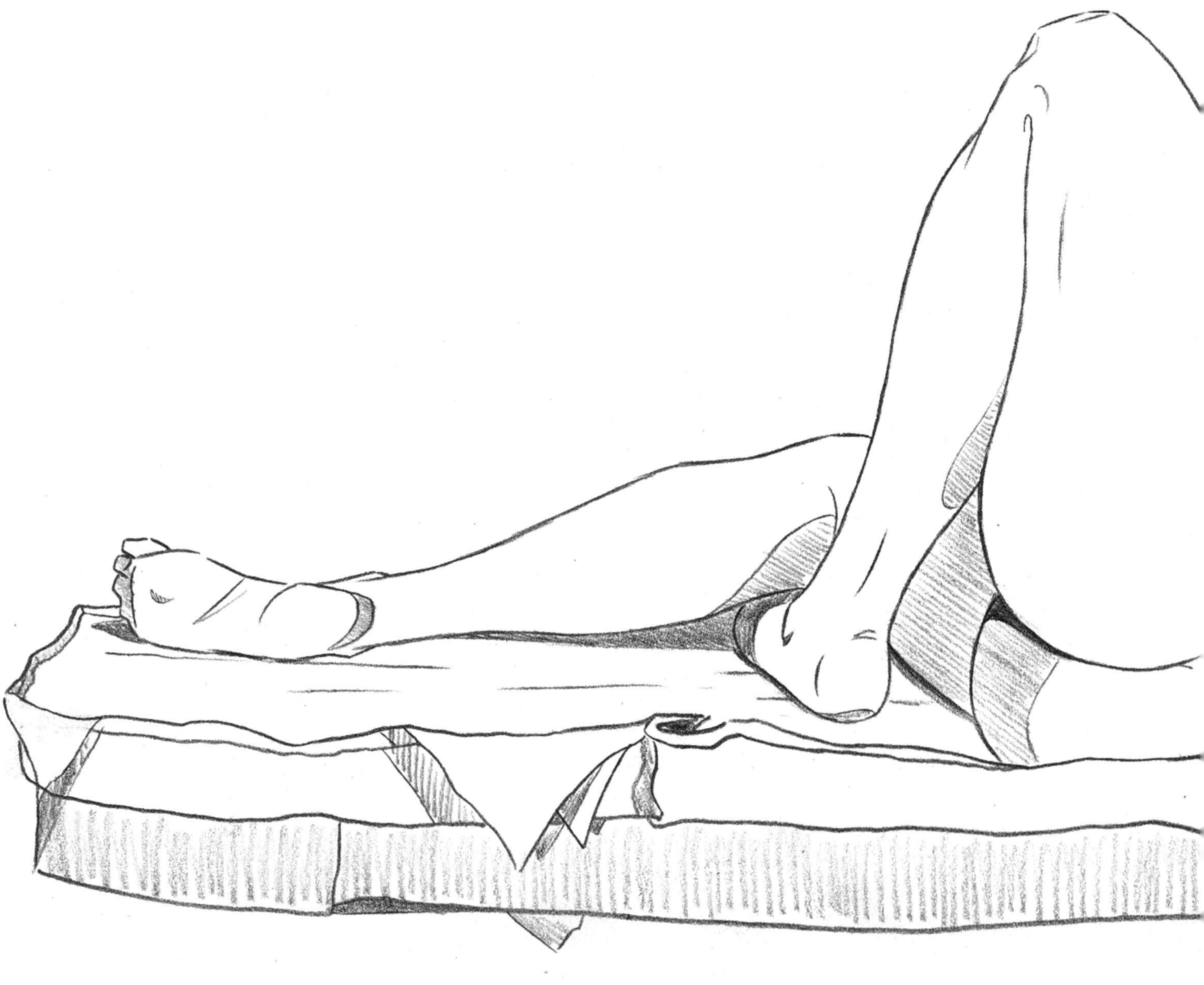

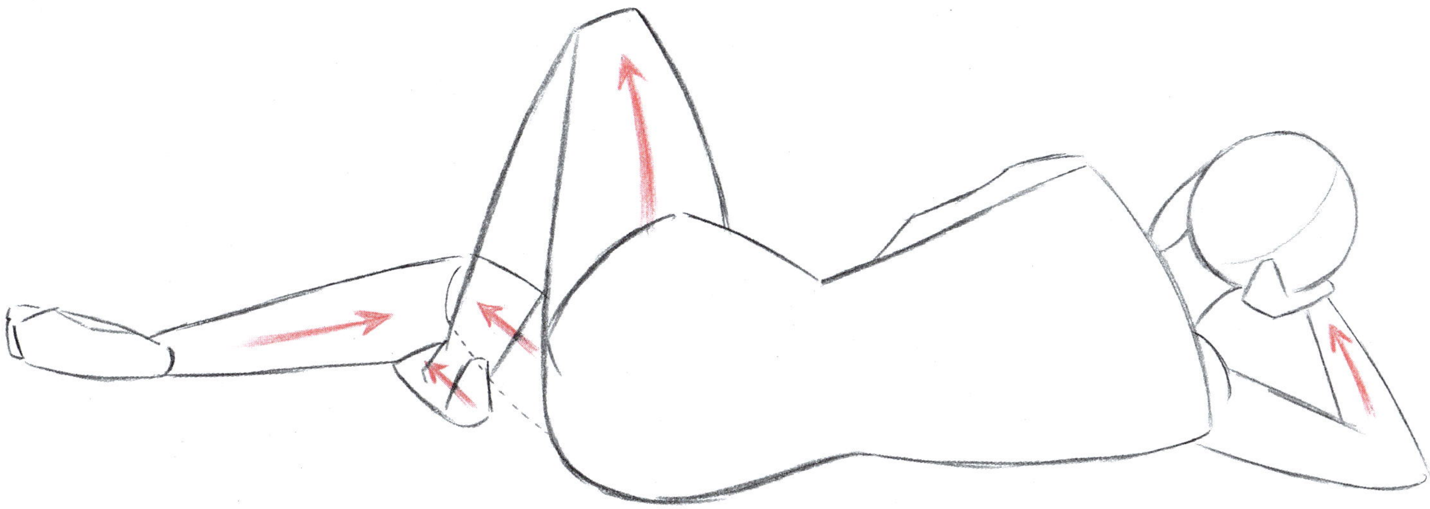

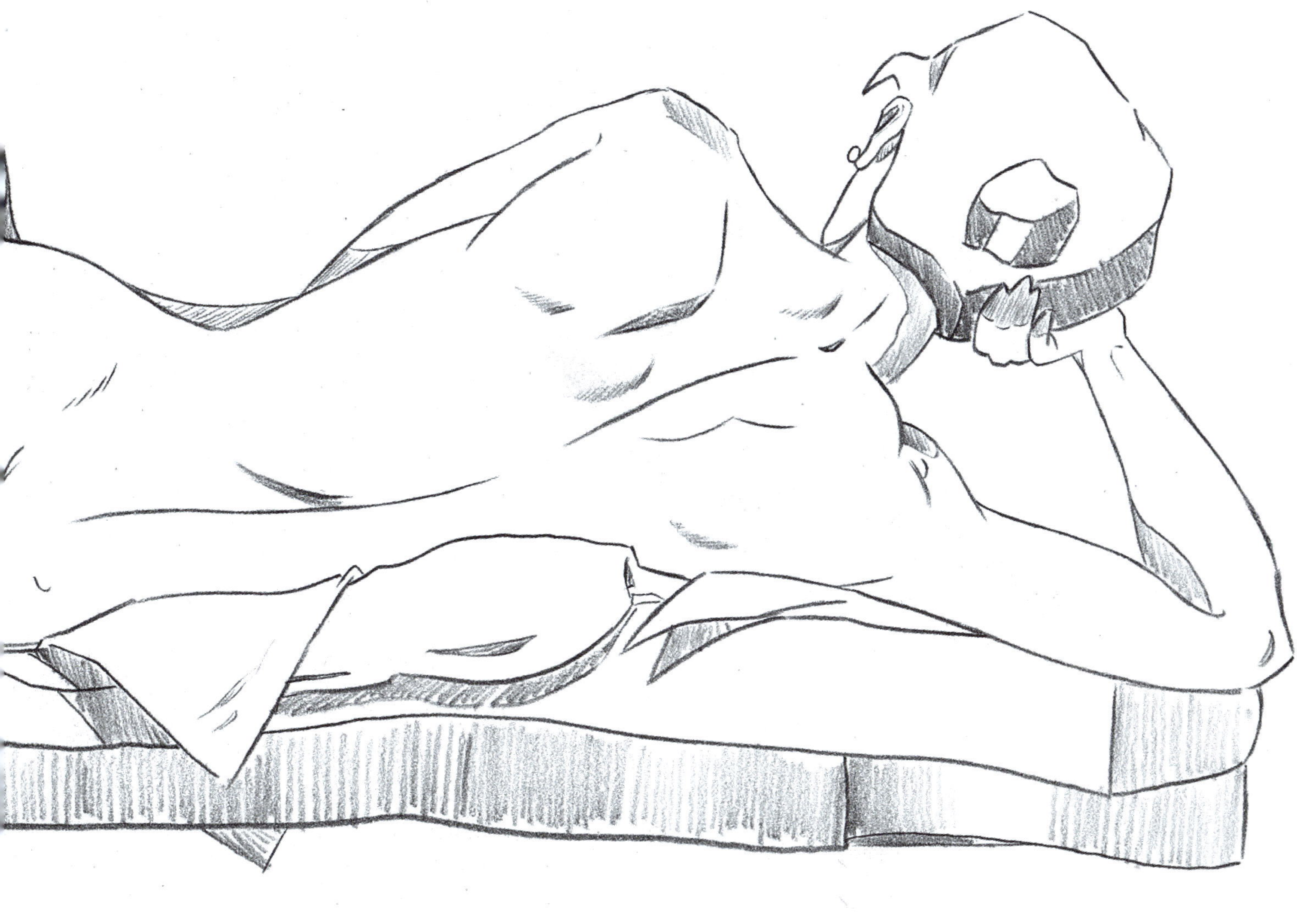

GEWICHTSVERLAGERUNG UND GLEICHGEWICHT

Manche Menschen verteilen im Stehen das Gewicht gleichmäßig auf beide Füße. Häufiger wird der Großteil des Gewichts jedoch auf einen Fuß verlagert und somit vom anderen Fuß weggenommen, vor allem, wenn man länger als 30 Sekunden auf derselben Stelle steht. Dabei nimmt der ganze Körper eine für Künstler und Illustratoren ausgesprochen interessante, ausgleichende Haltung ein – er entwickelt eine gewisse Dynamik: Um das zusätzliche Gewicht zu tragen, streckt sich das Standbein, drückt das Knie durch und schiebt die Hüfte auf dieser Seite nach oben. Um die Anhebung der Hüfte auszugleichen, sackt die Schulter auf derselben Seite nach unten, was wiederum den Arm tiefer hängen lässt. Zum Ausgleich der herabsackenden Schulter neigt sich der Kopf in die entgegengesetzte Richtung, weg von der Seite, auf der das Gewicht ruht.

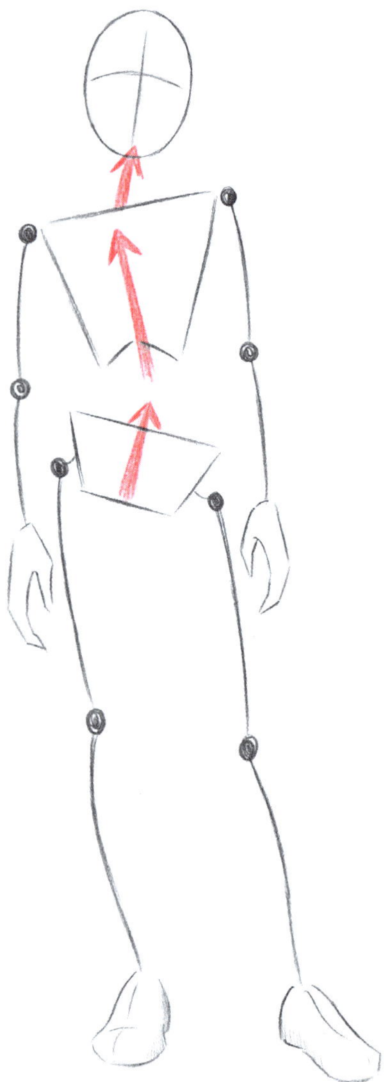

Das Gewicht ruht auf dem rechten Bein. Das durchgedrückte Bein schiebt die Hüfte nach oben, was zu einem Herabsacken der Schulter und des Arms auf derselben Seite führt.

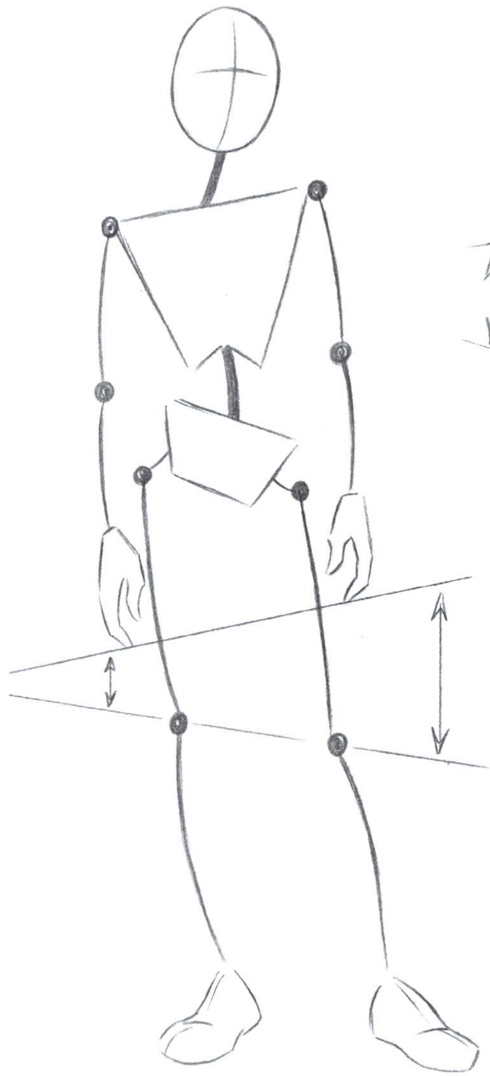

Als Folge des Gewichtsausgleichs ist die Hand auf der Seite des Standbeins dem Knie näher als die andere.

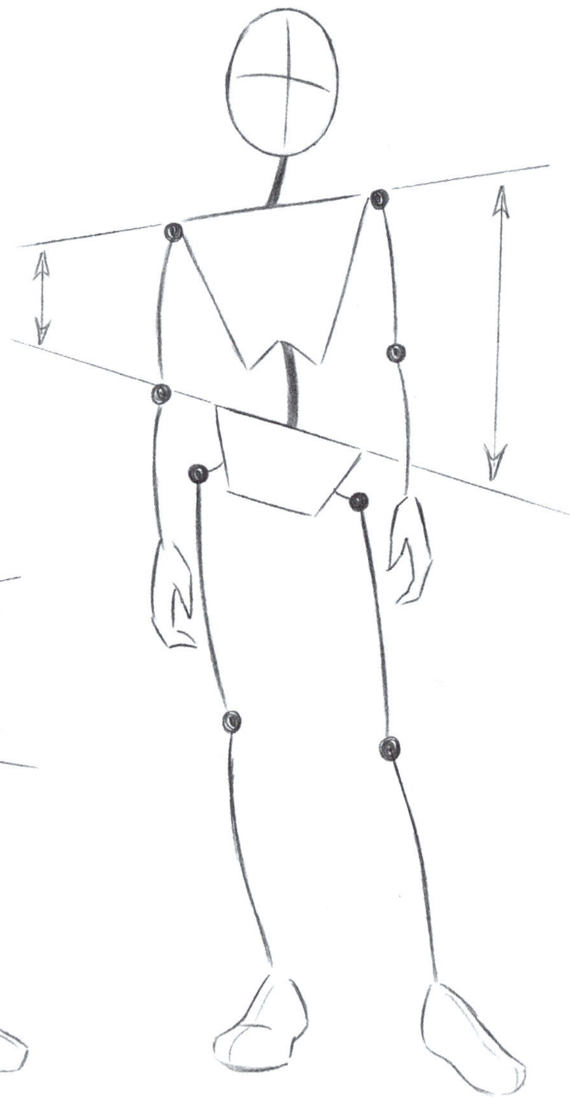

Beachte, dass die eine Körperseite länger wird und die andere kürzer.

WARUM IST DIE HÜFTE SCHIEF?

Stell dir die Beine als zwei Säulen vor, auf denen die Hüfte ruht. Wenn eine Säule bricht, stürzt die Konstruktion auf dieser Seite ein. Wenn du beim Gehen ein Bein anhebst, sackt die Hüfte auf dieser Seite aus demselben Grund ab.

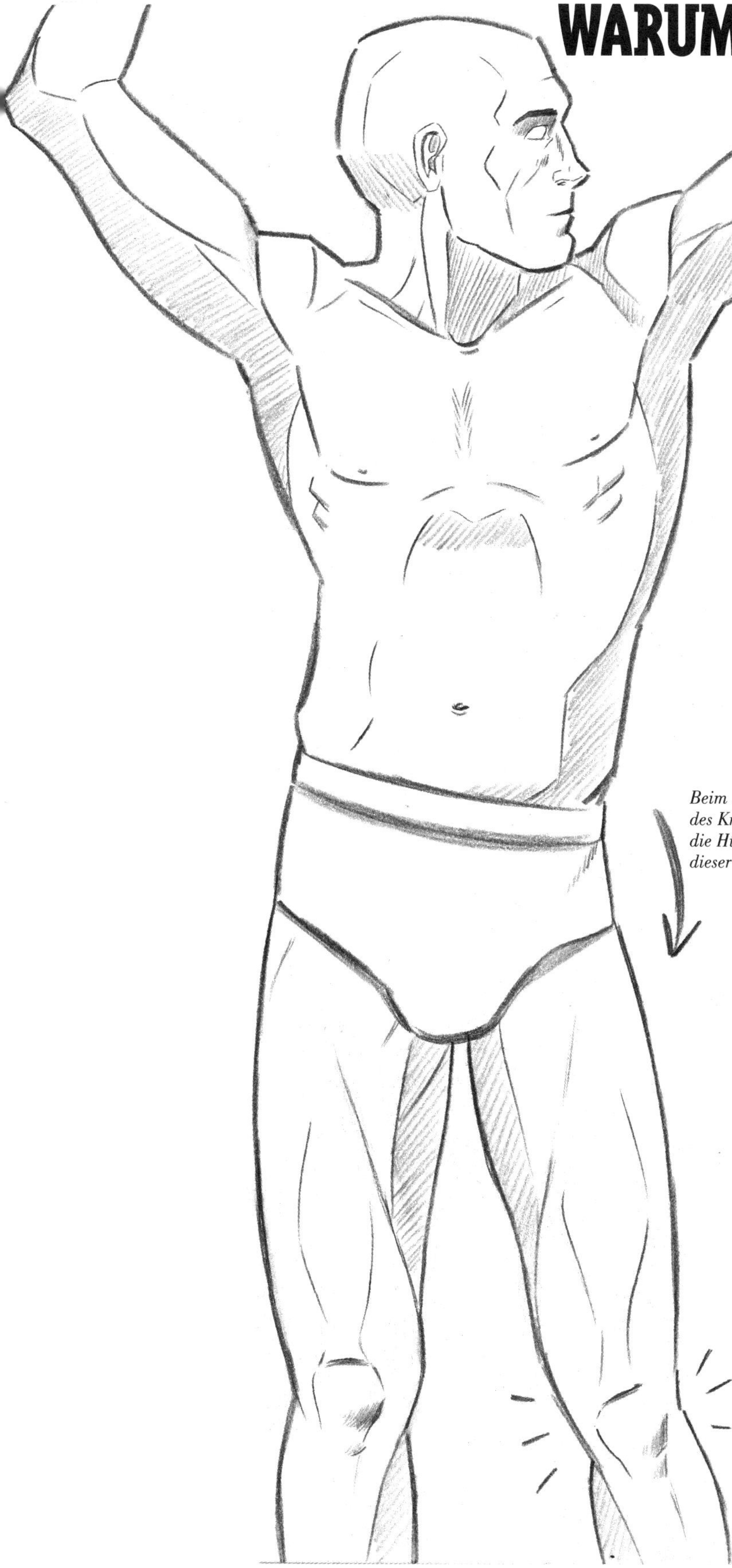

Beim Beugen des Knies sackt die Hüfte auf dieser Seite ab.

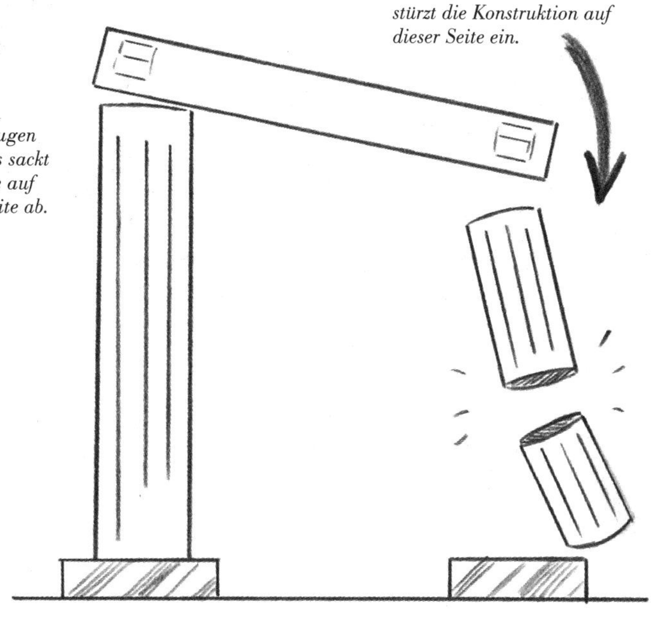

Beim Einsturz einer Säule stürzt die Konstruktion auf dieser Seite ein.

DAS STANDBEIN

Hier weitere Beispiele für die Gewichtsverlagerung beim Stehen auf einem Fuß. Wenn du dir unsicher bist, welches Bein denn nun das Gewicht trägt, betrachte die Hüften. Die höhere Hüfte gehört zu dem Bein, auf dem das Gewicht ruht.

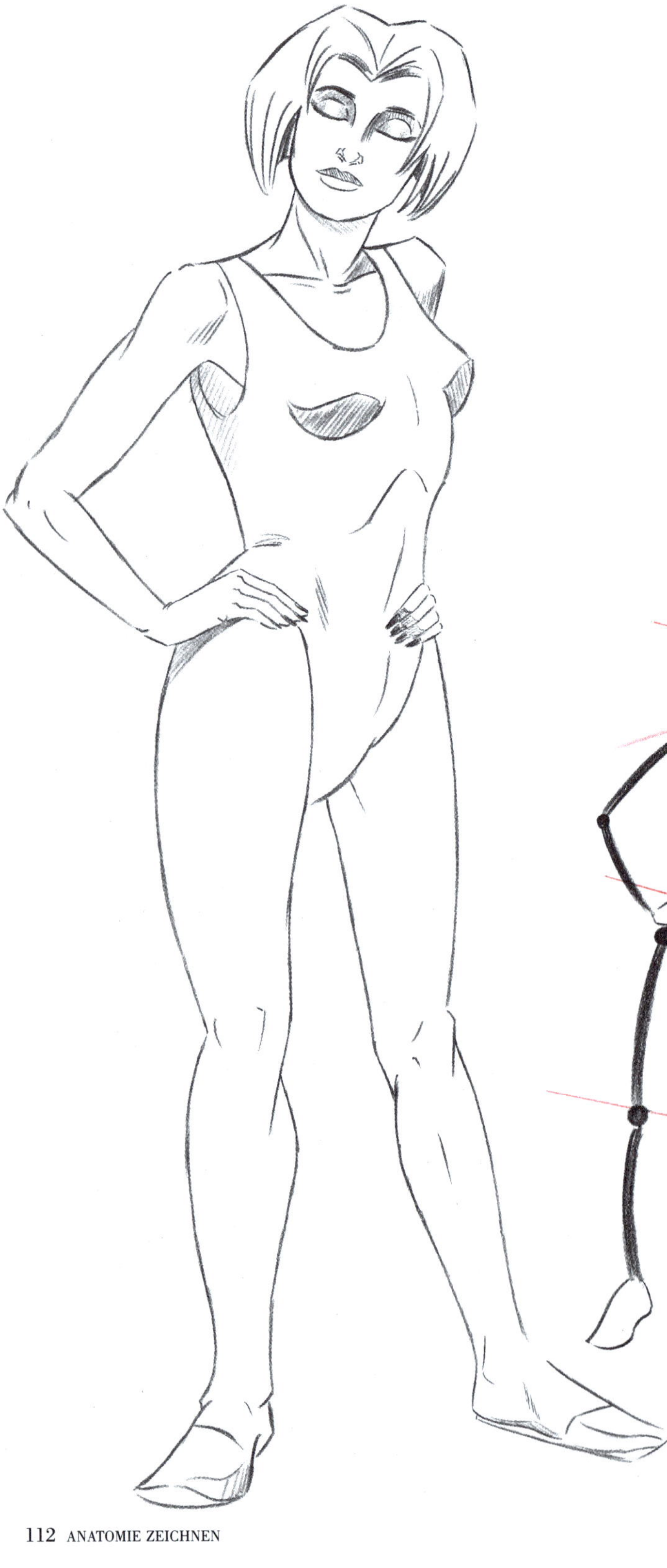

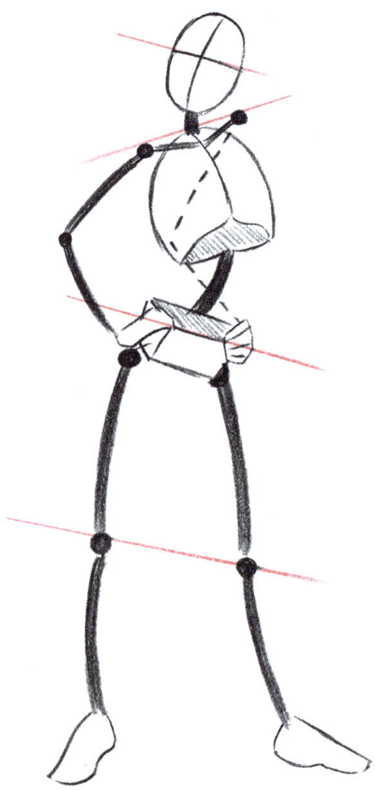

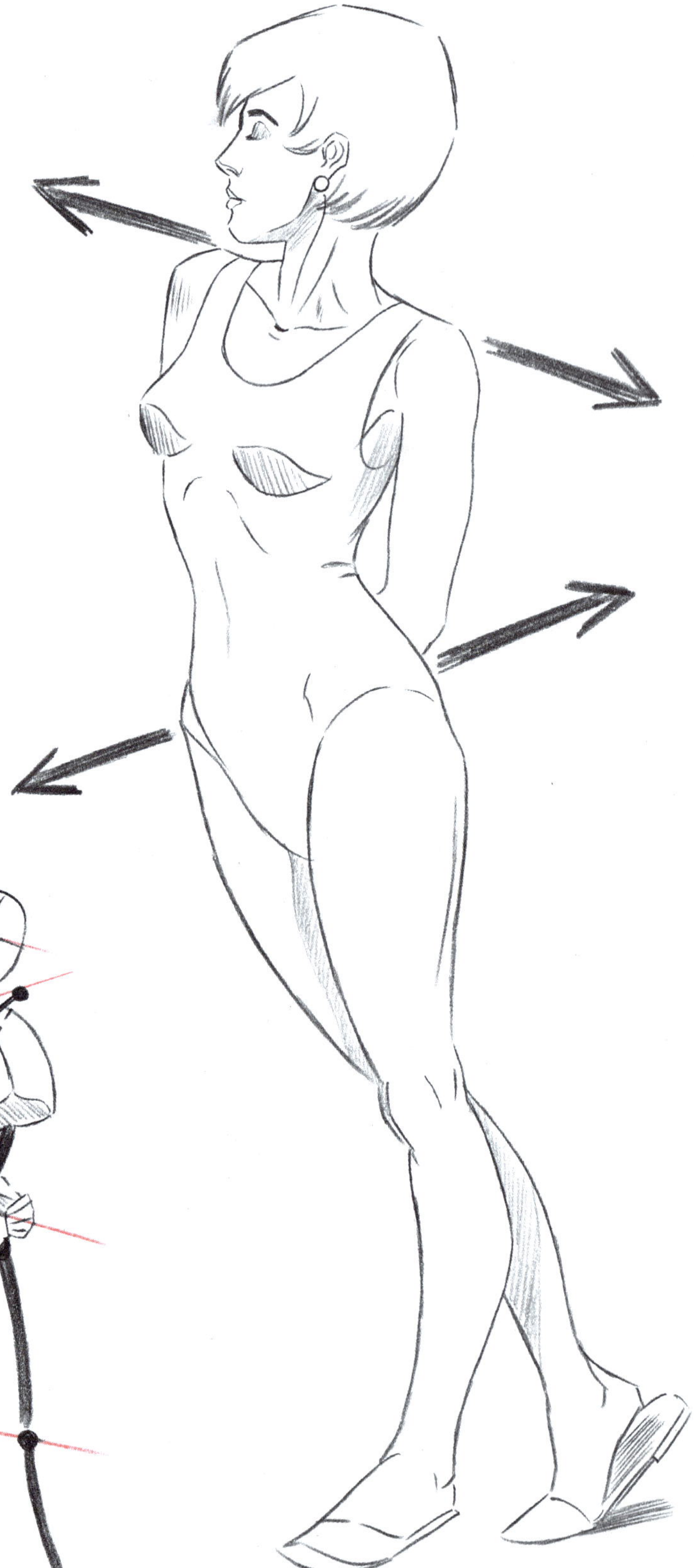

ANHALTSPUNKTE FÜR DIE GEWICHTSVERTEILUNG

Woran erkennst du die Neigung der Hüfte? Meiner Meinung nach sind bei der Vorderansicht die vorstehenden Knochen direkt unterhalb der Gürtellinie die besten Anhaltspunkte. Sieh dir einfach die Hüftknochen an deinem eigenen Körper an. In der Abbildung sind diese Knochen mit einem roten X markiert.

Bei der Rückansicht suchst du dir den höchsten Punkt der Hüften, der auch als Beckenkamm bezeichnet wird.

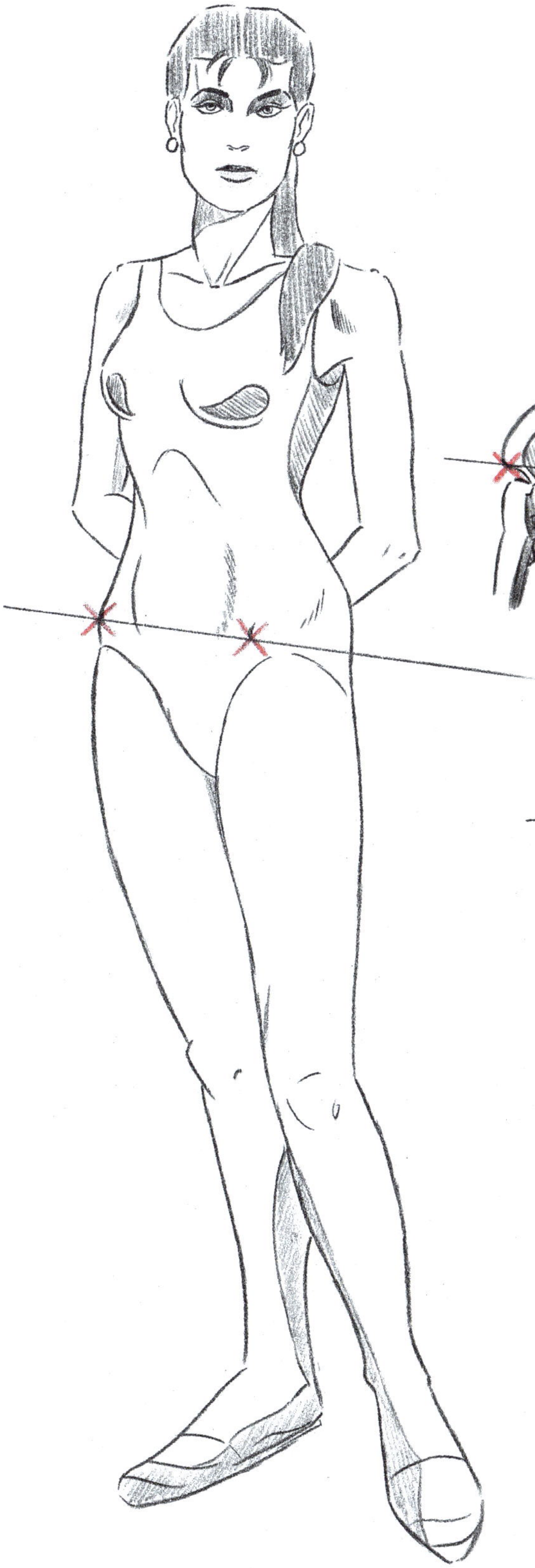

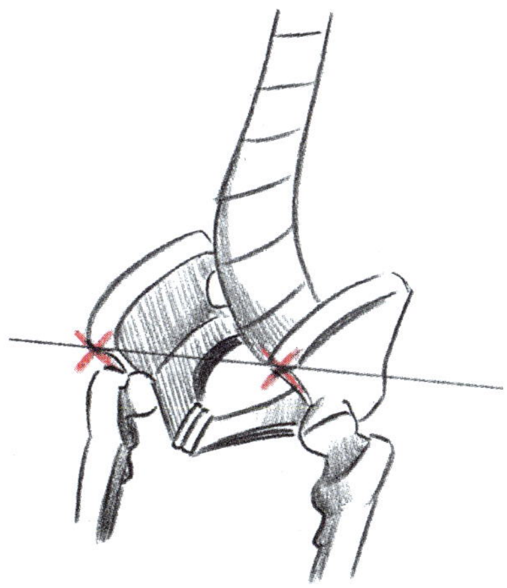

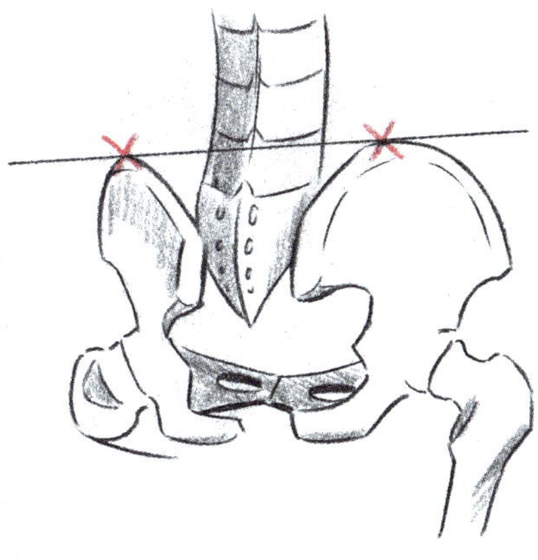

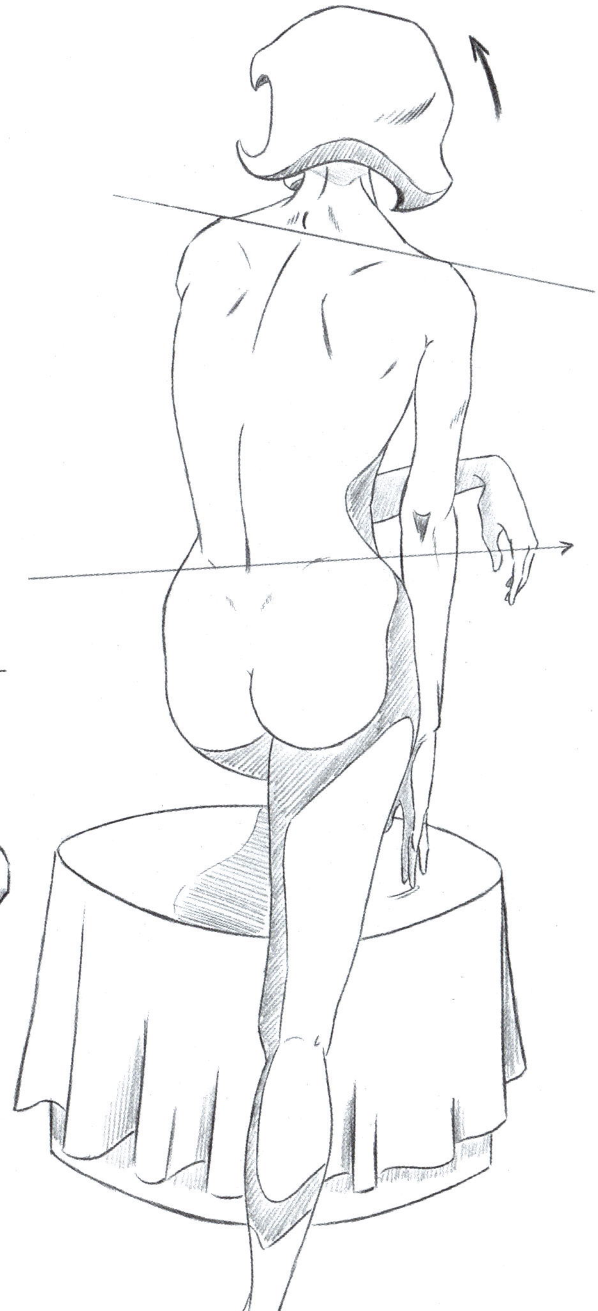

DAS TRÜGERISCHE KNIE

Auf der vorangehenden Seite habe ich die Hüften als Anhaltspunkt empfohlen, um herauszufinden, welches Bein das Gewicht trägt. Warum nicht das Knie, fragst du vielleicht. Sollte es nicht ebenfalls höher liegen? Die Antwort lautet: nicht unbedingt.

Betrachte folgendes Beispiel: Das durchgedrückte Bein trägt den Großteil des Gewichts (siehe Schrägstellung der Hüfte). Das Knie des Standbeins liegt aber tiefer als das andere Knie. Da die Frau auf dem linken Fußballen steht, erhält das Spielbein zusätzliche Höhe, ohne dass sich das Gewicht darauf verlagert.

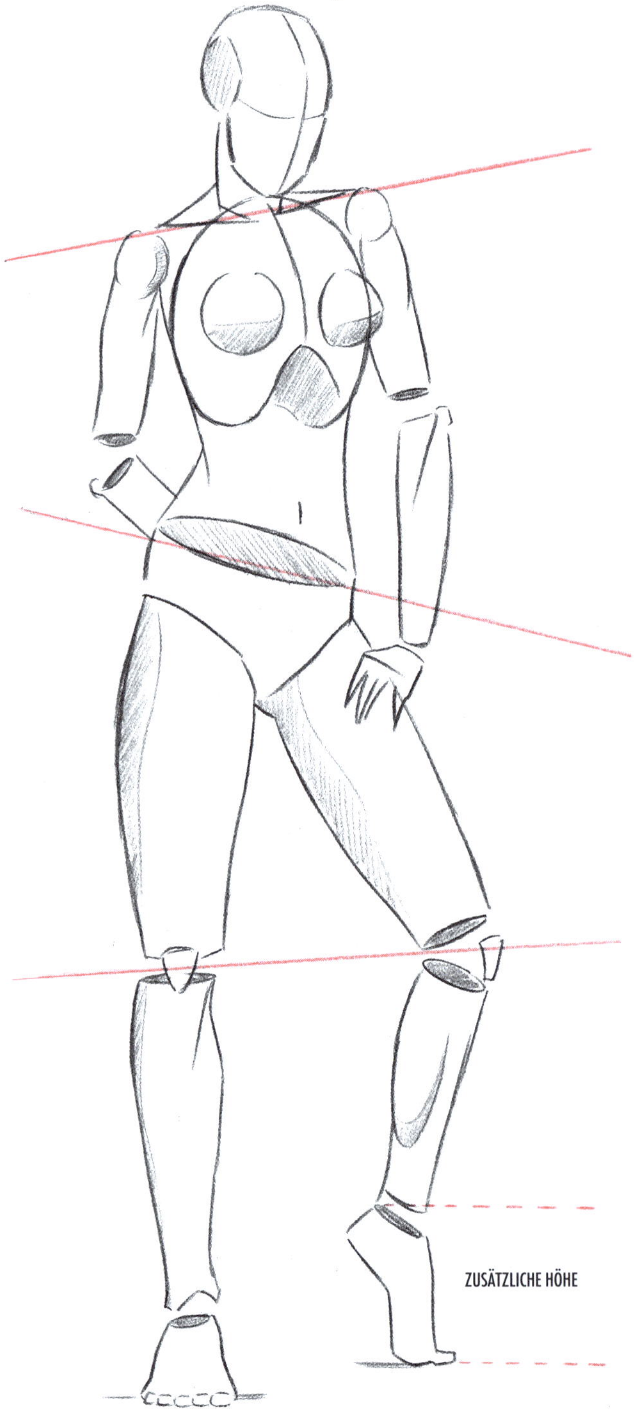

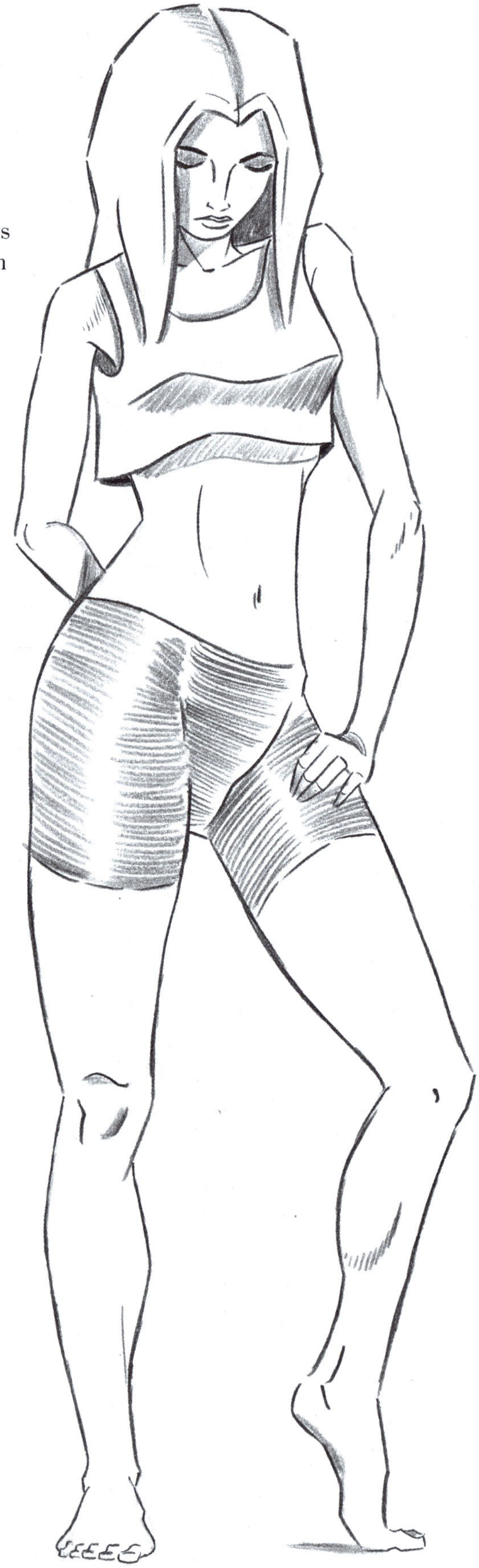

In jeder dieser Abbildungen wird die Höhe des Knies nicht von der Hüftneigung bestimmt. Sehen wir uns ein paar Beispiele an:

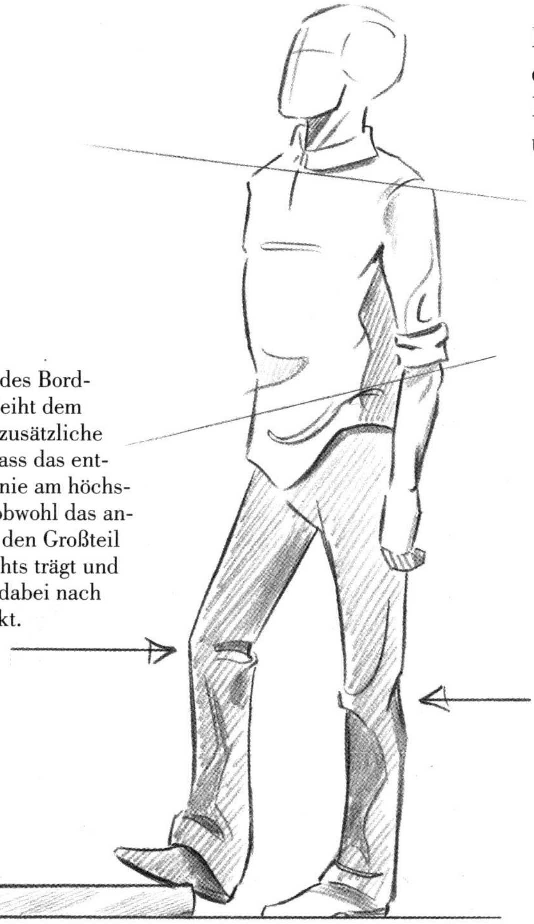

Die Höhe des Bordsteins verleiht dem Spielbein zusätzliche Höhe, sodass das entspannte Knie am höchsten liegt, obwohl das andere Knie den Großteil des Gewichts trägt und die Hüfte dabei nach oben drückt.

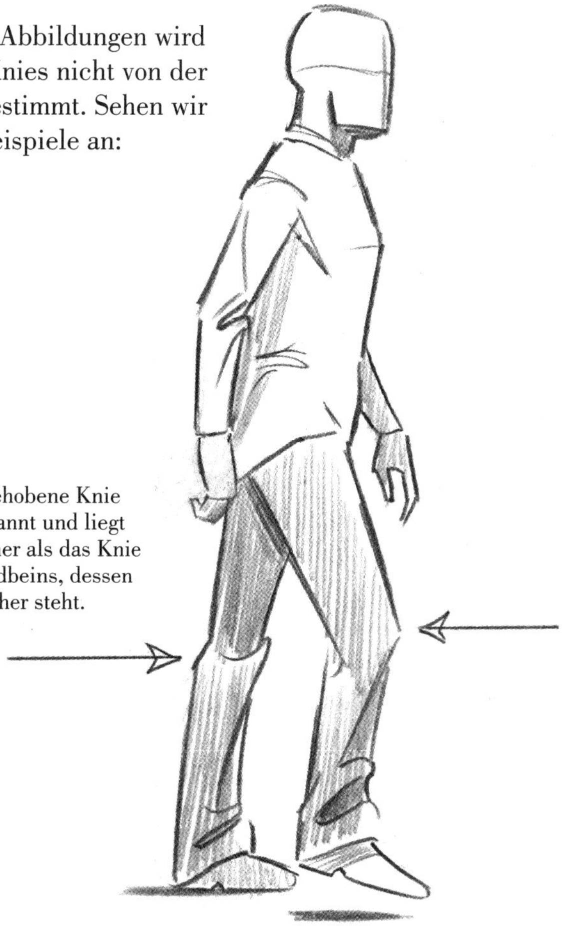

Das angehobene Knie ist entspannt und liegt doch höher als das Knie des Standbeins, dessen Hüfte höher steht.

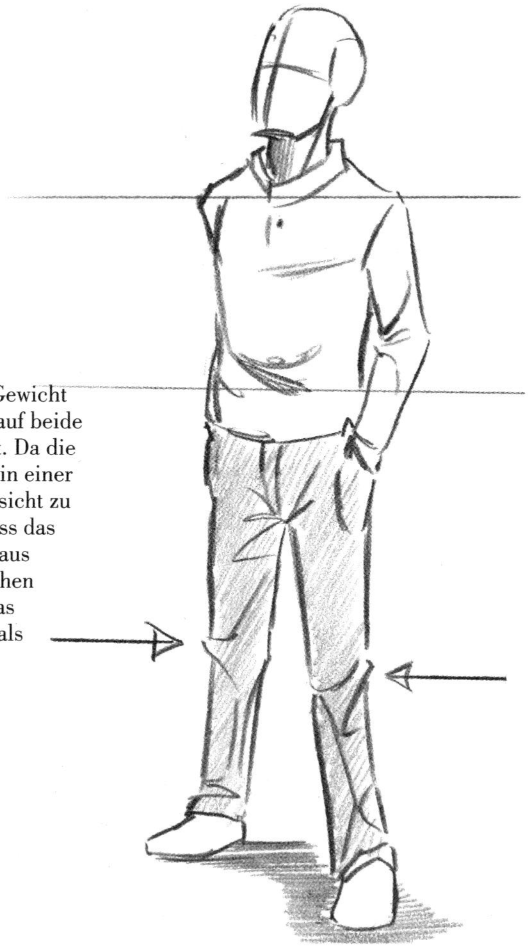

Hier ist das Gewicht gleichmäßig auf beide Beine verteilt. Da die Figur jedoch in einer Dreiviertelansicht zu sehen ist, muss das hintere Knie aus perspektivischen Gründen etwas höher liegen als das vordere.

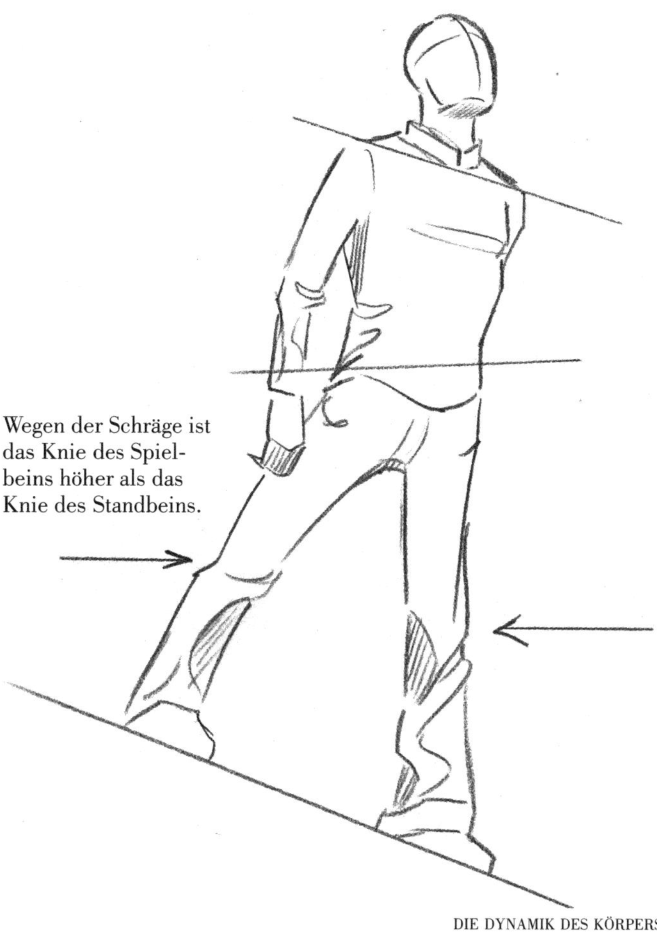

Wegen der Schräge ist das Knie des Spielbeins höher als das Knie des Standbeins.

MODELLZEICHNEN: Verwendung von Anhaltspunkten

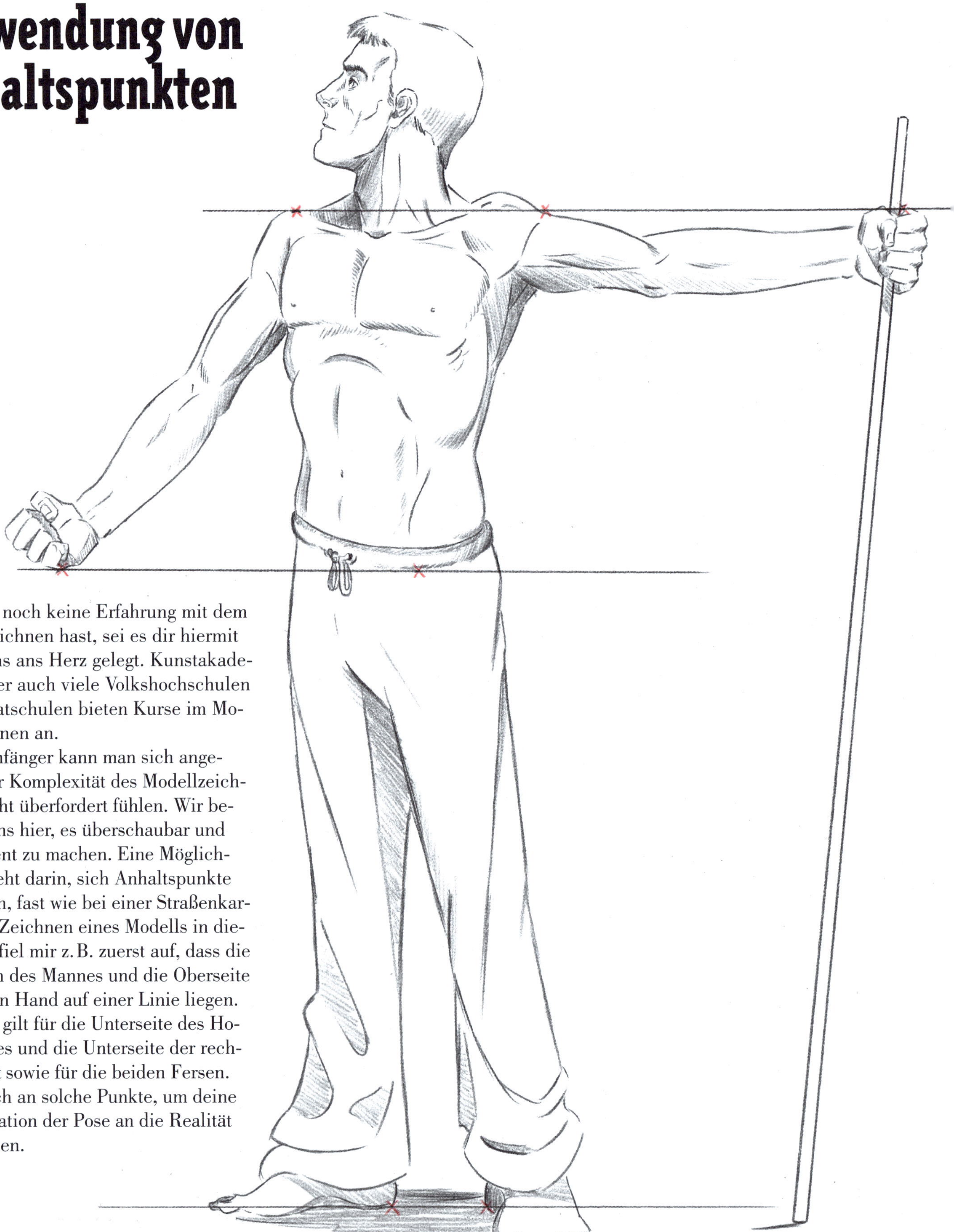

Wenn du noch keine Erfahrung mit dem Modellzeichnen hast, sei es dir hiermit wärmstens ans Herz gelegt. Kunstakademien, aber auch viele Volkshochschulen und Privatschulen bieten Kurse im Modellzeichnen an.

Als Anfänger kann man sich angesichts der Komplexität des Modellzeichnens leicht überfordert fühlen. Wir bemühen uns hier, es überschaubar und transparent zu machen. Eine Möglichkeit besteht darin, sich Anhaltspunkte zu suchen, fast wie bei einer Straßenkarte. Beim Zeichnen eines Modells in dieser Pose fiel mir z. B. zuerst auf, dass die Schultern des Mannes und die Oberseite der linken Hand auf einer Linie liegen. Gleiches gilt für die Unterseite des Hosenbundes und die Unterseite der rechten Faust sowie für die beiden Fersen. Halte dich an solche Punkte, um deine Interpretation der Pose an die Realität anzupassen.

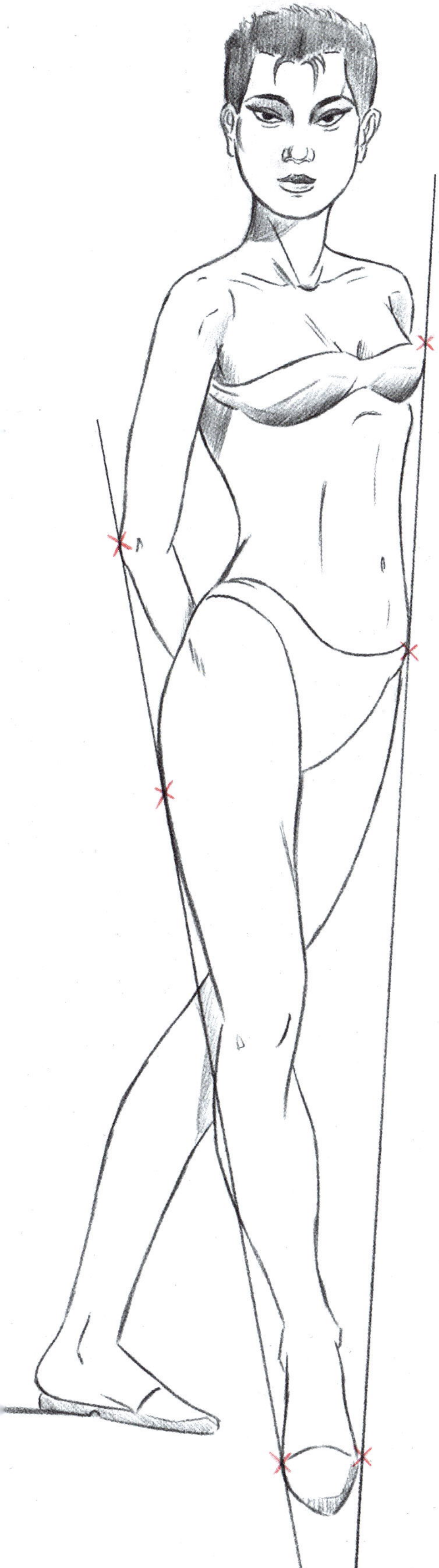

Achte auf die Krümmung der Wirbelsäule, die nie ganz gerade ist, auch wenn der Rücken gerade aussieht.

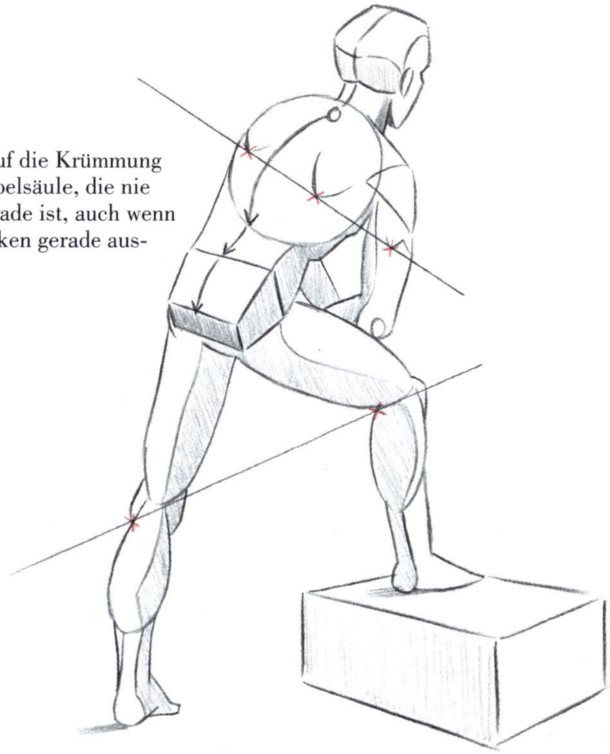

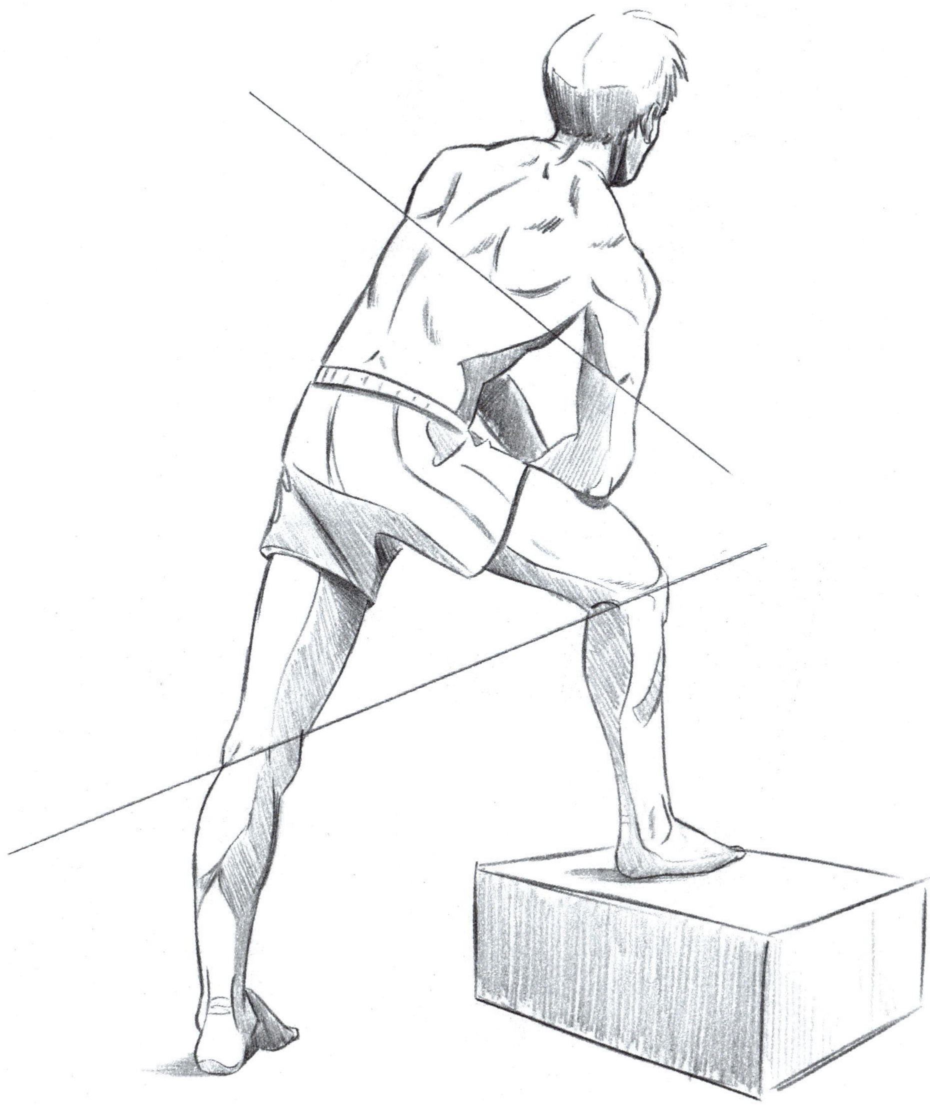

LEERRÄUME

Eine weitere Möglichkeit, die Proportionen des Modells mit dem Auge zu erfassen, ist das Wahrnehmen von Leerräumen, die bei einer Pose entstehen. Als Leerräume bezeichnet man die Räume zwischen den Körperkonturen. Schau dir z. B. das leere Dreieck unter dem angehobenen Bein des Modells an. Wenn du das Modell zeichnen würdest und der von dir gezeichnete Leerraum kleiner wäre als jener, den du am Modell wahrgenommen hast, wüsstest du, dass du einen Fehler gemacht hast.

Du kannst Leerräume auch einfügen, wenn du aus dem Kopf zeichnest. Sie machen deine Zeichnung luftiger.

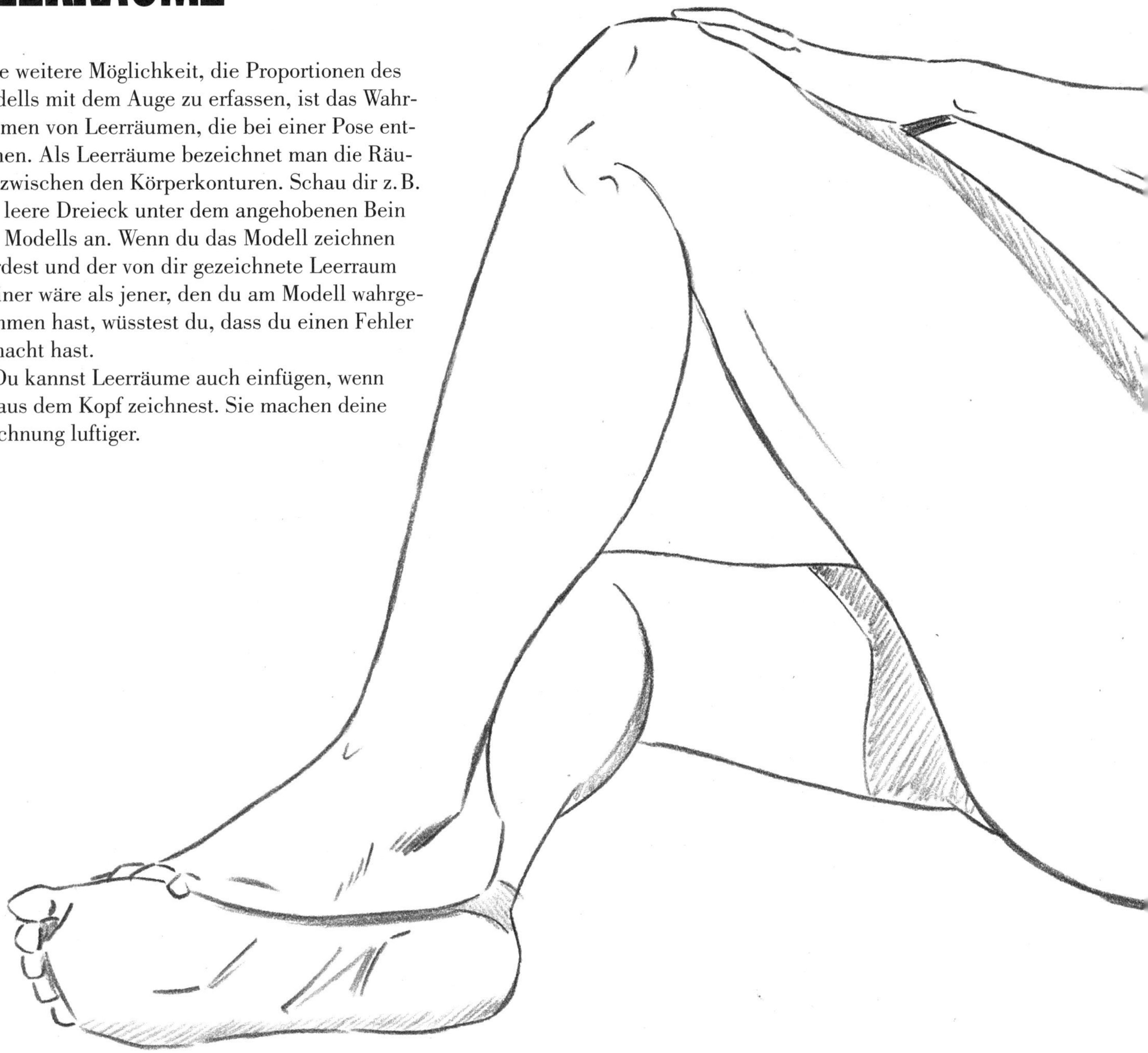

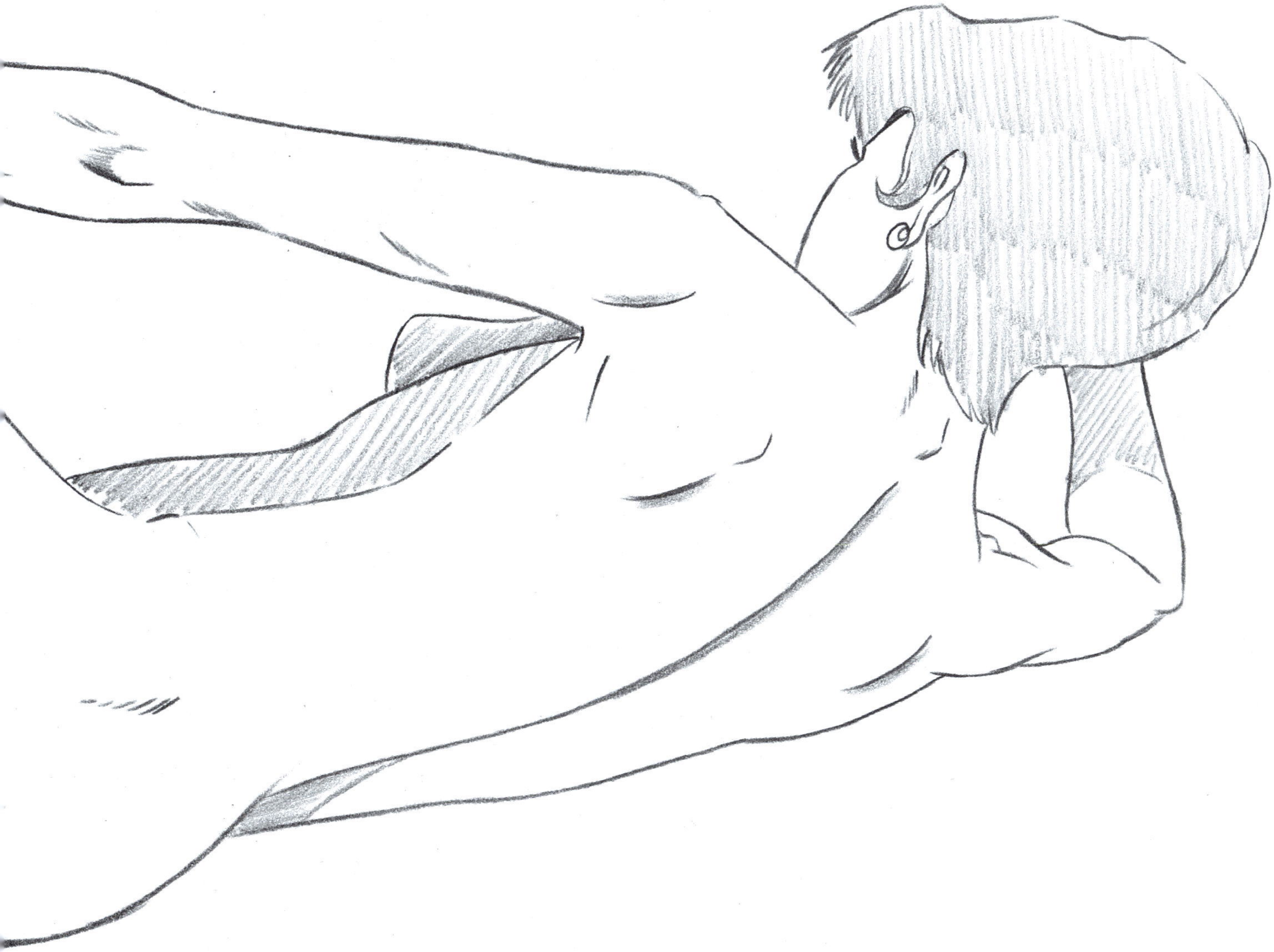

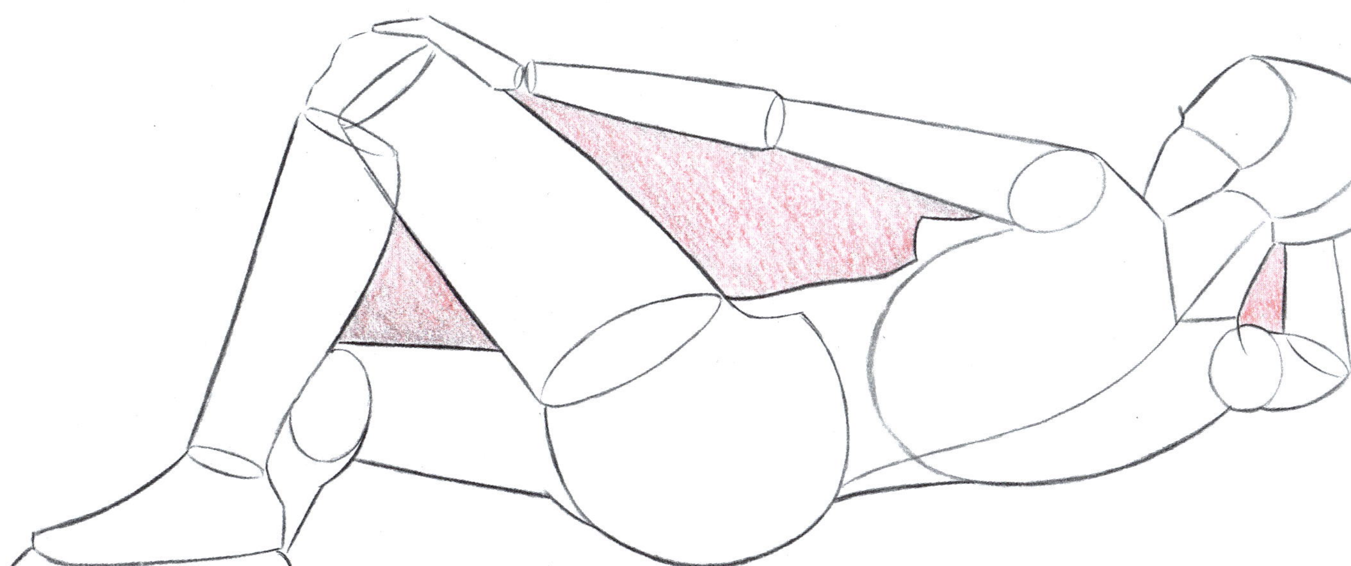

GEHEN

Achte auf die Gewichtsverlagerung an verschiedenen Körperstellen.

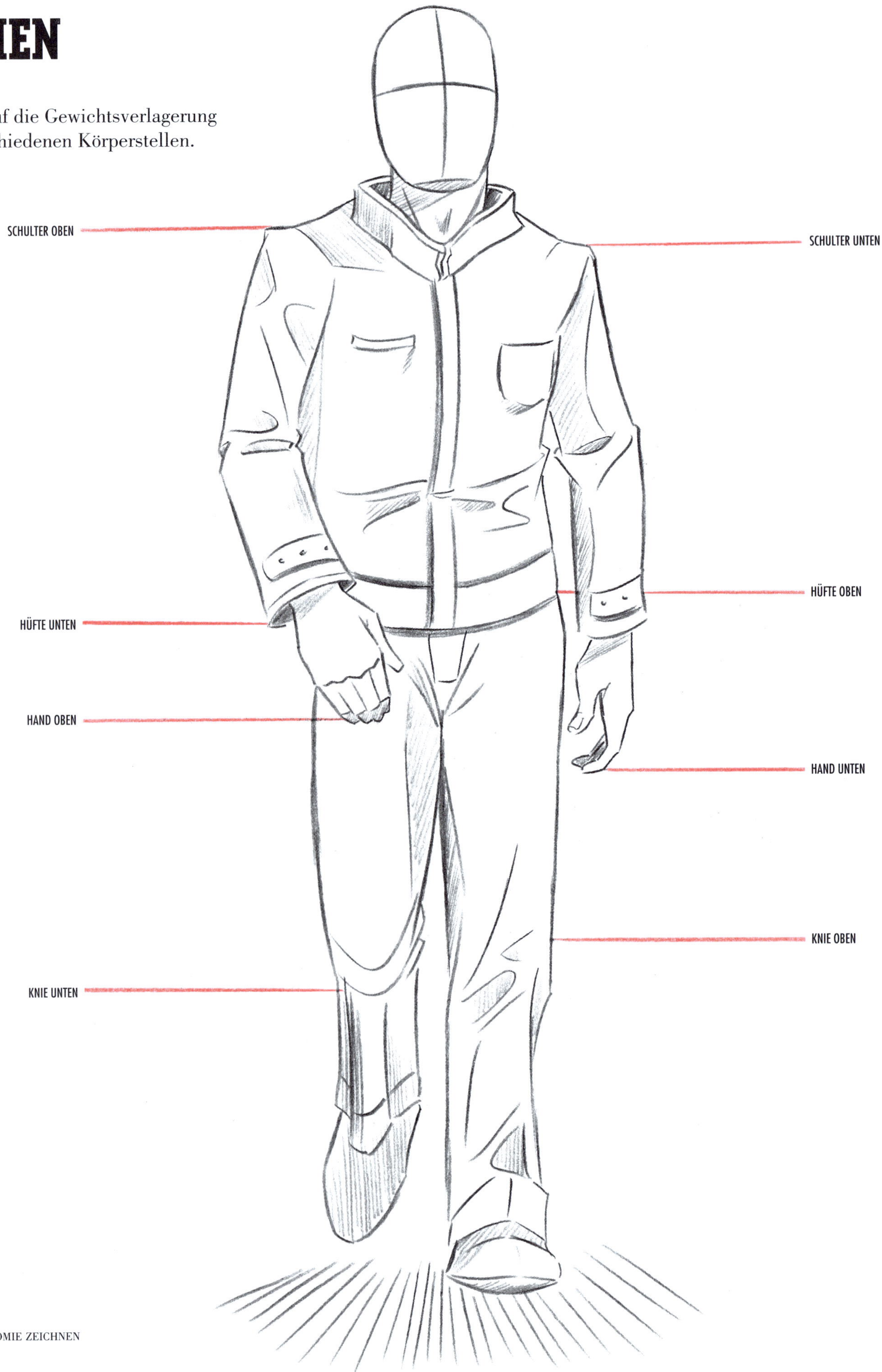

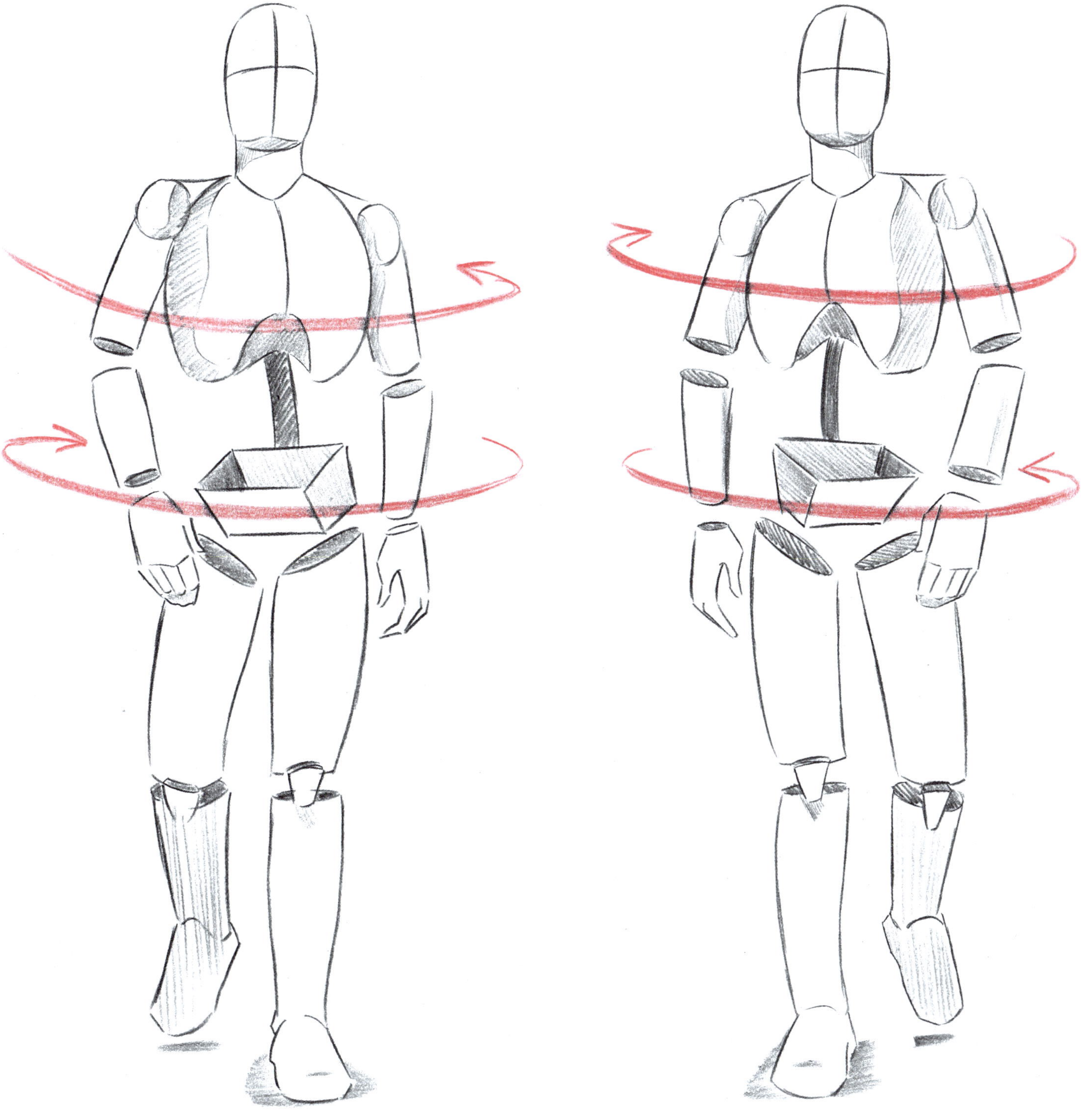

DREHUNG DES KÖRPERS BEIM GEHEN

Beim Gehen bewegen sich Becken und Bein in entgegengesetzte Richtung von Brustkorb und Arm derselben Seite. Der nach vorn gerichtete Arm zieht den Brustkorb nach vorn, der nach hinten gerichtete Arm zieht den Brustkorb nach hinten. Auf die gleiche Weise zieht das nach vorn gerichtete Bein das Becken nach vorn, während das nach hinten gerichtete Bein das Becken nach hinten zieht.

DIE BEWEGUNGSLINIE

Bis jetzt haben wir uns hauptsächlich auf das Zeichnen verschiedener Körperteile konzentriert. Das ist zwar gut so, aber ich habe immer das Gefühl, dass Anatomiebüchern etwas fehlt, wenn sie an diesem Punkt schließen. Eine Figur besteht aus mehr als nur der Summe ihrer Einzelteile. Man kann einen perfekt proportionierten Mann zeichnen, und doch wirkt er steif und leblos. Dieses Problem löst sich wahrscheinlich durch den richtigen Einsatz der Bewegungslinie.

Diese Linie ist ein wichtiges Hilfsmittel, die der Künstler dünn einzeichnet, bevor er mit dem Ausarbeiten seiner Figur beginnt. Du kannst auch zuerst eine Skizze anfertigen und die Bewegungslinie anschließend einzeichnen. Das hilft dir zu erkennen, ob die Haltung der Figur zu steif ist oder dem natürlichen Bewegungsablauf des Körpers widerspricht. In diesem Fall kannst du korrigieren, bevor du deine Zeichnung vollendest.

Beachte, dass die Bewegungslinie nicht unbedingt in derselben Richtung verlaufen muss wie Arme und Beine, obwohl dies häufig zutrifft. Sie gibt nur den allgemeinen, gesamten Bewegungsablauf an. Am meisten nützt sie dir, wenn du die Figur aus dem Gedächtnis und nicht nach einem Modell zeichnest.
In den folgenden Beispielen habe ich die Bewegungslinie nur der Deutlichkeit halber so kräftig eingezeichnet.

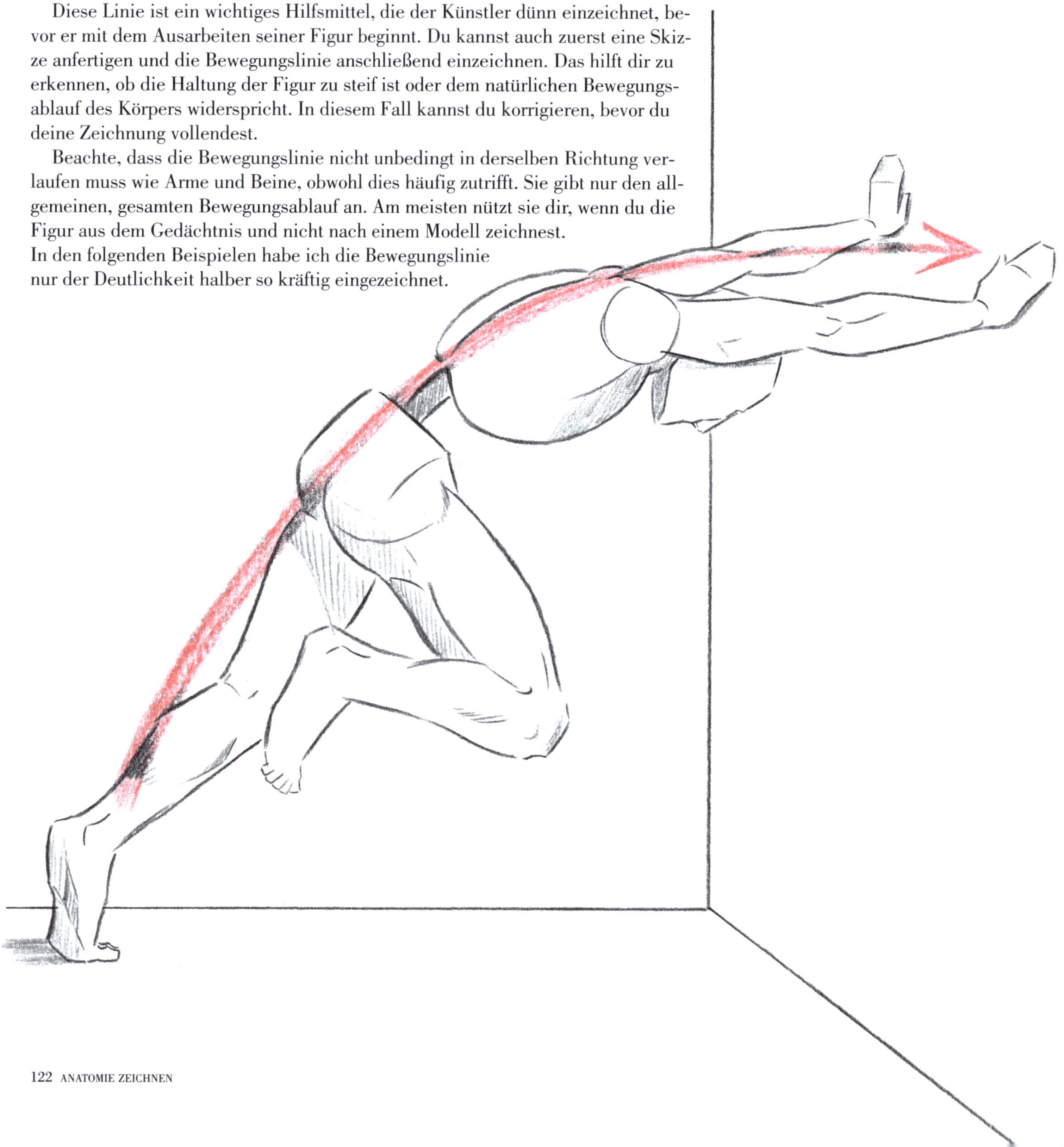

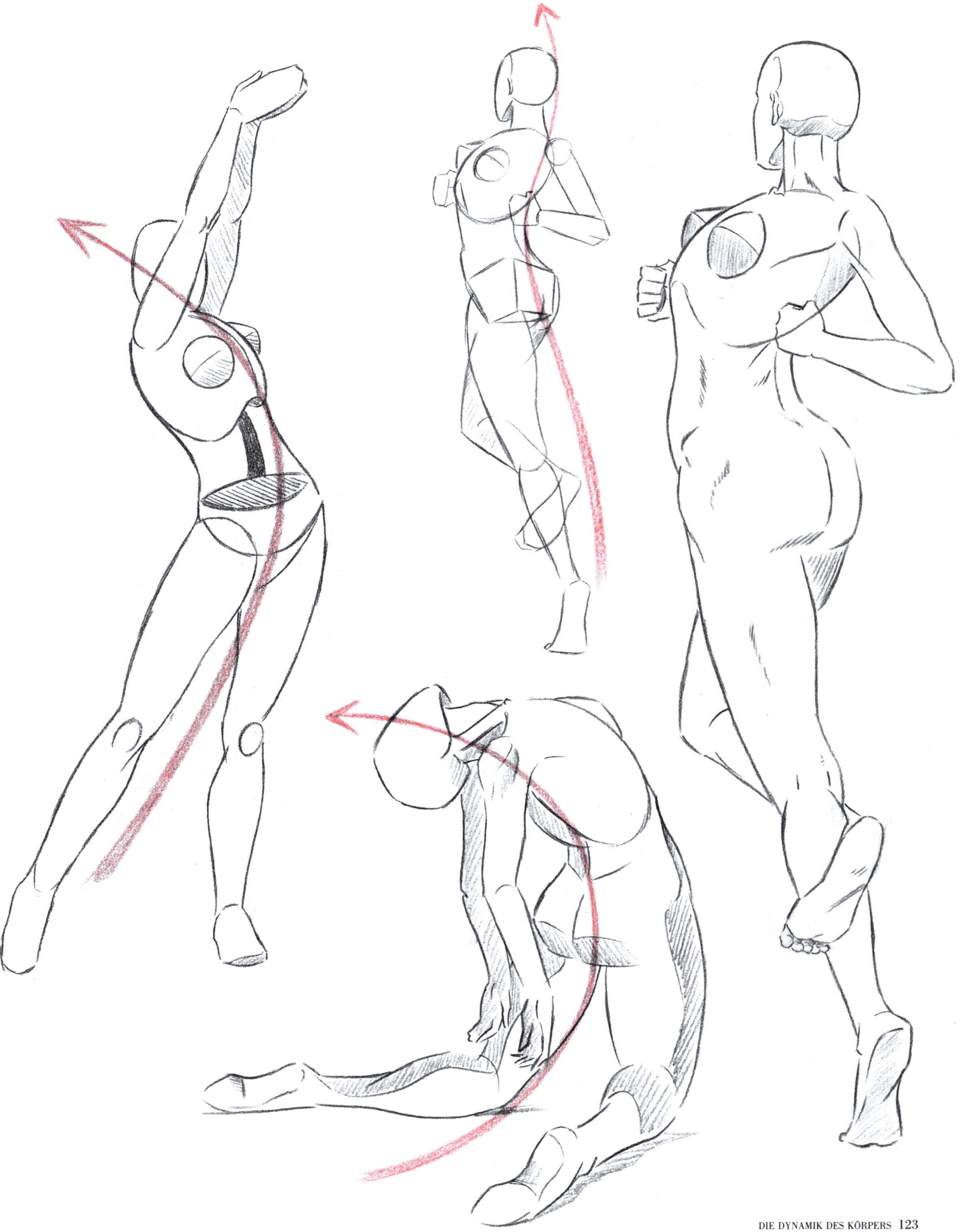

MEHRERE BEWEGUNGSLINIEN

Es ist nicht so schwierig, die Bewegungslinie einer Figur zu finden. Bei einigen Körperhaltungen sind die Bewegungslinien offensichtlich, bei anderen hingegen nicht. Der Künstler muss überlegen, wie sich die Figur bewegt, und anschließend die Bewegungslinie einzeichnen. Im Folgenden ein Beispiel, bei dem dieselbe Pose dreimal mit drei verschiedenen Bewegungslinien wiederholt wird. Jede Linie hat ihre Berechtigung.

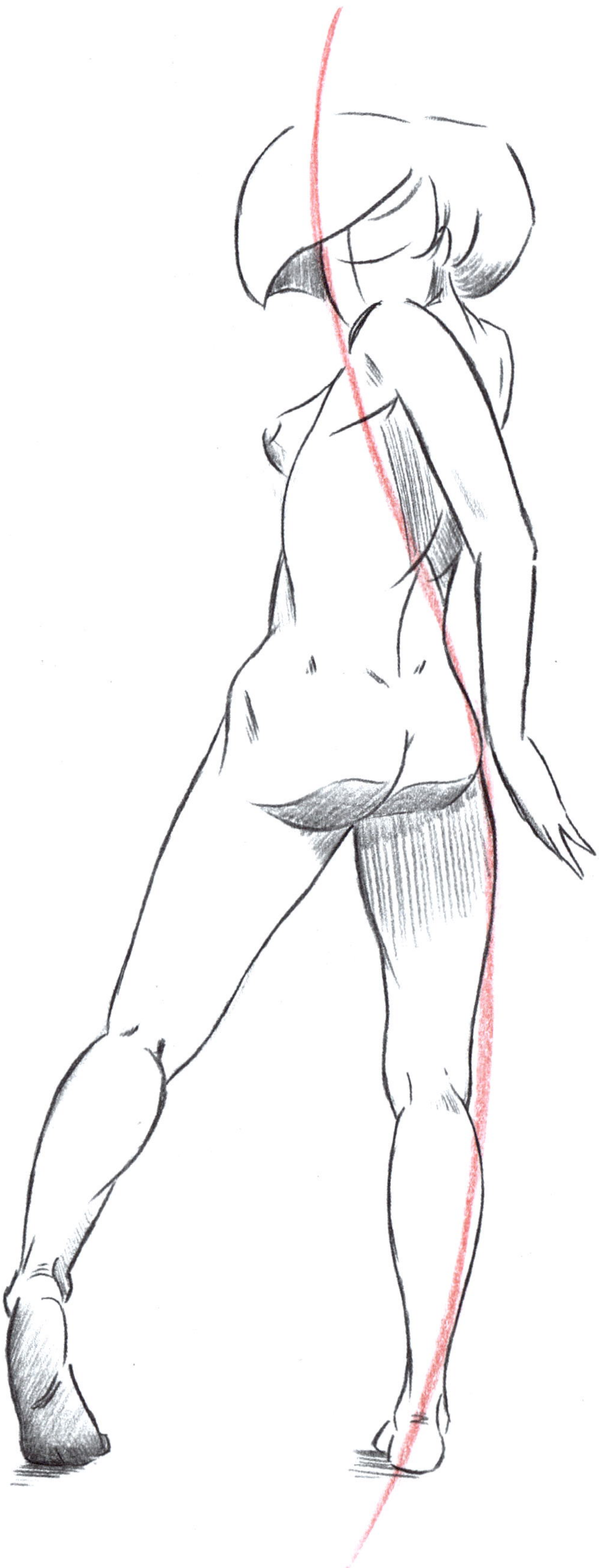

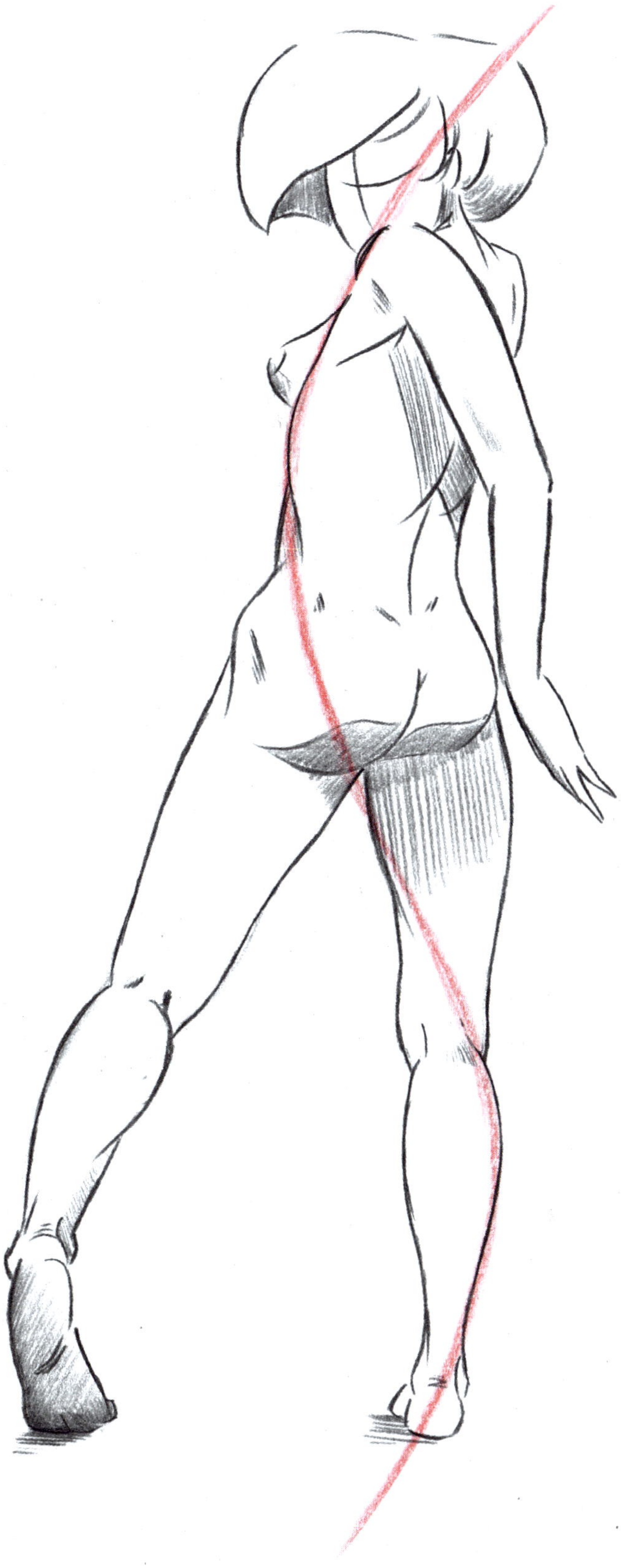

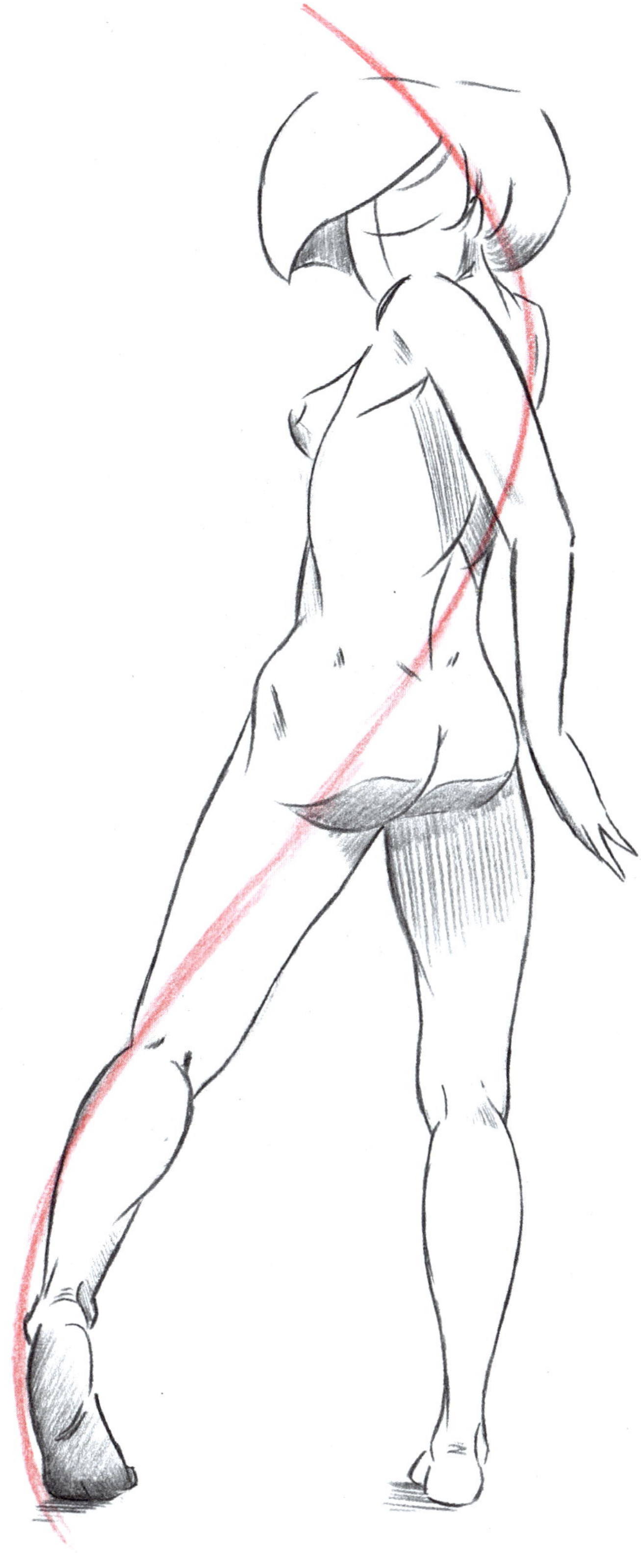

ZWEI BEWEGUNGSLINIEN BEI DERSELBEN POSE

Komplexe Posen erfordern bisweilen zwei separate Bewegungslinien. Versuche die Bewegungsabläufe zu erkennen.

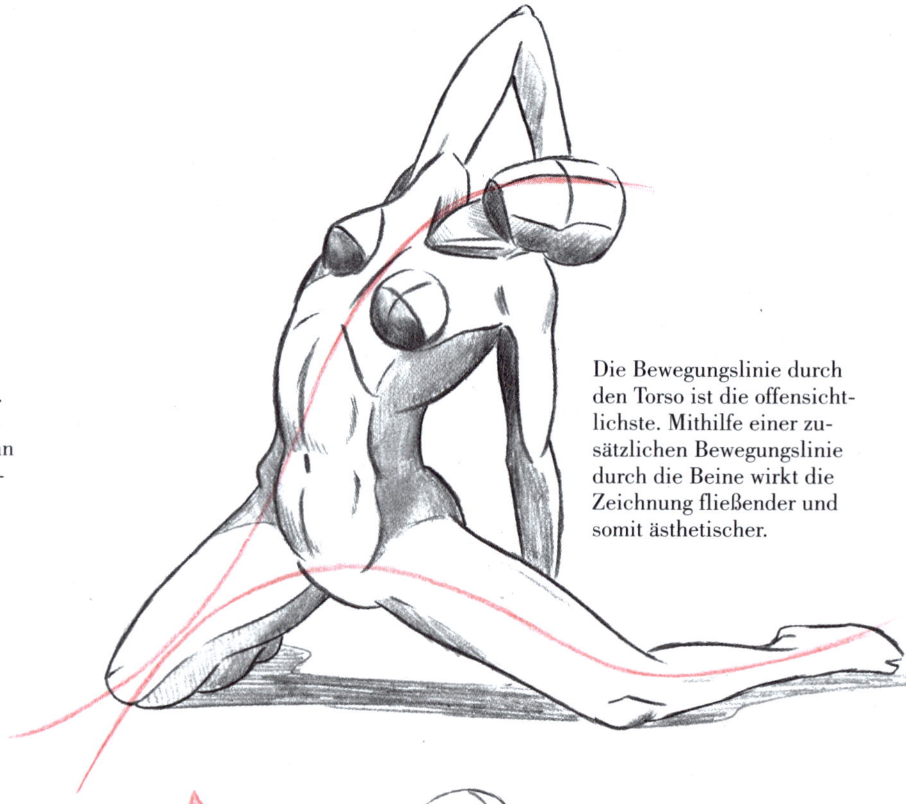

Die Bewegungslinie durch den Torso ist die offensichtlichste. Mithilfe einer zusätzlichen Bewegungslinie durch die Beine wirkt die Zeichnung fließender und somit ästhetischer.

Die offenkundigste Bewegungslinie ist die diagonale Linie, deren Krümmung den Schwung der Läuferin verdeutlicht. Durch Einzeichnen einer Bewegungslinie, die durch beide Arme verläuft, kann man die Arme zu einer einzigen eleganten Linie zusammenführen anstatt zu zwei rechten Winkeln.

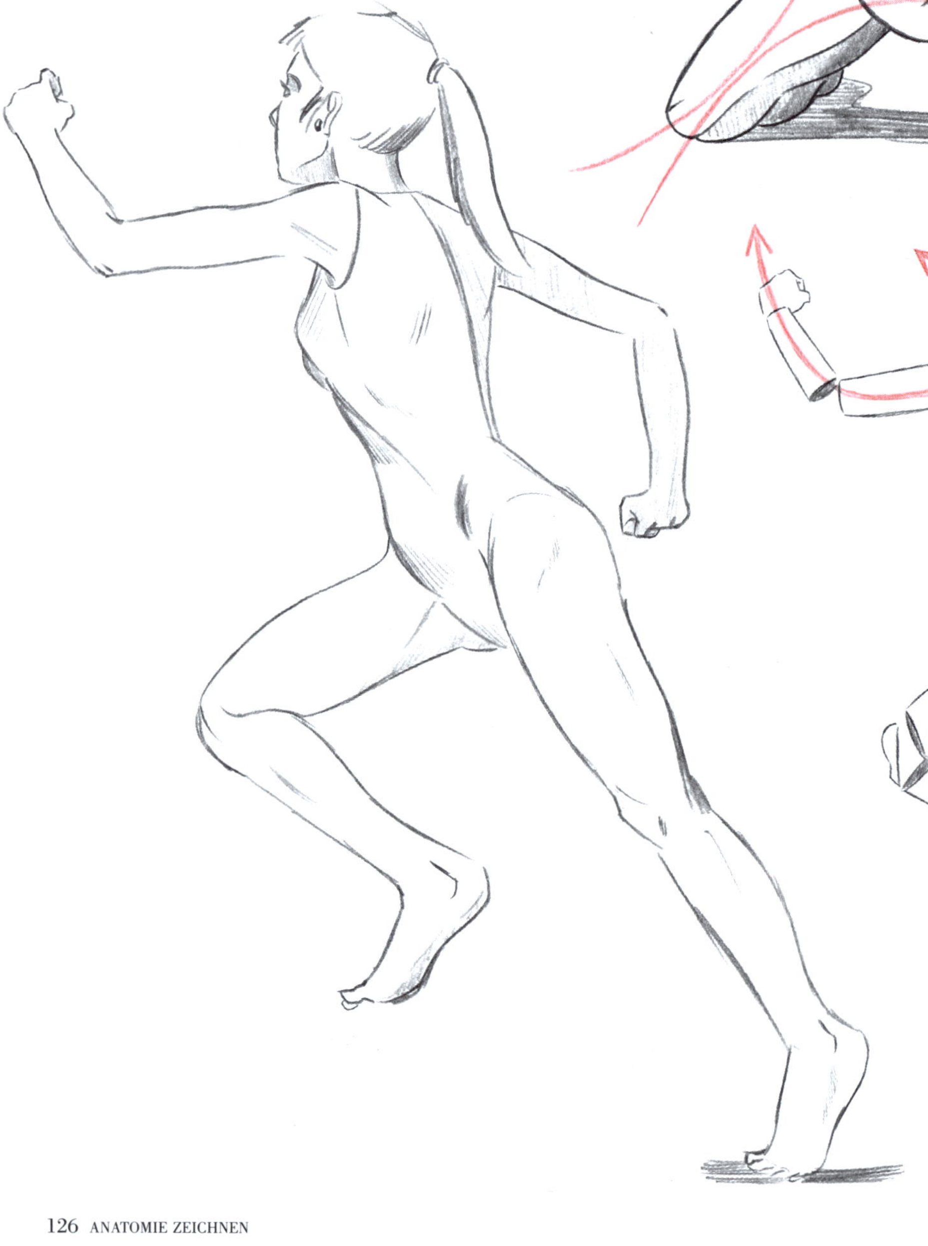

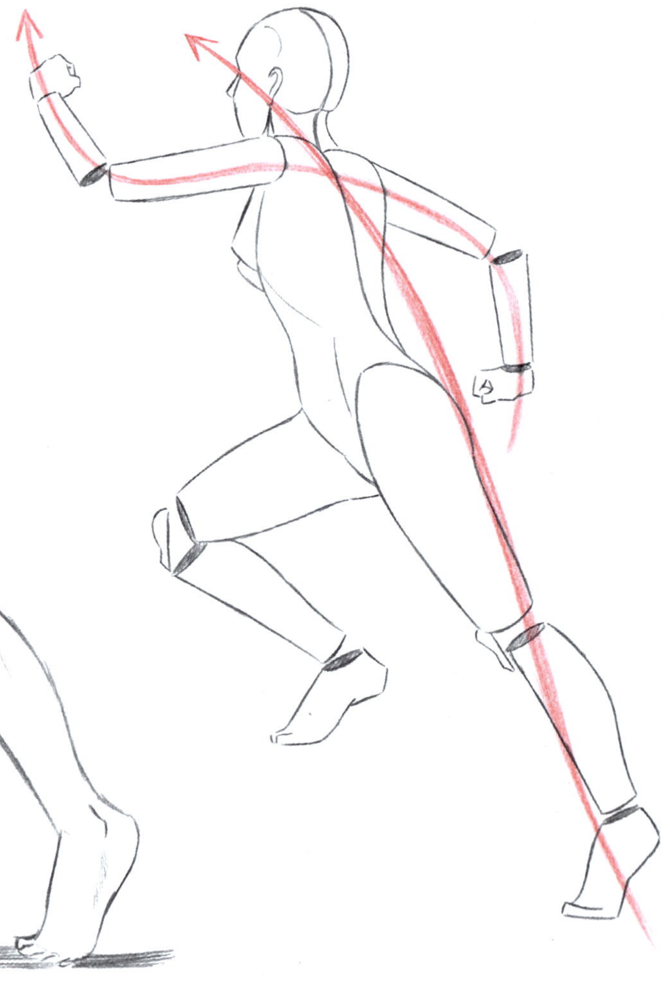

HALBE BEWEGUNGSLINIEN

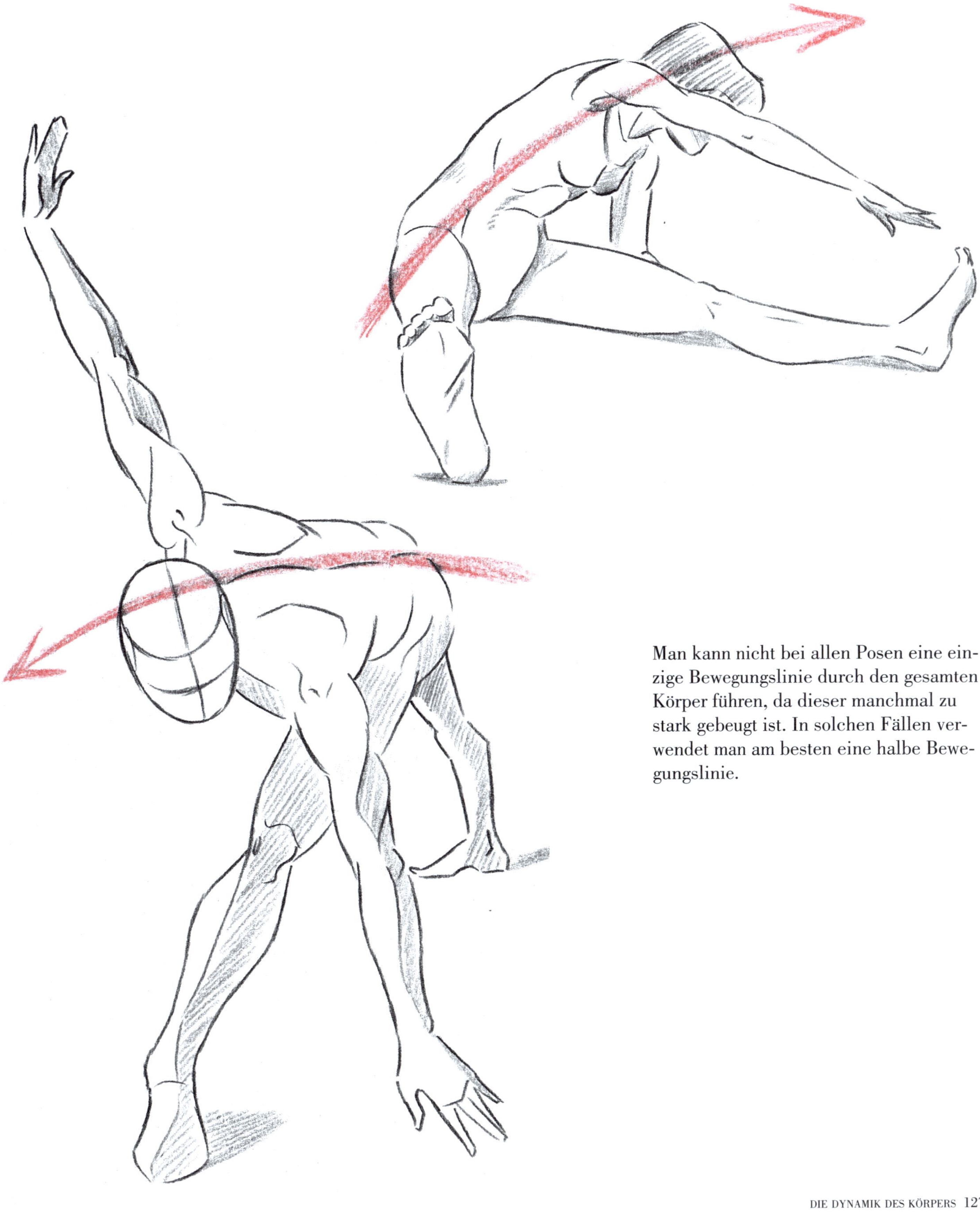

Man kann nicht bei allen Posen eine einzige Bewegungslinie durch den gesamten Körper führen, da dieser manchmal zu stark gebeugt ist. In solchen Fällen verwendet man am besten eine halbe Bewegungslinie.

DER SCHWERPUNKT

Wenn du eine gerade Linie von der Halsgrube zum Boden ziehst, findest du dort den Schwerpunkt. Haltung, Gewichtsverteilung und Bewegung spielen bei der Festlegung des Schwerpunkts eine Rolle.

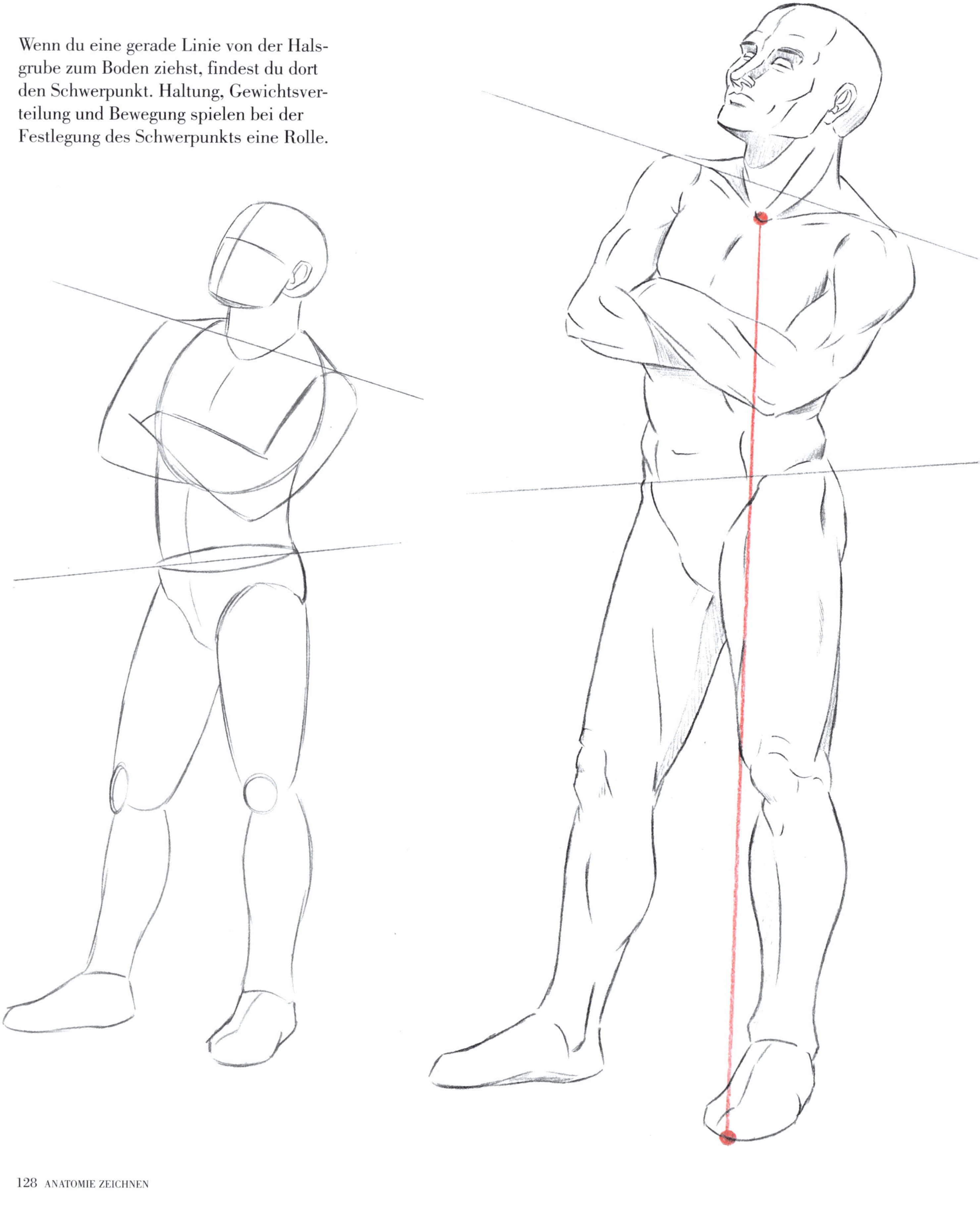

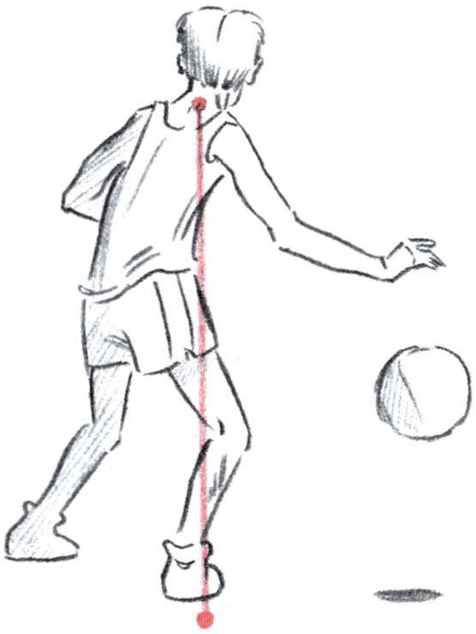
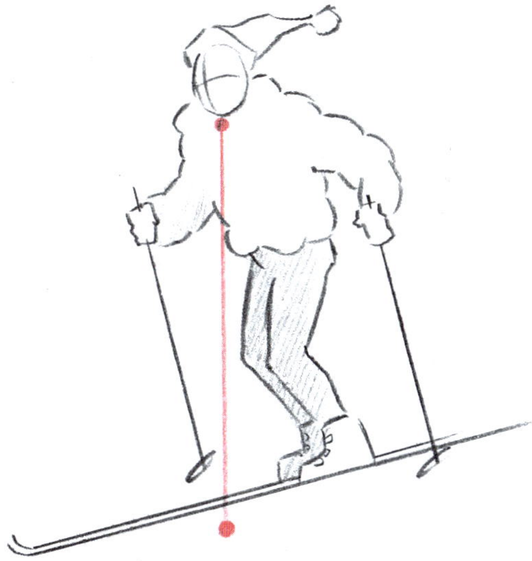
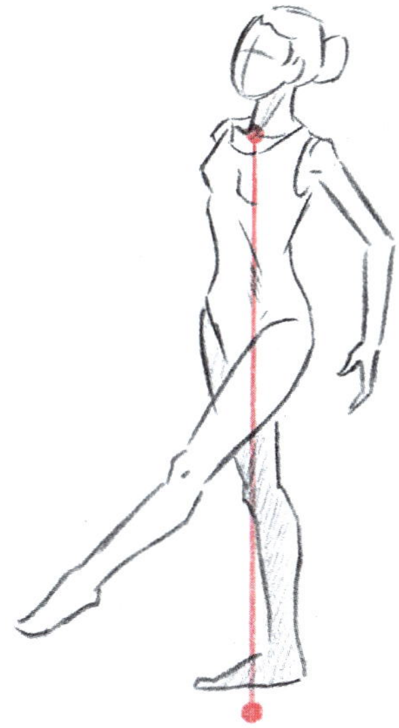
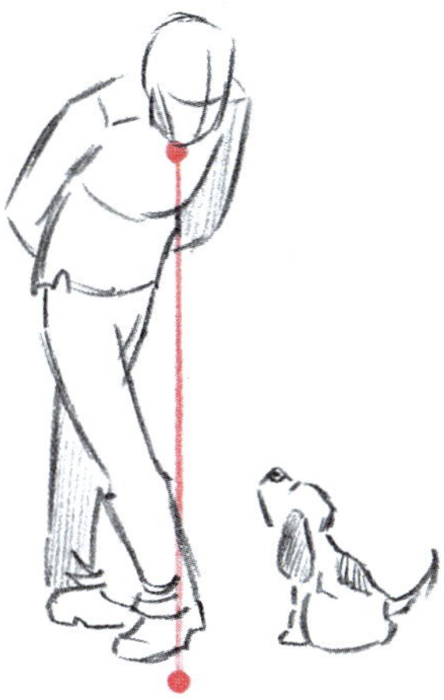
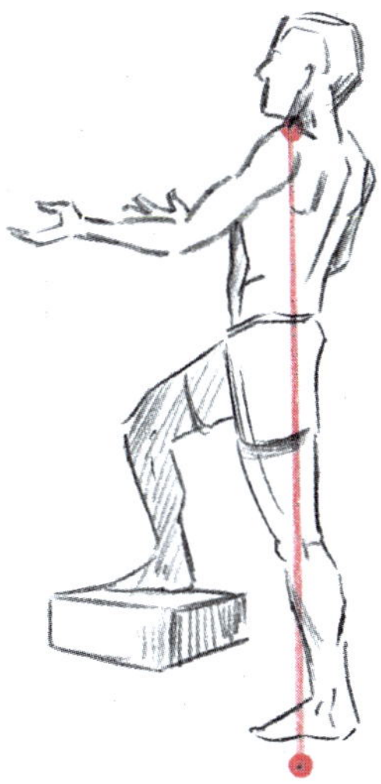
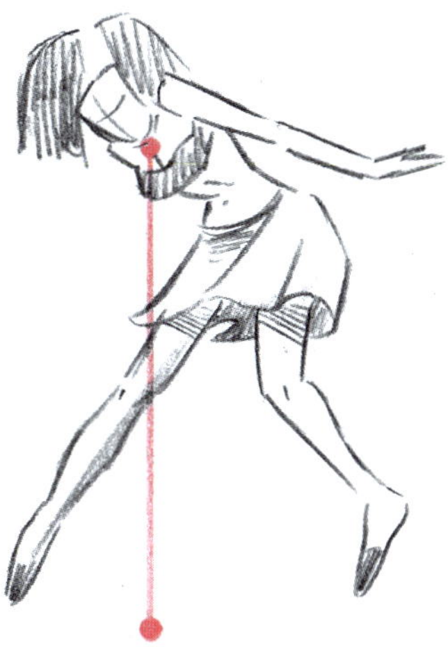

Wie du anhand der Beispiele sehen kannst, passen die Menschen ihren Schwerpunkt oft mithilfe einer veränderten Körperhaltung an. Der Schwerpunkt der Inline-Skaterin liegt so weit hinter ihr, dass sie nur noch fallen kann. Wenn du das Gewicht einer Figur verlagern willst, solltest du dabei stets den Schwerpunkt berücksichtigen.

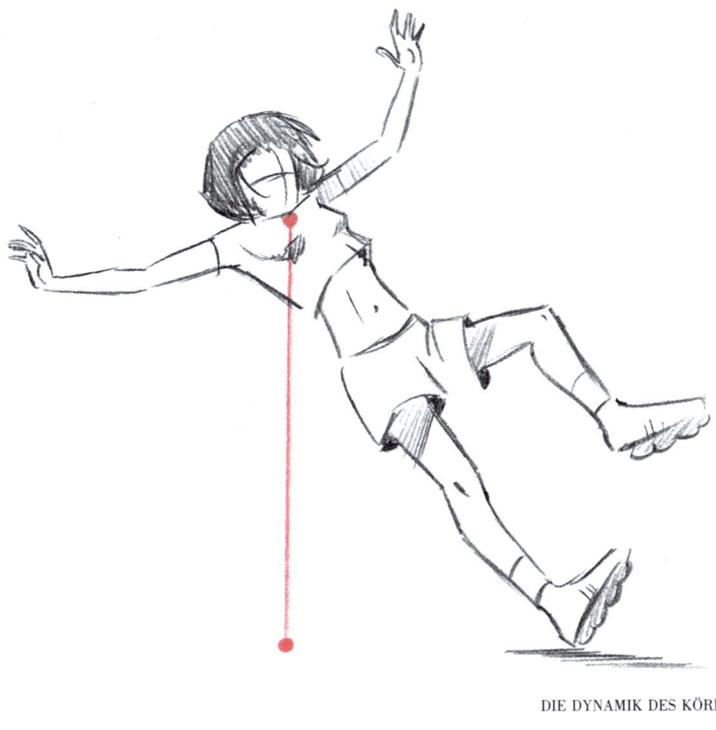

DIE PERSPEKTIVE DES KÖRPERS

Der Körper wird, wie jedes andere Objekt, von der Perspektive beeinflusst. Er ist schmal und lang, ähnlich wie ein schmaler, rechteckiger Kasten. Um einen Körper zu zeichnen, der in einem bestimmten Winkel zum Betrachter steht, kann man die so genannte Zwei-Punkt-Perspektive verwenden.

Es macht nichts, wenn du von diesem Verfahren bislang noch nichts gehört hast. Entscheidend dabei ist, dass der Körper – und alle Körperteile mit ihm – in beide Richtungen kleiner wird. So liegen z. B. die beiden Hände des Mannes auf einer Fluchtlinie, genauso wie seine Knie, Füße, Brustmuskeln, Augen, Ellbogen usw.

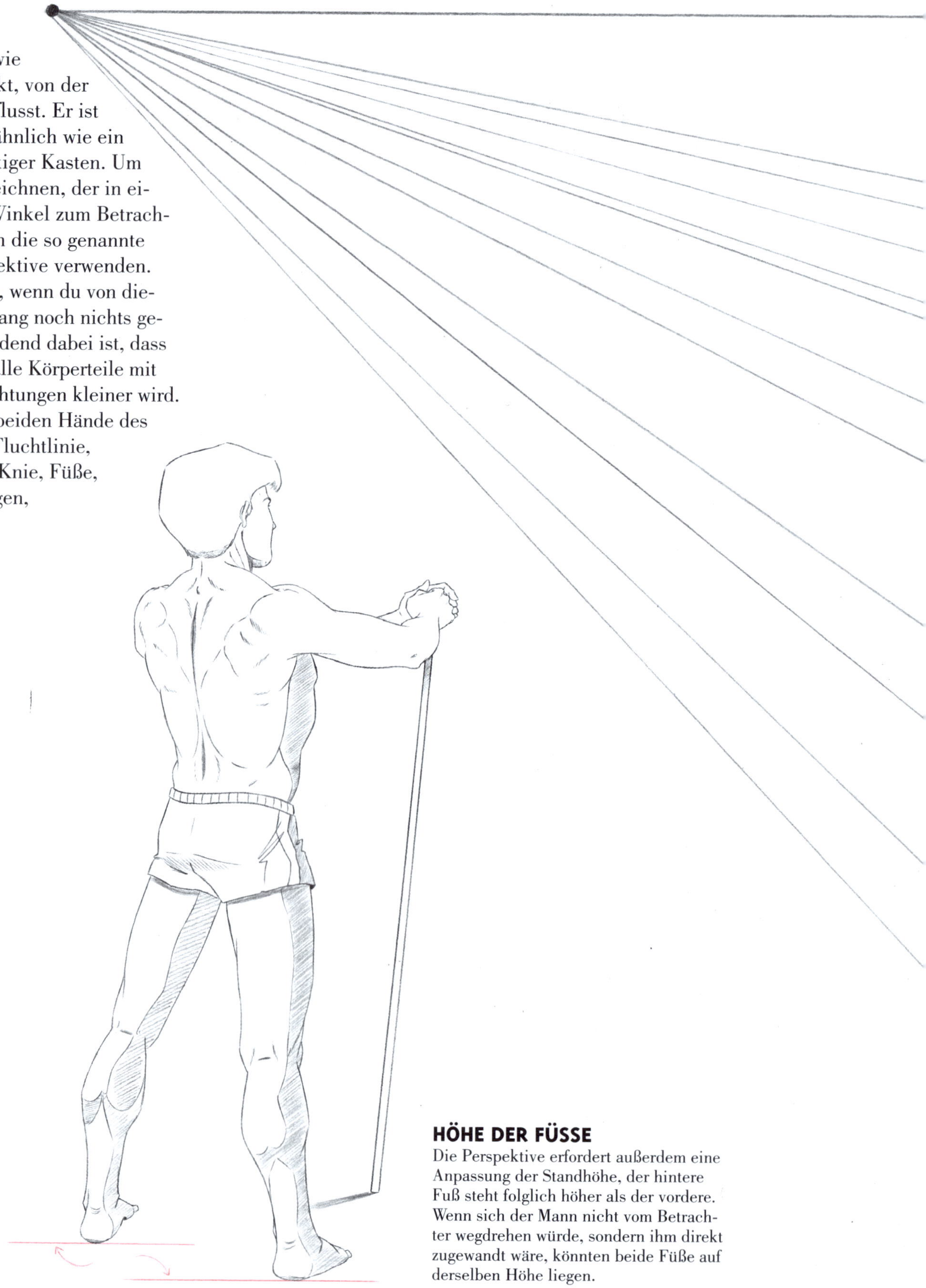

HÖHE DER FÜSSE

Die Perspektive erfordert außerdem eine Anpassung der Standhöhe, der hintere Fuß steht folglich höher als der vordere. Wenn sich der Mann nicht vom Betrachter wegdrehen würde, sondern ihm direkt zugewandt wäre, könnten beide Füße auf derselben Höhe liegen.

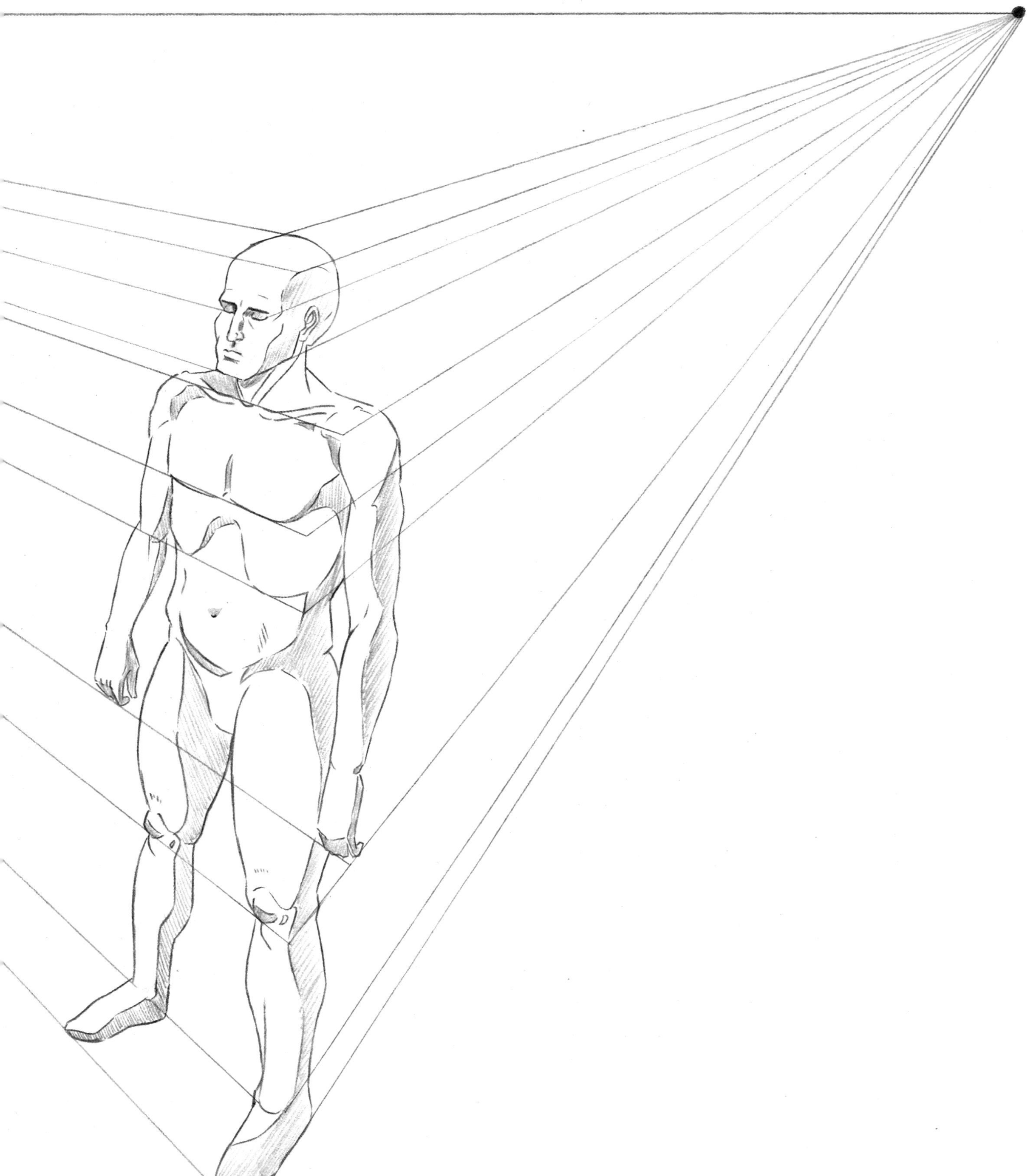

WIRKUNG DER PERSPEKTIVE AUF DEN KÖRPER

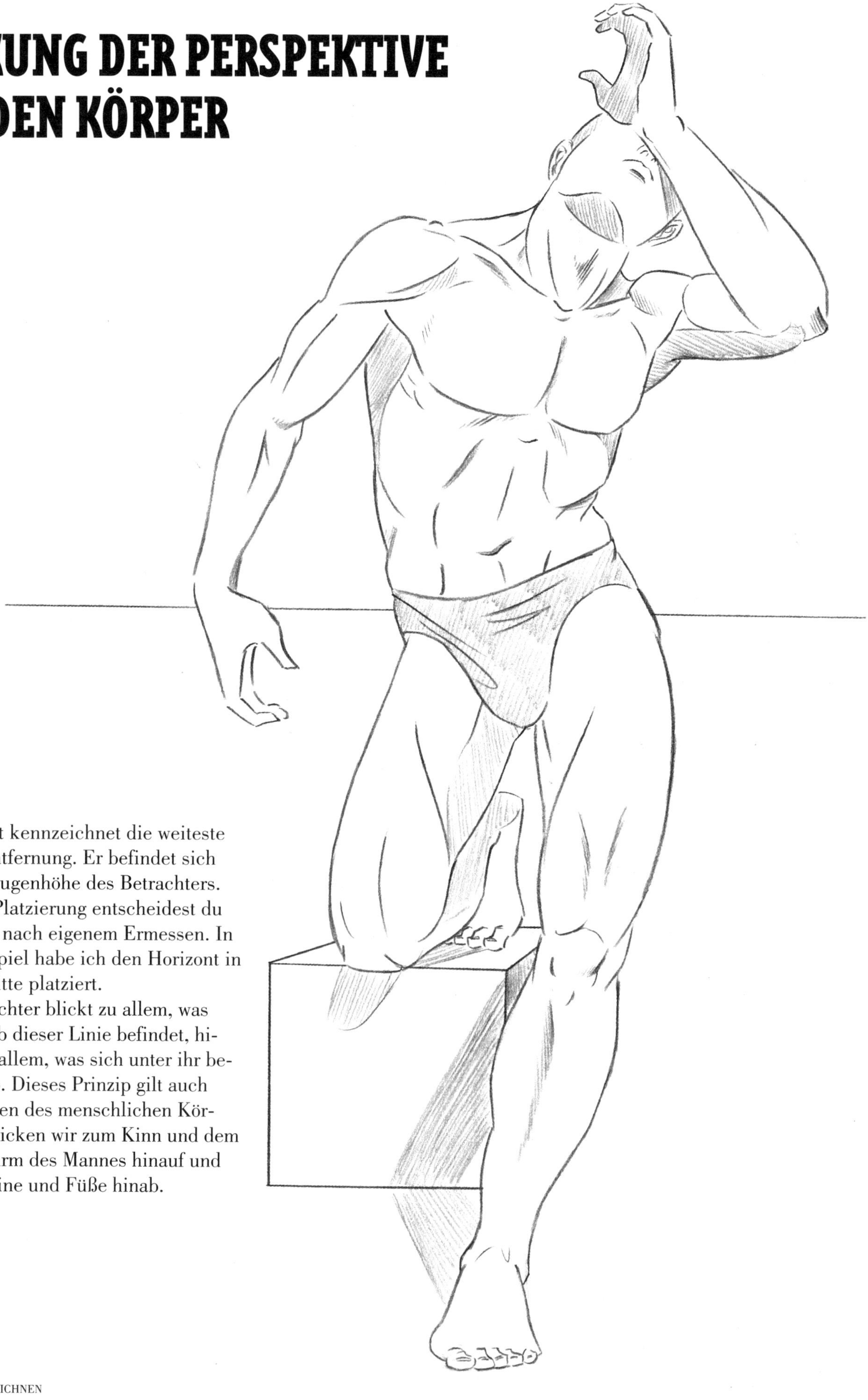

Der Horizont kennzeichnet die weiteste sichtbare Entfernung. Er befindet sich immer auf Augenhöhe des Betrachters. Über seine Platzierung entscheidest du als Künstler nach eigenem Ermessen. In diesem Beispiel habe ich den Horizont in der Seitenmitte platziert.

Der Betrachter blickt zu allem, was sich oberhalb dieser Linie befindet, hinauf und zu allem, was sich unter ihr befindet, hinab. Dieses Prinzip gilt auch beim Zeichnen des menschlichen Körpers. Hier blicken wir zum Kinn und dem erhobenen Arm des Mannes hinauf und auf seine Beine und Füße hinab.

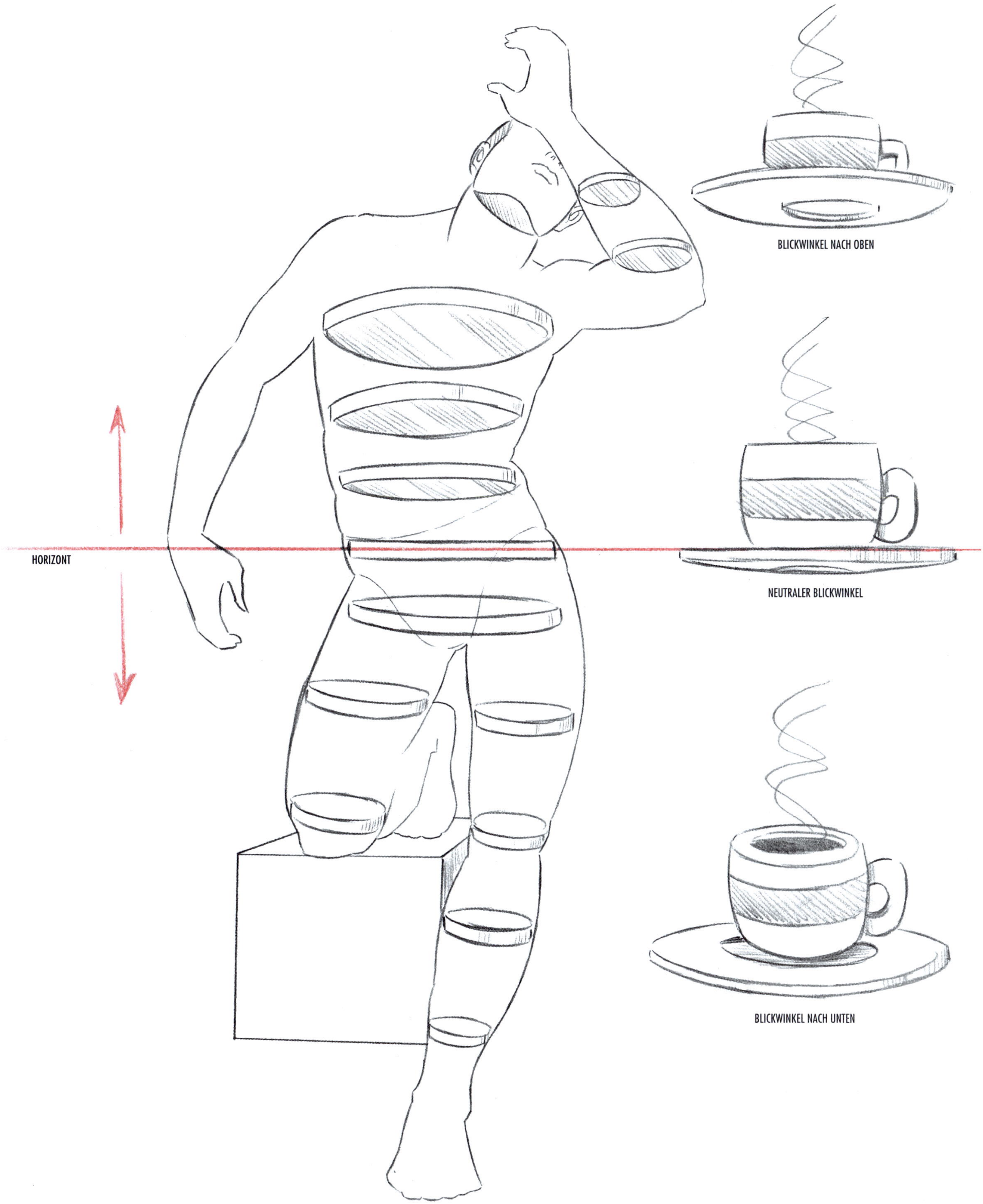
BLICKWINKEL NACH OBEN
HORIZONT
NEUTRALER BLICKWINKEL
BLICKWINKEL NACH UNTEN

ÜBUNGSPOSEN

Nachdem du dich nun mit der Anatomie vertraut gemacht hast, kannst du die folgenden Posen ausprobieren. Sei dir der Anatomie immer bewusst, aber übertreibe es nicht. Bemühe dich um deinen persönlichen Ausdruck. Verändere eine Arm- oder Beinhaltung, finde heraus, ob dadurch das Gleichgewicht des Körpers verändert wird, und passe die Körperhaltung entsprechend an. Drehe z. B. den Kopf in eine andere Richtung und beobachte, ob die Figur dadurch interessanter wirkt.

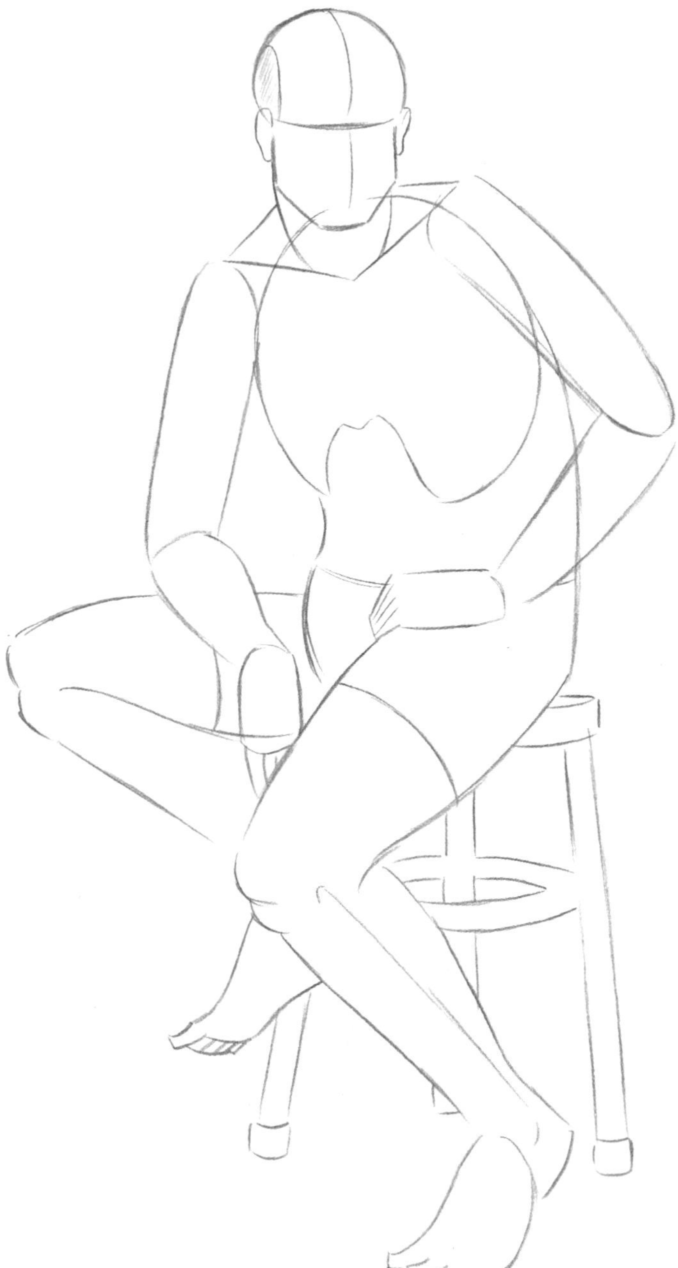

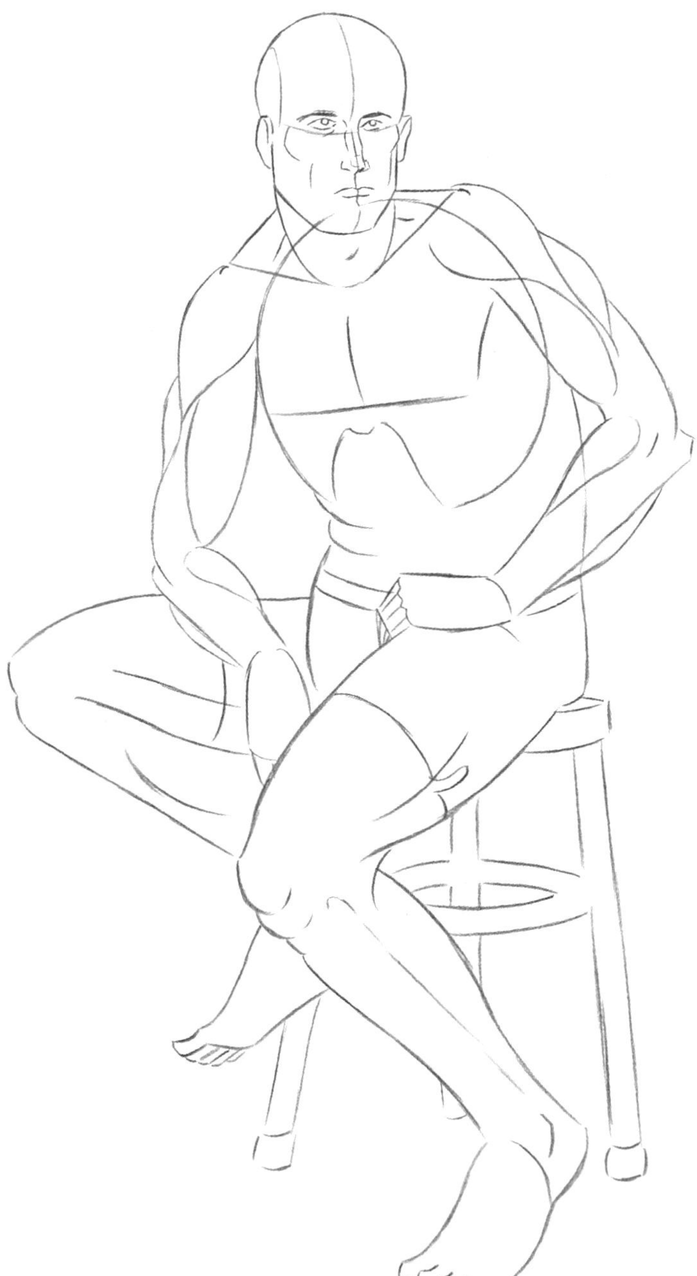

SITZENDE POSE: Vorderansicht

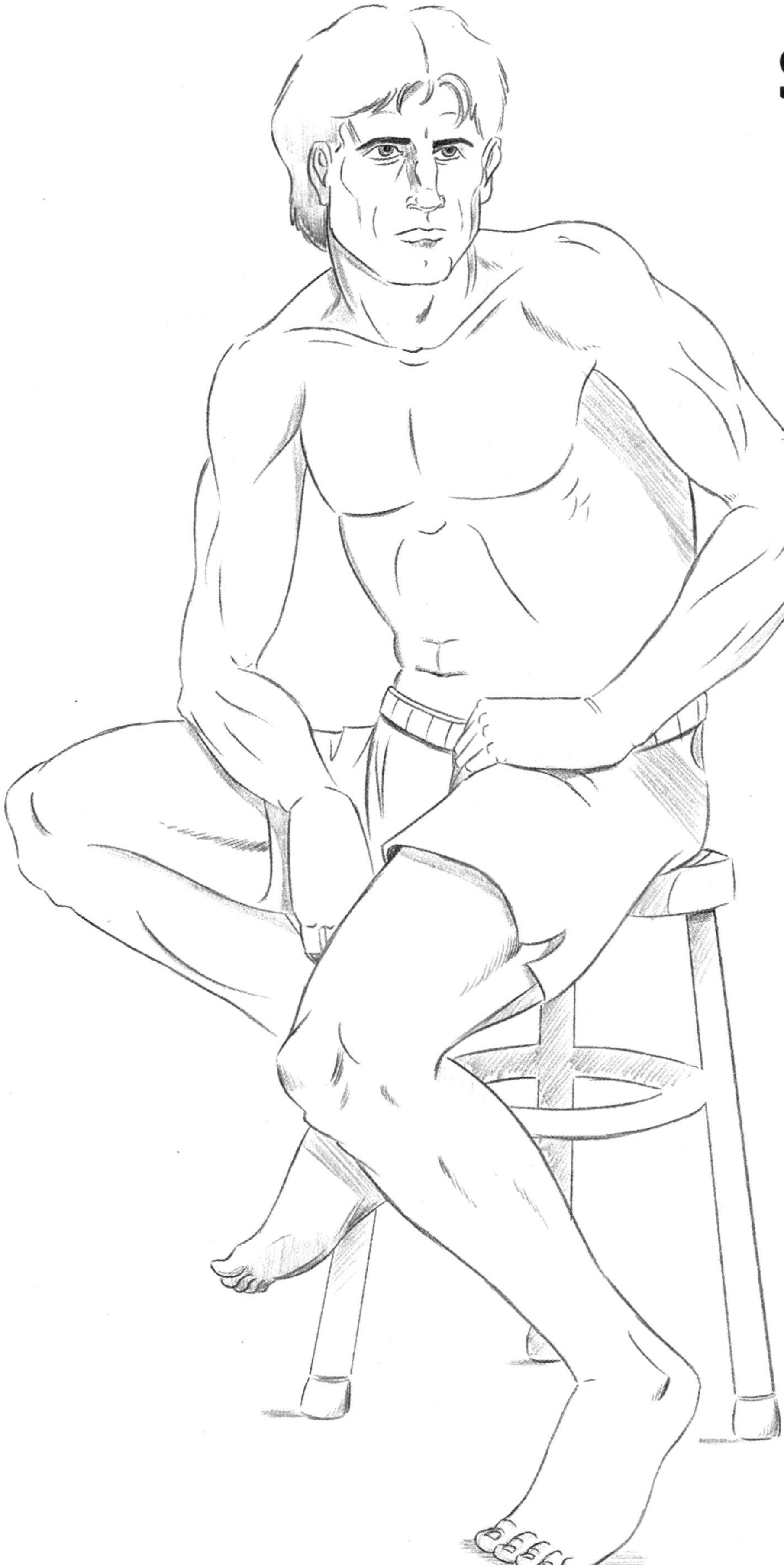

STEHENDE POSE: Rückansicht

Hier möchtest du vielleicht die ersten Skizzen lieber auslassen und sofort zur endgültigen Zeichnung übergehen. Das kannst du ruhig machen. Wenn du jedoch Schwierigkeiten damit hast, solltest du den Teil, der dir Probleme bereitet, mithilfe der einfachen Formen und Muskelgruppen noch einmal von Anfang an zeichnen.

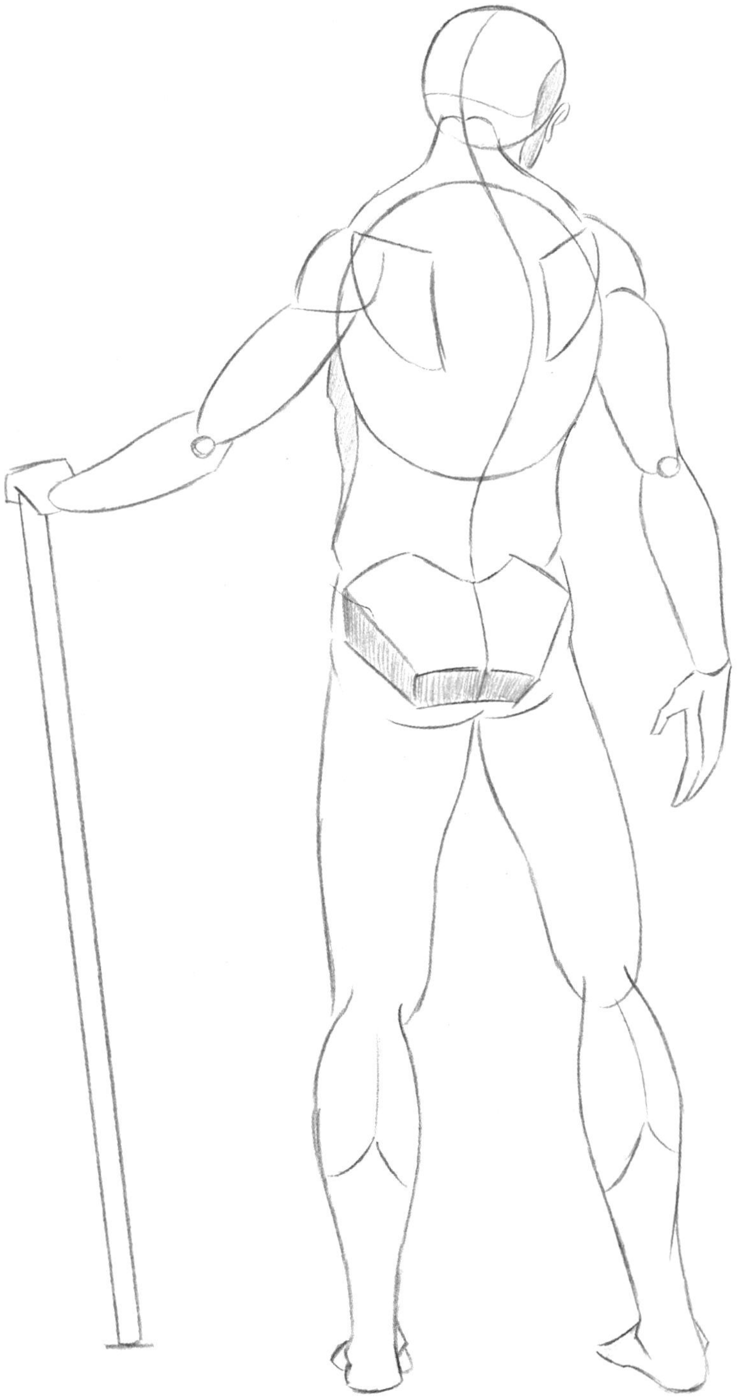

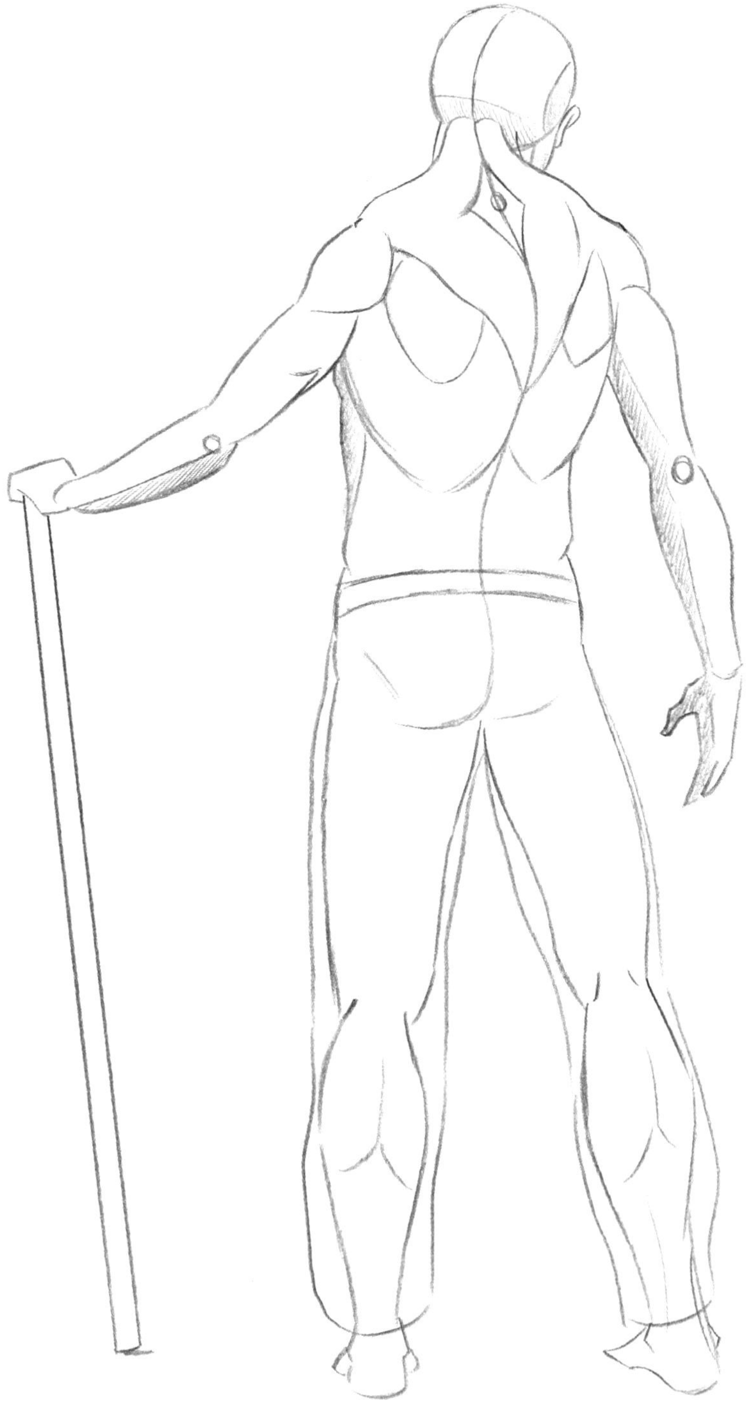

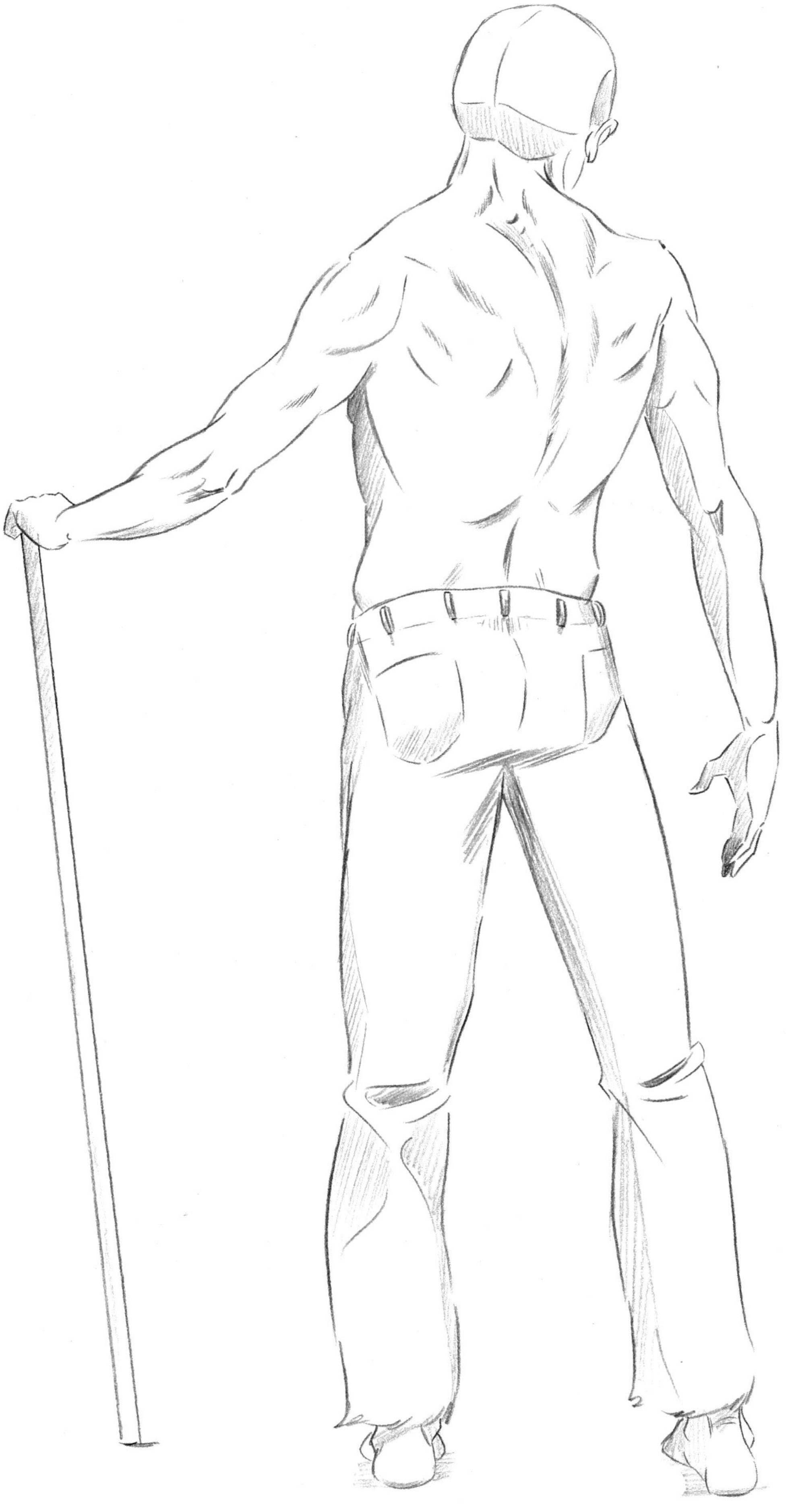

LIEGENDE POSE: Vorderansicht

Hier kann man sehen, dass sich die verschiedenen Körperteile in gewissem Maße unabhängig voneinander bewegen. Eine Pose wird interessanter, wenn man den Körper etwas dreht und beugt, anstatt ihn als gerade Linie zu zeichnen.

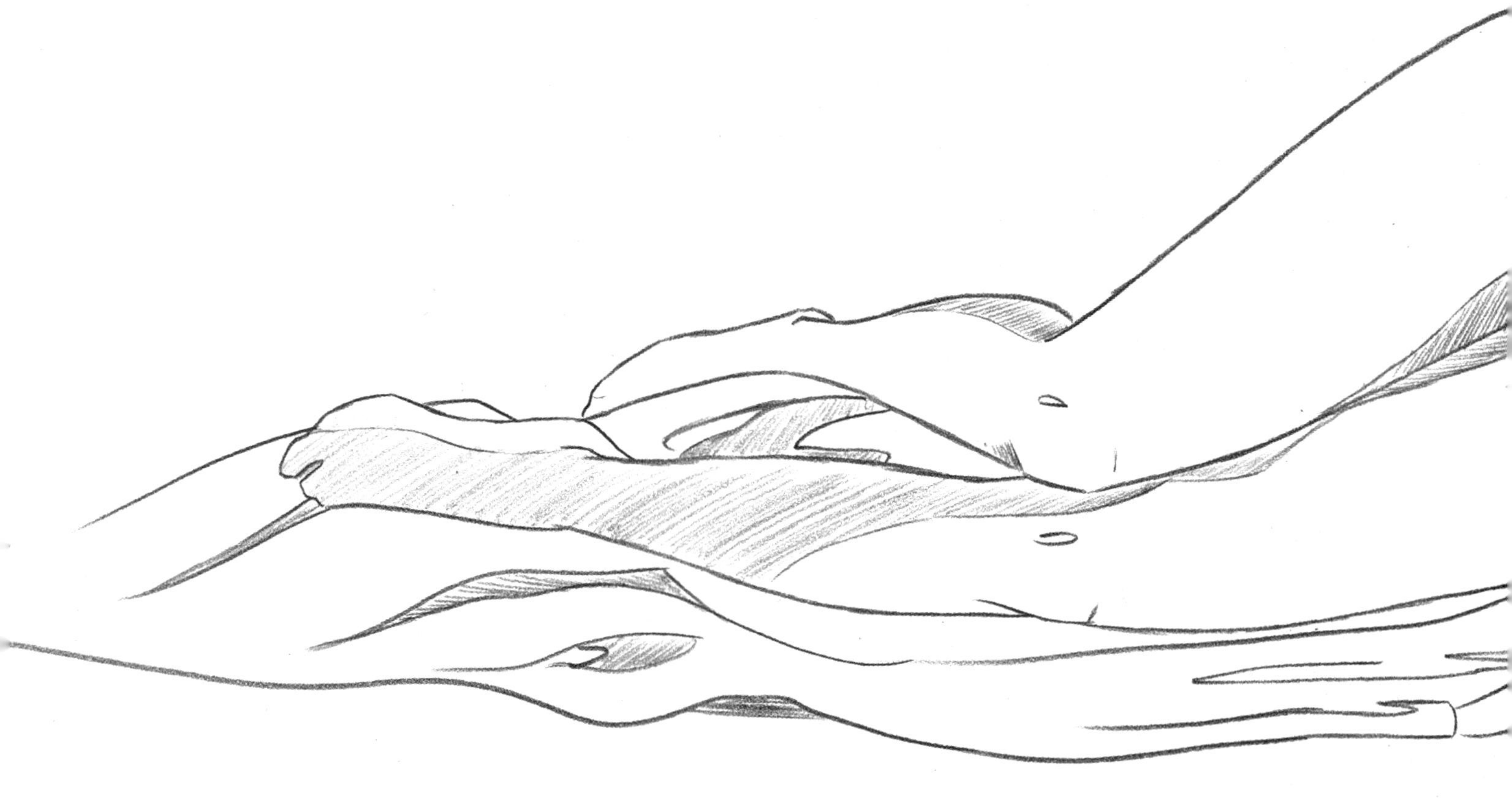

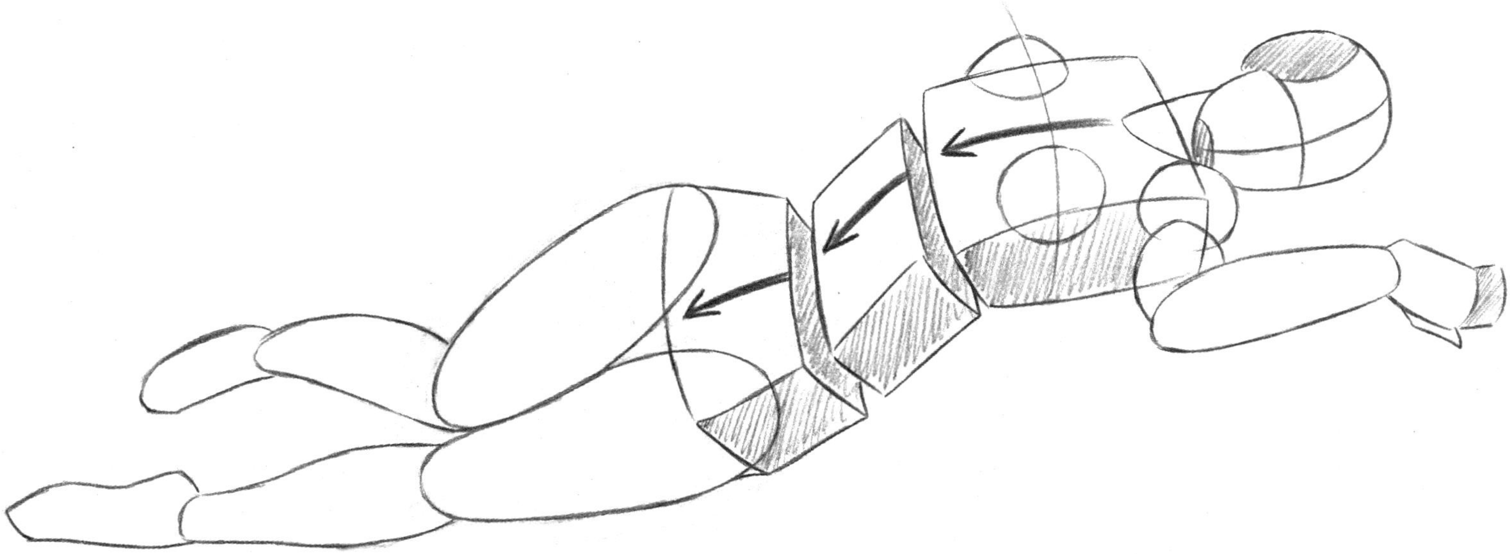

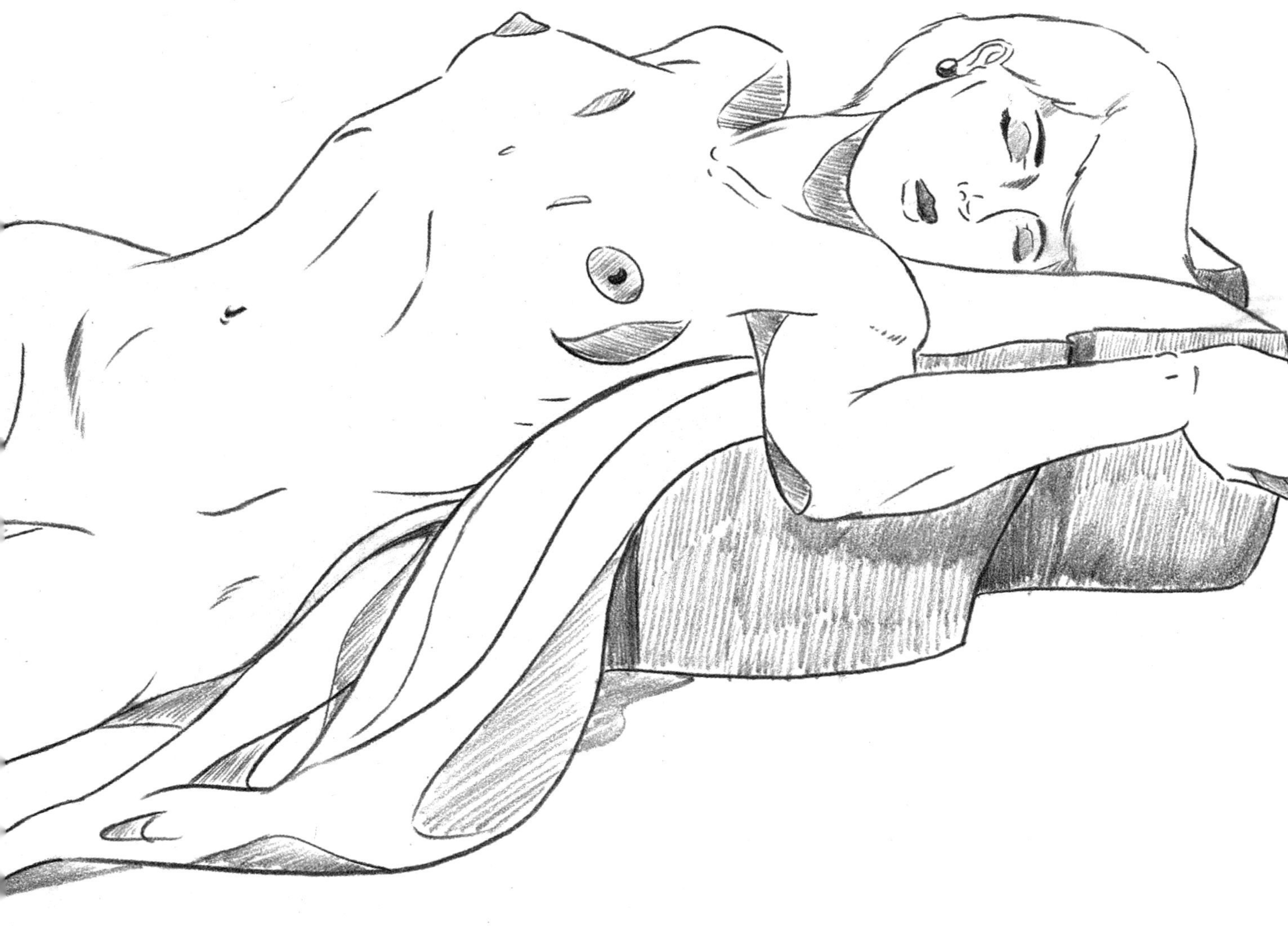

LIEGENDE POSE: Seitenansicht

Die liegende Haltung sollte ein Gefühl für das Gewicht, den sich entspannenden Körper, gelockerte Muskeln und Gliedmaßen ausdrücken. Die Brüste und der Bauch werden flacher. Alle Spannungen im Körper lösen sich, auch die der Finger und Zehen.

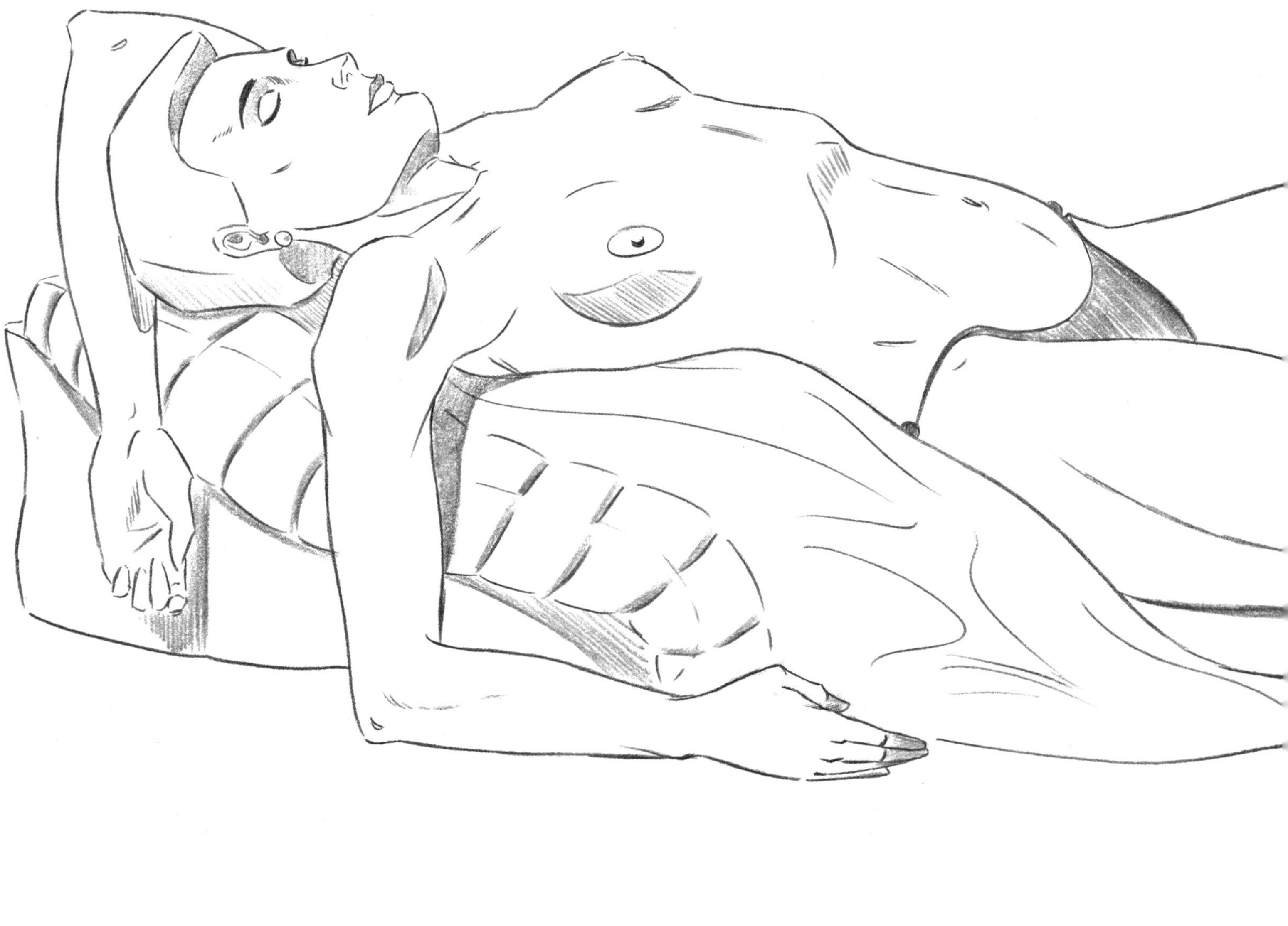

Achte auf die Mittellinie, die als Anhaltspunkt für die Körpermitte verwendet wird.

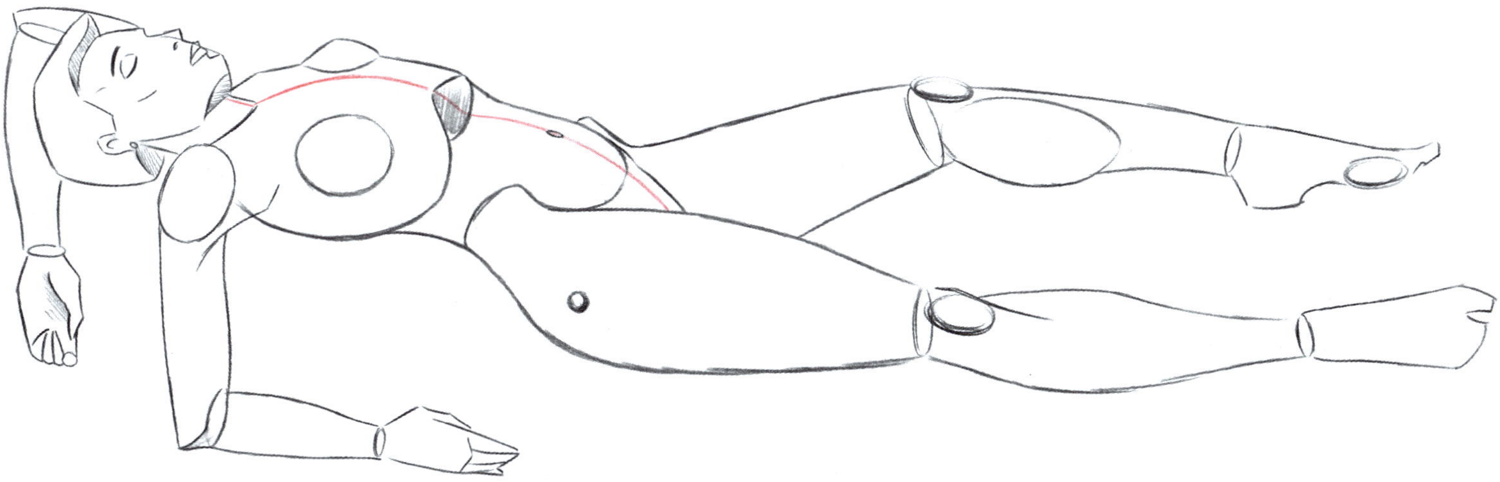

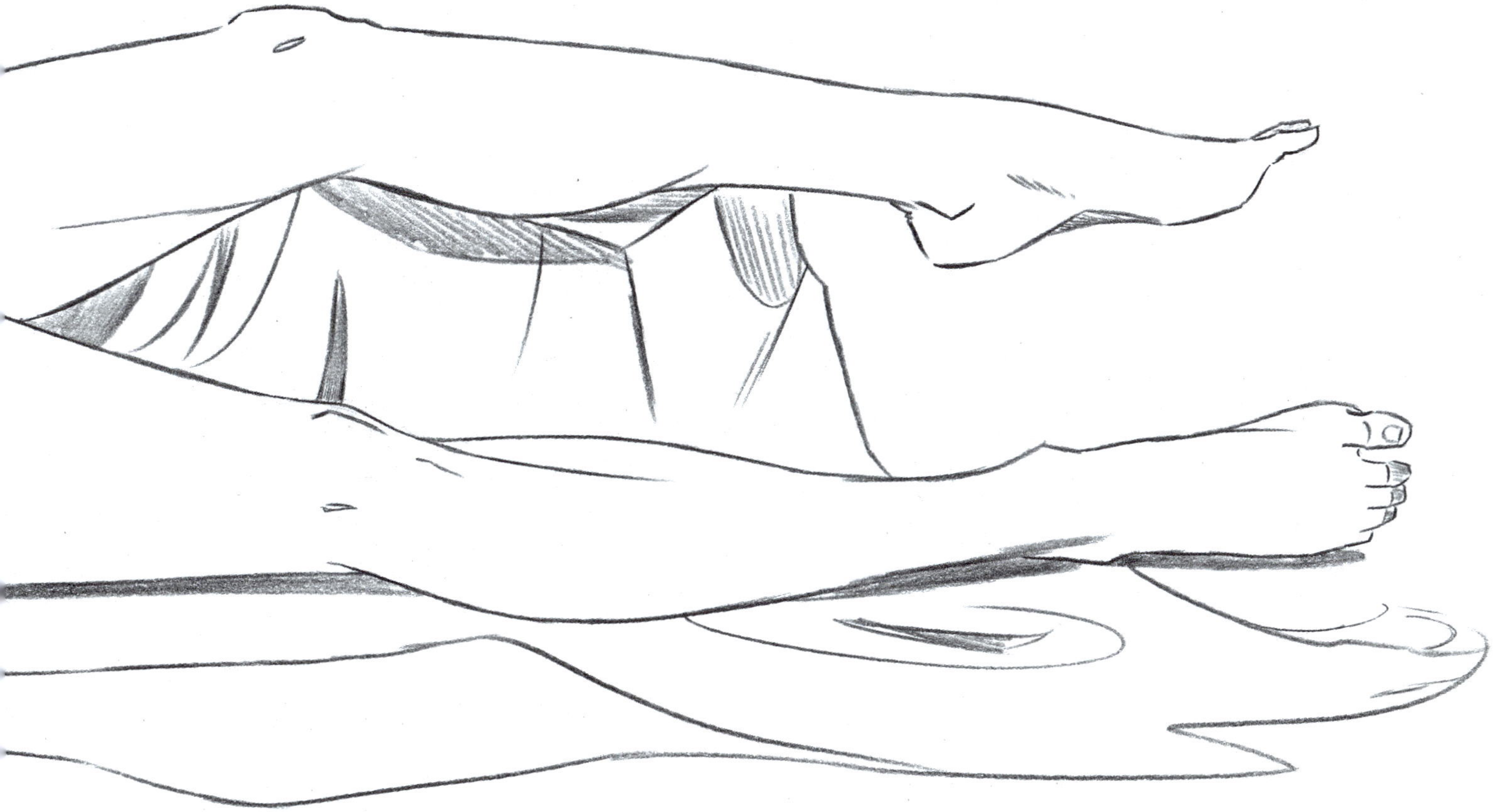

LIEGENDE POSE: Rückansicht

Liegende Posen können schwierig sein. Der Körper wird mit zunehmender Entfernung vom Betrachter nicht nur kleiner, sondern aufgrund der Kompression auch flacher.

Damit sind wir am Ende des Buches angekommen. Ich hoffe, es war dir eine echte Hilfe. Denke daran, dass nicht jeder Mensch so ausgeprägte Muskeln hat wie die in diesem Buch dargestellten Körper. Ich habe der Deutlichkeit halber athletische Figuren ausgewählt. Da du jetzt über die Muskeln, das Skelett und viele andere Aspekte der Anatomie des Menschen Bescheid weißt, kannst du dir aussuchen, was du betonen möchtest. Dies ist eine künstlerische Entscheidung, die ganz allein bei dir liegt.

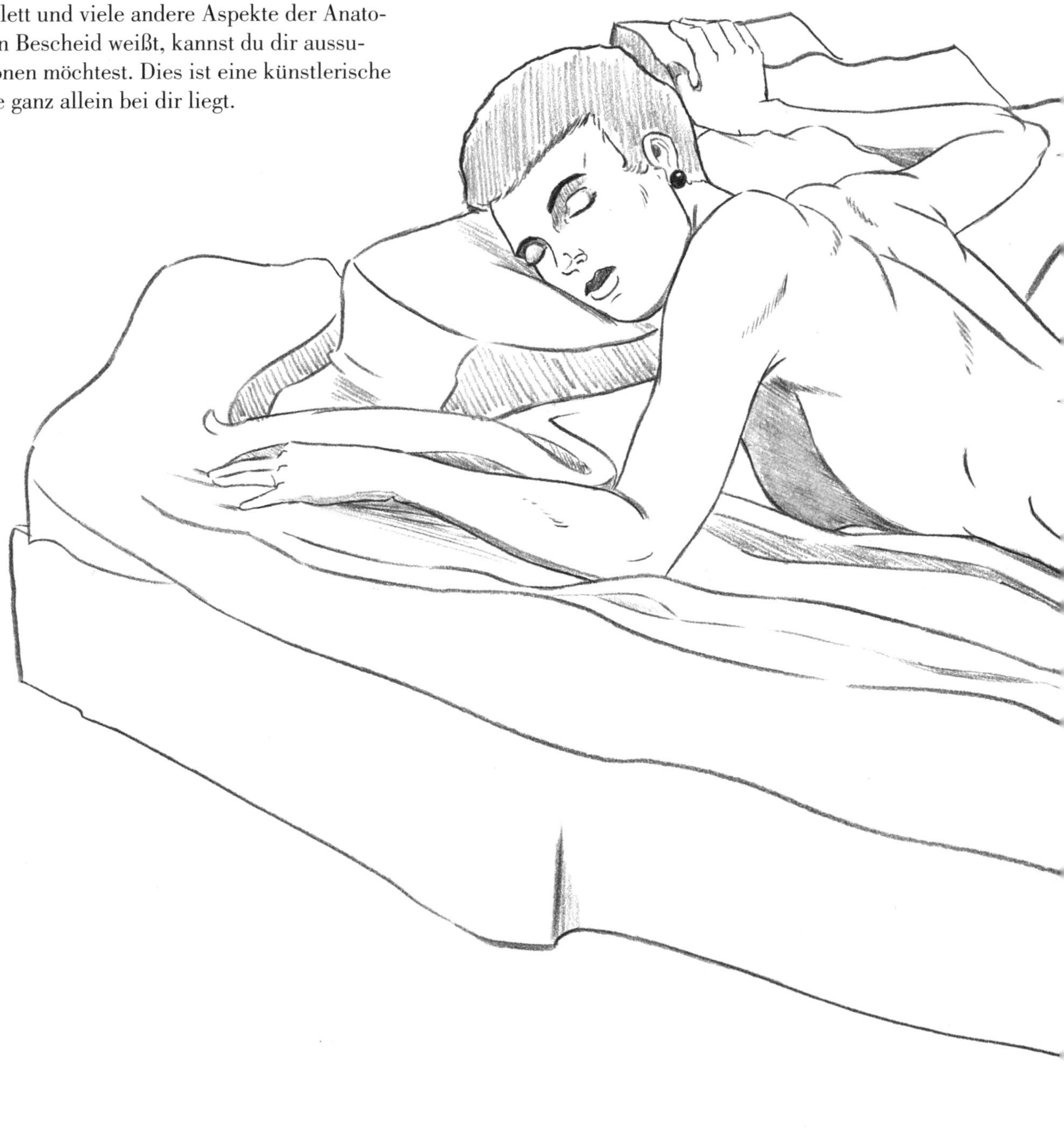

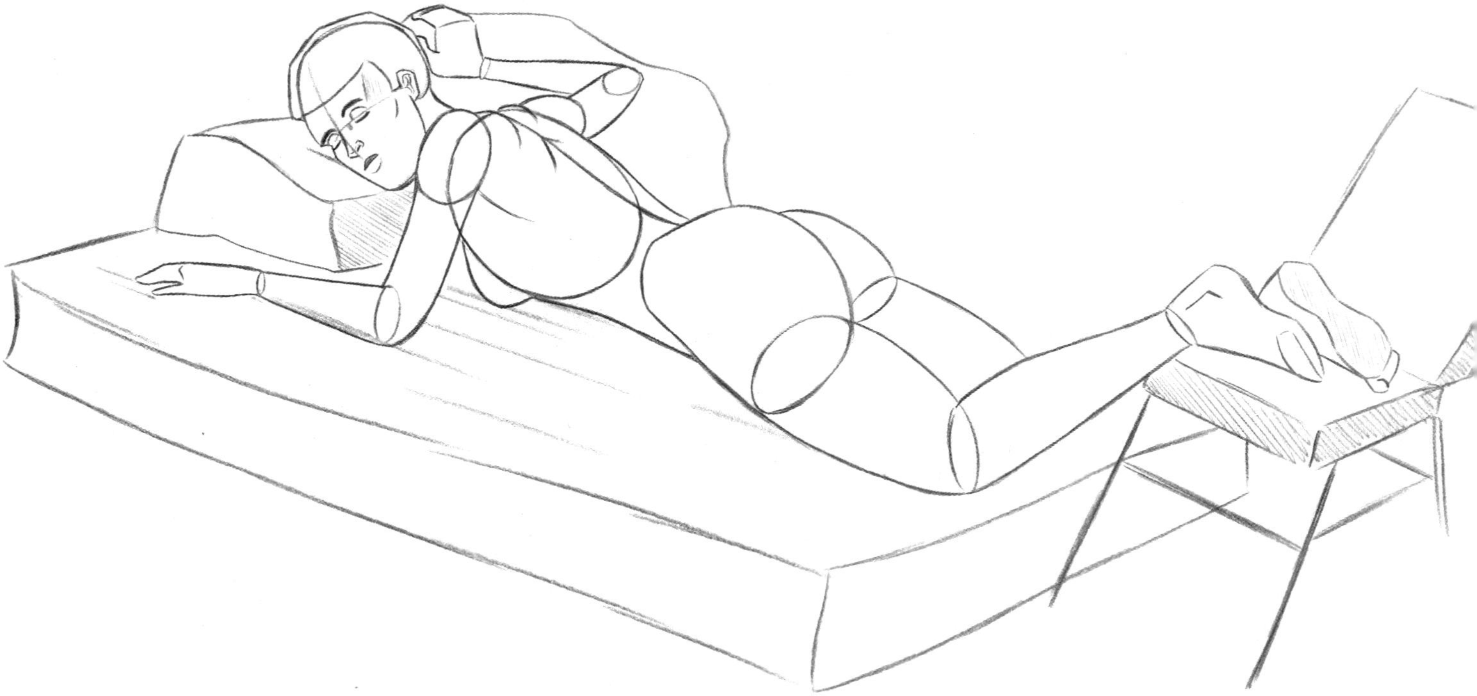

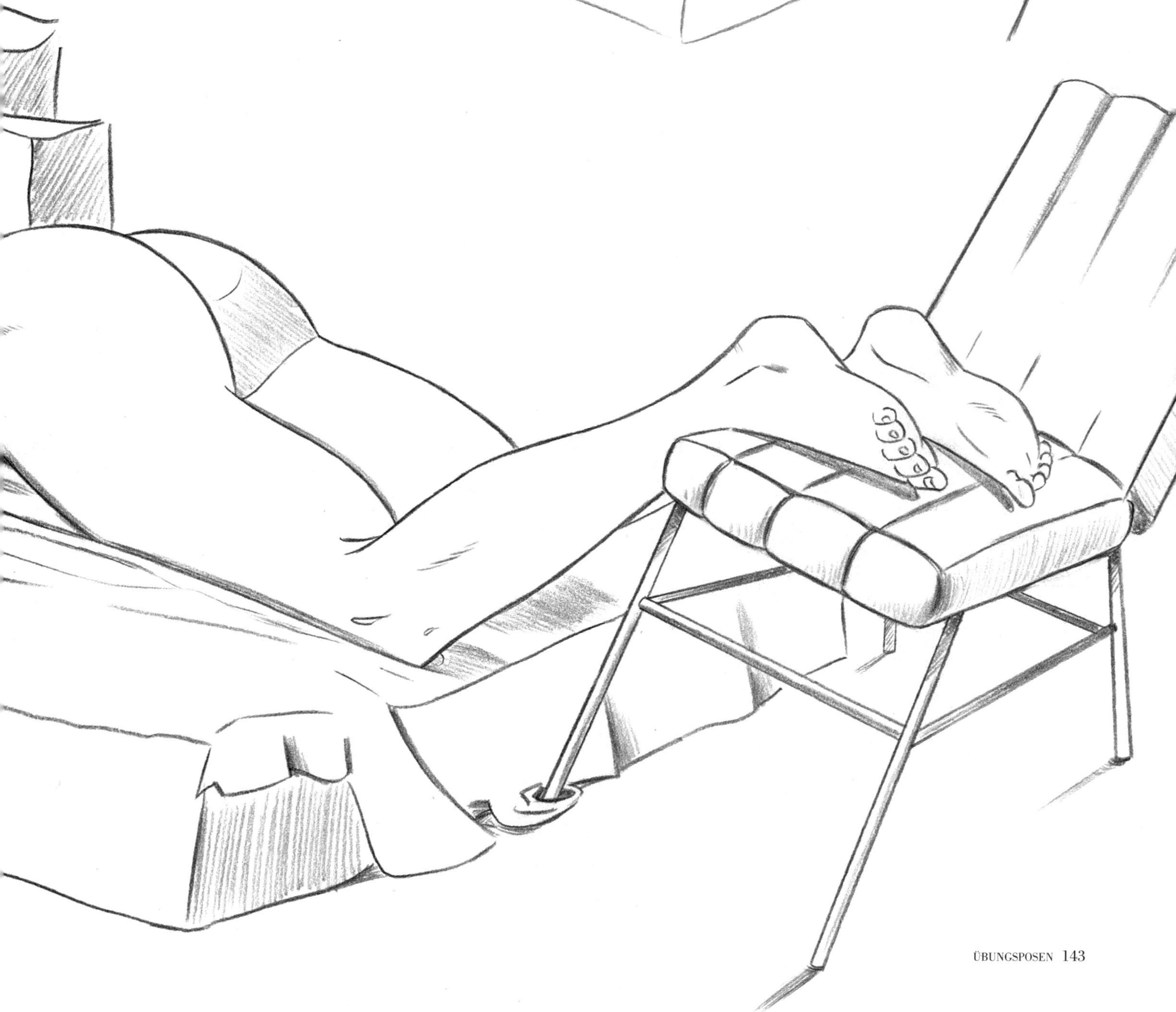

REGISTER